传统建筑的吉祥文化时空建构

韩凝玉　张　哲　著

东南大学出版社
SOUTHEAST UNIVERSITY PRESS
·南京·

内容提要

本书将独具民族特色的传统建筑与吉祥文化相融合，以吉祥观为起点，阐述传统建筑中蕴含的吉祥文化内涵、历史演变及表达路径，选取吉祥十字——福、禄、寿、喜、财、吉、和、安、养、全，通过具有典型代表性的吉祥植物、吉祥动物、吉祥人物和吉祥图符四个层面，分门别类对应阐述传统建筑构件和装饰中所体现的空间功能和吉祥文化寓意的圆融和谐，关照传统建筑中吉祥文化时空的博大精深和无穷魅力，传承传统建筑文化特质和当下的价值，期望让饱含吉祥意蕴的传统建筑带人们走进更加美好的生活。

本书可供研究传统建筑文化的相关专家、学者及专业爱好者阅读。打开传统建筑、雕刻、绘画、民俗和工艺美术的"古为今用"之大门，汲取创造的智慧与力量。

图书在版编目（CIP）数据

传统建筑的吉祥文化时空建构 / 韩凝玉，张哲著
. -- 南京 ：东南大学出版社，2023.12
　ISBN 978-7-5766-0662-1

　Ⅰ．①传…　Ⅱ．①韩…②张…　Ⅲ．①古建筑-建筑
艺术-研究-中国　Ⅳ．①TU-092.2

中国版本图书馆 CIP 数据核字（2022）第 253911 号

传统建筑的吉祥文化时空建构
Chuantong Jianzhu de Jixiang Wenhua Shikong Jiangou

著　　者：韩凝玉　张　哲
责任编辑：杨　凡　责任校对：子雪莲　封面设计：王　玥　责任印制：周荣虎
出版发行：东南大学出版社
社　　址：南京市四牌楼 2 号　　邮编：210096
网　　址：http：//www. seupress.com
出 版 人：白云飞
经　　销：全国各地新华书店
印　　刷：苏州市古得堡数码印刷有限公司
开　　本：700 mm×1000 mm　1/16
印　　张：14
字　　数：254 千字
版　　次：2023 年 12 月第 1 版
印　　次：2023 年 12 月第 1 次印刷
书　　号：ISBN 978-7-5766-0662-1
定　　价：79.00 元

本社图书若有印装质量问题，请直接与营销部联系，电话：025-83791830。

序言 Preface

　　豆豆是我好友的女儿，她的大名叫韩凝玉，父亲韩少立是我省著名画家，花鸟、山水、人物皆精，尤以画马为世人称道。母亲王淑倩是语文老师，喜欢摄影。豆豆就是在这种文学艺术氛围浓郁的环境中长大的。自幼的耳濡目染和心性熏陶，养成了她爱读书的习惯。

　　她兴趣广泛，书读得很杂，从唐诗、宋词、童话、故事，到宗教、哲学、神话、传说，只要喜欢，就拿来读，家长也不过问，任其随性发展。谁也没料到，当年那些随心所欲的泛读遗落的籽种，竟然是给今天这部文化新著铺下的一层内蕴丰厚的底色！

　　2001年她从西安建筑科技大学毕业后同年考入著名高等学府东南大学的建筑学院，在那里读完硕士和博士，并留在南京农业大学任教。

　　她非常热爱自己的专业，对一切与建筑有关的事物、知识和文化，她都痴迷而向往，且执意追求和探索。

　　这部《传统建筑的吉祥文化时空建构》是她众多学术论文和专业著述中别具一格的一部新作。

　　这部书的核心是在我国传承了数千年而历久弥新的吉祥文化。

　　在建筑学中，豆豆选取的这个视角，可谓是独具慧眼！

　　她书中描述的这些吉祥物，其实都是我们司空见惯的。

　　我们在外出旅游，参观民俗民居时，随处可以看到名刹古寺屋脊上蹲着的鸟兽，门楼房檐下描画的人物故事，石牌坊上雕刻的神话传说，影壁墙里镶嵌的竹石花卉……

　　这些在我们眼里，往往是种装饰，或者是些点缀，但在作者眼中，她看到的却是其中的意蕴，是民众的祈愿，是物象中蕴含的深层文化，是绵亘千年的精神情愫！

这是一扇艺术的大门，她打开了！

门里的花鸟鱼虫、仙鹤神兽，一起向她围拢而来，纷纷向她倾诉着久违的心声，她被这感人的场景所打动，她当即决定，寻根溯源，一探究竟！

这些禳灾祈福、趋吉避凶的吉祥物，是我国特有的一种文化现象，纵贯千年，横遍乡里，品类驳杂，形式多样。有动物、植物、人物；有绘画、雕刻、泥塑；有神话、传说、故事；有各地的民风、民俗……

作者在深入调查、精心考究的过程中，翻典籍，查出处，对这些具象、图像和意象作出了详尽的破解和阐释，给这些寓意深厚、事象繁杂的花草树木、鸟兽鱼虫安排了一个统一的家园——吉祥文化！

在这个家园里，作者以传统文化为基因，以民俗文化为切入点，并站在美学的高度，对这些包罗万象而又纷纭复杂的文化现象，给予了科学的归纳和总结，令人耳目一新、心胸荡然！

能为这本书作序，我很高兴。

我知道，在建筑学广袤浩瀚的原野里，这本书只是一朵朴素的小花，但却是一朵幽香淡远的小花、沁人心脾的小花，它的文化价值、美学价值和艺术价值，将会在人们的心灵深处慢慢发酵，让人们在祥和顺遂的心态里享受着人生和时光！

闻　频

2023 年 10 月 3 日

闻频，中国作家协会会员，西安市文史馆馆员，国家一级作家、编审。主要作品有诗文集《秋风的歌》《魂系高原》《红罂粟》《开花的田野》《闻频抒情诗选》《诗画情缘》《闻频诗文集》及报告文学、书画评论、诗文集序等百余篇。部分作品曾在省内外获奖，并在日本、塞尔维亚、罗马尼亚等国翻译评介。

目录 | Contents

引言

从最高最高太空的星辰上降落下了那个辉煌，吸引住了心灵的愿望。

——米开朗琪罗·博那罗蒂（Michelangelo Buonarroti）

大国崛起，不乏智慧、决心和财力，但缺少思想的独特性则无法建立。我们最独特的就是文化。建筑是一个民族文化的结晶，传统建筑自成体系的文化独特性成就了非凡的艺术表现力。

格里森（Gresnigt）曾说，一个不容置疑的事实是：传统建筑是中国人思想感情的具体表现方式，寄托了人们的愿望，包含了民族的历史和传统，与其他民族的文化一样，中国人在他们的艺术中表现出本民族特征与理想，传统建筑反映了民族精神和创造性成就。

传统建筑蕴含中国建筑美学观念和哲学思想，是独具价值的传播媒介，更是一颗赏心悦神、深藏星光、养目、养身、养心、养神和遂生的宝石。

当下，传统建筑似乎是"如死"，实际上在"如生"。正如《论语》中曰"未知生，焉知死"使我们领悟到"观今宜鉴古，无古不成今"。事物的发生、发展与消亡，某些共通和特殊的东西总是存在着的。因为，其所包含的生的时候的活泼生气会影响和鼓舞人们继续前行。若要"观今"使之延续，最好的办法就是"鉴古"。李约瑟在《中国科学技术史》中就曾认为，人类历史上的一些很基本的技术正是从这块土地生长起来的，只要深入发掘，还可能找到更有价值的东西。

体现传统建筑文化独特性之一的就是极具东方特色的吉祥文化，其是缠融于华夏民族灵魂深处对美好生活心之向往的独特表达。从古至今，人类发展和艺术创造与永不停息的吉祥追求不可分。人们对凶吉的信仰在史前时期就产生了，两汉时期臻于鼎盛，它是一种自由灵活、极有兴味和别开生面的文化现象。无论当下还是未来，五谷丰登、风调雨顺、长寿安康、喜庆欢乐、富贵位尊、多子多福和趋吉避凶的心理与夙愿都是生存发展永恒的追求且从未中断。而作为吉祥文化特殊而典型的显性物质传播媒介，传统建筑凝聚丰富的祈吉纳福和国泰民安的吉祥文化表达精髓。

吉祥纹图是中国历史最悠久、最广泛和最活泼的吉祥文化表达媒介之一，也是给予国人精神享受最多、最有趣和最微妙的艺术。传统建筑中的吉祥纹图作为情感和信仰的物化标志，寄寓了中华民族历史脉络和文化想象，传播积极的生命意识与坚强乐观的生活信念。传统建筑中丰富多彩且妙不可言的吉祥寓意构件和装饰，遵循物物、物事、物人相感逻辑，赋予传统建筑福善嘉庆的吉祥与美好，并在长期实践中明确而强烈的表达尊重自然和祈福禳凶的功能。正如明计成在《园冶》中所说"凡造作难于装修"，构架遵循法则即可初成，而"装修"则是建筑实用性、艺术性、文化性完美结合的呈现，既代表传统建筑物质精神与文化性格，更蕴含历史文脉与人文精神。

对传统建筑中蕴含吉祥寓意的构件和装饰的研究目的，是将传统建筑中蕴含的纷繁多样的吉祥文化表达链接渐成系统，用追溯原型探讨范式激发对当下新建筑的敏感和促进创造的意匠，不断传承传统建筑创作中的吉祥观念，营造传统建筑的吉祥文化时空。

当下，传统建筑的吉祥文化并不遥远，但又似乎与人们相距甚远。其表达或许是距离人工智能、信息联姻最远的传播媒介，难登热搜和头条。人们或许也更为关注现代建筑的生态、智能、科技等 AI 数据。但当一幢幢打破了各项科技信息纪录的伟大建筑伫立眼前的时候，我们依然要问，我们在意这些建筑是因为它让我们深受触动，还是造价很贵？……

要将价值和传统建筑价值本身进行区别也许很难，但却是真正承载华夏民族性格和家国梦想的精神实质。逐渐蜕旧壳迎新生，如今正是见证万般世态发生巨大变革的时期。身处其中，极为艰难。静观之下，可发现积习之力仍是决定新生方向的指南。五千年文明铸就华夏龙脉，无论在何等澎湃的激流中仍旧凸显其存在。与传统建筑和吉祥文化的深刻丰富相比，本书选择的不足一厘一毫。"文章千古事，得失寸心知"，深知"纸上得来终觉浅，绝知此事要躬行"。因而，温故而知新是研究的第一步，也是终极。

第1章 | 独树一帜的吉祥文化

我们需要不断庆贺眼前的美好，方得以无畏前行。

爱和美，是我们能对庸常生活所做的最大的改变和不妥协。

——野崎诚近

1.1 吉祥文化

中国的吉祥艺术，活泼多样，有丰富的人文内涵，是中华传统文化的世俗仪表。

——张道一

（一）吉祥信仰的溯源

求吉避凶、祈福免祸，作为人类的永恒追求在不同民族有不同表现，在中国，则形成了以"吉祥"为核心延续千年的"吉祥文化"。

探索吉祥文化的源头、揭示发展轨迹要追溯到原始宗教信仰。作为人类最早的精神现象之一，吉祥文化与原始宗教同时产生。原始社会的吉祥观念源于宗教、图腾崇拜、巫术和传说。

宗教是原始人发展到具备一定想象力、思考力、敬畏和依赖情感及必要的社会组织后产生的，是一种具有多种表现形态和丰富内涵的社会性精神现象和文化现象[①]。英国文化人类学家爱德华·泰勒（Edward Tylor）提

---

① 周保平. 汉代吉祥画像研究 ［M］. 天津：天津人民出版社，2012.

出"万物有灵说"（Animism）认为，人类最初的宗教是敬拜大自然万物中的精灵，逐渐形成鬼魂观念和多神宗教，最后产生对上神的崇拜。主要源于在有限的生存条件下对种种自然现象的不理解，感到在他们之外还存在一个神秘世界和超自然的神的力量，希望借此加强保护自己而产生原始宗教。换言之，原始社会早期阶段，对无法招致的"吉"和无可避免的"凶"被解释为神灵所为。神灵恩宠，便有生命和欢乐；神灵发怒，则是苦难与祸患。这种对神的祈求与希望是早期的避凶趋吉观念，也是吉祥信仰的源头。

图腾崇拜是吉祥文化的一个重要源头，图腾也是最初的吉祥符号[①]。原始人把某种动植物、非生物或自然现象视为自己的亲属、祖先和保护神。因为他们相信有一种超自然的力量会保护自己，而且还能获得他们的力量和技能。考古挖掘中发现许多新石器时代的动植物形象的绘画和雕塑，"虽不可遽断为图腾物，但至少是吉祥物"[②]。中国图腾中的龙、凤、熊、鹿、羊、鱼等都是吉祥动物的源头。进入阶级社会，图腾崇拜逐渐减弱。商、西周铜器上刻绘各种动植物纹已由图腾逐渐变为通天的神灵，蕴含的吉祥意味不但没有减弱，反而有所增强。也正如孙作云先生所提到的祥瑞问题，中国人心中的神兽、神禽、神草、神木和神石，多从图腾变化而来，这些动植物，在渔猎社会及初期农业社会被人们奉为图腾加以崇拜。从母系氏族过渡到父系氏族后，图腾崇拜逐渐向祖先崇拜过渡。祖先是本族繁衍的源头也是降福子孙的神灵，祖先崇拜最初表现为对同族死者的关怀和追念，后演变为祖先灵魂不死、庇佑子孙的观念，在长期的传颂祭祀中逐渐成为人们心中的吉祥人物，如女娲、伏羲、炎帝和黄帝等。人们祭拜祖先以祈求子孙平安、五谷丰登和家族兴旺。

牟钟鉴教授认为，中国原始宗教与世界各地宗教的共性是具有自发性、氏族性、地域性和实用性。崇拜神灵是为了让其帮助解决现实生活难题，达到消灾免祸、祛病祛邪、人丁兴旺和社会安定的目的[③]。原始宗教随原始社会发展而演变，但并未随原始社会发展为阶级社会而消亡。作为一种文化现象，许多因素和形式沉淀于宗教信仰中。

在 20 世纪 50 年代，中国仍有些少数民族的文化停留在原始社会阶段，

---

① 周保平. 汉代吉祥画像研究［M］. 天津：天津人民出版社，2012.

② 牟钟鉴，张践. 中国宗教通史［M］. 北京：社会科学文献出版社，2000.

③ 牟钟鉴，张践. 中国宗教通史［M］. 北京：社会科学文献出版社，2000.

其中3个族群（僜人、夏尔巴人和克木人）保存不同程度的原始文化形态，如生殖崇拜、图腾崇拜、祖先崇拜、原始巫术及各种凶吉观，是探寻吉祥信仰的重要资料。

就吉祥信仰的渊源而言，夏商西周的宗教信仰继承原始宗教观念，表现为多神性，在凶吉观念基础上出现寓意鲜明的吉祥画像和吉祥文字。原始人趋吉避凶是一种生存本能，这一时期追求吉祥是人的自觉行为。《史记·龟策列传》记载："自三代之兴，各据祯祥。涂山之兆从而夏启世，飞燕之卜顺故殷兴，百谷之筮吉故周王。"① 《经史百家杂钞》卷十《诏令之属》记载："上古至治，画衣冠，异章服，而民不犯；阴阳和，五谷登，六畜蕃，甘露降，风雨时，嘉禾兴，朱草生，山不童，泽不涸；麟凤在郊薮，龟龙游于沼，河、洛出图书。"② 夏朝神话传说中的祥瑞"洛书"，古人认为"河图""洛书"的出现是王者的祥瑞象征。《王弼集校释》记载："河出图，洛出书，圣人则之。"③

殷人相信吉凶有兆、福祸有征，凡事由巫卜向天神问凶吉祸福，用祭祀求吉避凶。在殷商甲骨文的卜辞中，就常有"吉""大吉"的记录，是当时求问凶吉的证明。换言之，人类历史可能有了占卜巫术后，吉凶观念就逐渐产生，通过占卜预测吉祥、推断命运④。远古祖先对于无能为力和无法解释的事物，产生天与神的观念以求保护。沟通天与神的就是"巫"。张光直先生认为，中国古代文明中一个重大观念，是把世界分成不同的层次，其中主要的是"天"和"地"。不同层次之间的关系不是严密隔绝、彼此不相往来的。中国古代许多仪式、宗教思想和行为的很重要的任务，就是在这种世界的不同层次之间进行沟通。⑤ 巫师沟通天地的工具是神树、神山、龟策、动物、药和酒等。考古出土商代青铜器物上的饕餮纹、龙凤纹、鱼纹、龟纹与几何纹等都是通天的中介，是人与祖先及神灵之间沟通的灵物，这些纹图具有吉祥祈福的寓意，是汉代吉祥观念的先声。

西周时期变殷人的至上神"帝"为"天"，认为天人关系就是神人关

---

① ［汉］司马迁；［南朝宋］裴骃，集解；［唐］司马贞，索隐；［唐］张守节，正义. 史记［M］. 北京：中华书局，1982.

② ［清］曾国藩. 经史百家杂钞［M］. 佘础基，整理. 北京：中华书局，2013.

③ ［魏］王弼. 王弼集校释［M］. 楼宇烈，校释. 北京：中华书局，1980.

④ 张道一. 吉祥文化论［M］. 重庆：重庆大学出版社，2011.

⑤ 张光直. 考古学专题六讲［M］. 北京：文物出版社，1992.

系，天与人相通。《郝经集校勘笺注·班师议》卷三十二奏议："夫民，神之主也，是以圣王先成民而后致力于神。"① 神的作用放在次位，人升至主要地位。殷人的神是自然神，周人的天神既能降祸又能降福，行赏行罚以统治者自身行为为依据，"祸福无门，唯人所召"，这是后天天降祥瑞的先声。西周从古代宗教走向伦理，提出"以德配天"的观念并形成周代的礼制特点。

自然崇拜中动植物崇拜对动植物吉祥产生深远影响，由天地人神的使者转变为吉祥的象征。龙凤由氏族图腾转化为最高统治者的祖先化身，后延伸为帝王的权力标志。

春秋战国时期人本思想兴起，神的地位逐渐下降，人的地位逐渐上升。《汉书补注·五行志第七下之上》载："子曰，天地之性人为贵。"② 《春秋繁露·人副天数第五十六》卷第十三曰："天地之精所以生物者，莫贵于人。"③ 对神灵的祭祀不再是至高无上的皇权专属，而是扩大范围，为世人所用，进而使一些灵异成为世俗的祥瑞，但并未改变古代信仰的实质。《山海经》《礼记》等许多文献明确记载了吉祥事物，如《尚书·洪范》卷十二提到"五福"，后来民间从五福观念演化成福禄寿喜财。

汉代时期，吉祥信仰兴盛，有皇家吉祥和民间吉祥之分。汉代文化核心是皇权文化。对于皇家吉祥而言，正如《礼含文嘉》中曰："龙马金玉，帝王之瑞也。"④ 后帝王用瑞应表明自己顺应天意。祥瑞出现主要是皇家的祥瑞。西汉国都"长安"二字也寓意吉祥，城门的命名也体现吉祥，如西安门、宜平门和雍门等，长安城的宫殿也以吉祥取名，如长乐宫、未央宫、明光宫等，寓意长久怡乐、未尽无止等。皇家园林的选景和造景多用象征吉祥长寿的神仙命名，用神话故事营造仙境。如《汉书》卷二十五下《郊祀志第五下》："作建章宫……其北治大池，渐台高二十余丈，名曰泰液，池中有蓬莱、方丈、瀛洲、壶梁，象海中神山龟鱼之属。"⑤ 汉代吉祥纹图以意构象、寓意丰富、构思巧妙，且具有浓厚的世俗色彩。

① ［元］郝经. 郝经集校勘笺注［M］. 田同旭，校注. 太原：三晋出版社，2019.

② ［汉］班固；［唐］颜师古，注；王先谦，补注. 汉书补注［M］. 北京：商务印书馆，1959.

③ ［汉］董仲舒；［清］苏舆，撰；钟哲，点校. 春秋繁露义证［M］. 北京：中华书局，1992.

④ ［清］赵在翰. 七纬［M］. 钟肇鹏，萧文郁，点校. 北京：中华书局，2012.

⑤ ［汉］班固；［唐］颜师古，注. 汉书［M］. 北京：中华书局，1962.

民间吉祥是最接近事实原貌的。民间吉祥体现现实生活的实际需求和对美好未来的憧憬。正如王充所说"凡人在世，不能不作事，作事之后，不能不有吉凶""积祸以惊不慎，列福以勉畏时"①。时令也有吉祥习俗。据历史文献和考古考证，汉代是形成中国吉祥信仰的第一个高潮期。至此，吉祥信仰成为中华民族生活不可或缺的重要组成部分②。

（二）吉祥文化的内涵

> 祸兮福之所倚，福兮祸之所伏。

——《道德经》

吉祥与福善预示美好的征兆，是人们对未来的期盼与向往。如《群经平议·周易二》卷二曰："吉无不利。"③《嵇康集详校详注》卷八曰："祥，吉凶之先见者。"④吉祥两字包含了福、善、顺等寓意⑤。《周易观象校笺》卷十一《系辞下传》曰："吉事有祥，象事知器，占事知来。"⑥"吉"与"祥"常相提并论。

吉祥，按照字面的解释为"吉利"与"祥和"。"吉者，福善之事；祥者，嘉庆之征。"《说文解字》记载："吉，善也"，"祥，福也"。《庄子·人间世》中说"虚室生白，吉祥止止"，意味着将自然景象与人事吉凶结合在一起联想。《辞源》中解释吉祥为"美好的预兆"。吉祥就是好兆头，凡事顺心、如意、美满。古往今来，人皆有此心。

同时，从艺术内容和形式关系而言，吉祥是隐喻性的，将吉祥的内容寓意在相关形式中，建立事物之间的相互联系，是一种具有文化深度的艺术⑦。而这源于汉字微妙的表意，古人造字由形音义构成。汉代学者归纳为"六书"，许慎《说文解字·叙》中较为详细地解释："一曰指事。指事者，视而可识，察而见意，'上、下'是也。二曰象形。象形者，画成其物，随体诘出，'日、月'是也。三曰形声。形声者，以事为名，取譬相成，'江、

①　北京大学历史系《论衡》注释小组. 论衡注释 [M]. 北京：中华书局，1979.
②　周保平. 汉代吉祥画像研究 [M]. 天津：天津人民出版社，2012.
③　[清] 俞樾. 群经平议 [M]. 杭州：浙江古籍出版社，2017.
④　张亚新. 嵇康集详校详注 [M]. 北京：中华书局，2021.
⑤　沈利华，钱玉莲. 中国吉祥文化 [M]. 呼和浩特：内蒙古人民出版社，2005.
⑥　[清] 李光地. 周易观象校笺 [M]. 梅军，校. 北京：中华书局，2021.
⑦　张道一. 吉祥文化论 [M]. 重庆：重庆大学出版社，2011.

河’是也。四曰会意。会意者，比类合谊，以见指撝，‘武、信’是也。五曰转注。转注者，建类一首，同意相受，‘考、老’是也。六曰假借。假借者，本无其字，依声托事，‘令、长’是也。”

“六书”之法，远超拼音的文字功能标明事物之间的联系。汉字如此，艺术思维和创造亦如此，“祥”可用“羊”表示，两字同假。《说文解字》载，“祥，福也，从示，羊声。一云善”，“羊，祥也”。孔子曰：“牛羊之字，以形举也。”毕沅注：“羊者，祥也。汉碑每以吉羊为吉祥”，又通“阳”。说明“羊”字既是动物名，又与“祥”与“阳”字通。动物“羊”为具象实体，吉祥之“祥”之“阳”为抽象概念，于是，便将有形之“羊”代替无形之“祥”和“阳”。汉代碑刻和器物纹饰画羊皆表示吉祥①。

“吉”与“祥”也有细微差别。在古人观念中，“吉”指事象，“祥”为意象和嘉征。“吉”的心理需要通过某种显现的事物表现出来。“祥”本身是凶吉的征兆。如《左传·僖公十六年》载：“是何祥也，吉凶焉在？”② 祥是吉凶通指，后来才多以吉兆为祥，凶兆为不祥。换言之，吉者，福善之事，祥者，嘉庆之征。吉祥是喜庆之事出现之前的征兆，表达人和事的美好景象，本质就是渴望幸福的生活。也因此，“吉祥”为吉利美好的预兆，后通用为祝颂幸福的祝词③。

“吉”与“凶”也是相对的。在《释名·释言语》中曰：“吉，实也，有善实也。凶，空也，就空亡也。”④ 一切都不是绝对的，万事万物对立统一，相互转化。吉祥无处不在，有虚有实。吉之反为凶，福之反为祸，善之反为恶。“吉”“祥”为“天垂象见吉凶，所以示人也”，即天象可以预示吉凶祸福，后多指吉兆。虽为事实与征兆的实虚之别，但价值观相关联为互补的整体⑤。

吉祥文化作为最初的文化形态之一，是人们向往和追求吉庆祥瑞的反映。人人都希望幸福美满、一切顺利、吉祥如意和好事连连，不论心理慰藉还是现实生活，将吉祥挂在口头并绘制成图形应用在生活各个方面。年

---

① 张道一. 吉祥文化论［M］. 重庆：重庆大学出版社，2011.

② ［清］阮元. 十三经注疏［M］. 清嘉庆刊本. 北京：中华书局，2009.

③ 张道一. 吉祥文化论［M］. 重庆：重庆大学出版社，2011.

④ ［汉］刘熙；［清］毕阮，疏证；王先谦，补；祝敏彻、孙玉文，校. 释名疏证补［M］. 北京：中华书局，2008.

⑤ 钟福民. 中国吉祥图案的象征研究［M］. 北京：中国社会科学出版社，2009.

画艺人深谙此道，"取吉利，讨口彩"，创造性地提出"画中要有戏，百看才不腻；出口要吉利，才会合人意"的口诀。

　　吉祥文化在中国传统文化中层次虽然不高，但确是一种非常普及和广泛的全民性文化；并非显赫，然而非常活跃，不论审美、心理和精神都有独特的形式与内容；以随处可见、妇孺皆知的形式汇聚于岁时节令、人生礼仪、娱乐游艺、信仰禁忌、建筑和艺术等诸多方面，带来吉祥如意、和合圆满的希望与期待；用最通俗易懂的语言和形式表达触手可及的日常生活中的祝福祈愿，而且也隐含着表面上看不到的人生的一些最重要的东西[①]。

　　也正如高尔基所认为的，一切由人造物汇聚的第二自然，一切称之为文化的，都是从自我保护的本能里生发出来。文化，是人用自己的意志、理智的力量去创造"第二自然"的结果。吉祥文化是在幻想与现实的矛盾中出生和成长的。可以说，如果没有对现实的困惑和对未来的向往，也就没有了人间的祝福和吉祥[②]。

1.2　吉祥文化的表现形式

泱泱大国孕育五千年历史文明，
巍巍中华传承数不尽吉祥文化。

　　吉祥文化是一种普遍的喜庆文化，体现美好的愿望和祝福，浸透于道德、伦理、民俗、艺术、社会和行为的方方面面，赋予人们积极向上的美好信念，具有生命力、表现力和影响力而广泛应用在日常生活的诸多领域。作为中国传统文化的一个重要组成部分，是认知民族精神、民族性格和民族旨趣的可靠对象，更成为国人幸福观的体现。

　　吉祥文化表达在民俗节庆、年画、绘画、剪纸、雕刻、泥塑、染织、道具、编制、表演和陈设中，渗透在民间风俗、神话传说和文学叙事中。内容包罗万象，因而并没有统一的分类或者表现形式的标准，吉祥文化除了风俗习惯，更多的是通过吉祥纹图、吉祥物体、吉祥行为、吉祥语言和

---

① 张道一. 吉祥文化论［M］. 重庆：重庆大学出版社，2011.
② 张道一. 吉祥文化论［M］. 重庆：重庆大学出版社，2011.

吉祥数字等来表达人们对吉庆祥瑞的追求。

（一）吉祥纹图

吉祥纹图是独具民族特色和民俗风情表现福善喜庆内容的图案。逢年过节喜庆的日子，人们喜爱用这些纹图装点居所和物品，表示对幸福生活的向往和对良辰佳节的庆祝。帝王官宦之家也同样将它雕刻在传统建筑室内外空间中，不仅渲染节日气氛，而且长久地象征国泰民安、福贵如意和天下太平。吉祥纹图的构图一般有单纹成图和组合成图。单纹成图有龙纹、凤纹、云纹、如意纹等，组合纹图非常丰富，如鱼龙纹图、鱼羊纹图蕴含"吉祥有余"之意，双鹿寓意"爵禄"，二龙串壁寓意祥瑞，马纹、羊纹等寓意吉祥。"狮"与"事"谐音，两只狮子表示"事事如意"，狮子与绶带表示"好事不断"，再加上钱文组合表示"财事不断"。"鱼"与"余""裕"谐音，寓意"富贵有余"。鱼与龙共生水中，鱼只有经过修炼跃过龙门才成神兽，鱼跃龙门的吉祥题材寓意"功成名就""福禄兼得""家族繁荣"等吉祥象征，还有"龙凤呈祥""喜上眉梢""松鹤遐龄""欢天喜地""五福捧寿""江山万代""太平富贵""寿山福海""彩蝶双飞""鸳鸯戏莲""龙凤合欢""双喜吉祥""瑶池仙品""富贵如意"等多种多样的丰富表达，吉祥纹图因具有强大生命力、历久弥新的审美和实用价值而成为传播吉祥文化表现形式的典型媒介。

（二）吉祥物体

古人把象征吉祥的东西称为吉物。古有祥物、祥车、祥符（吉祥的征兆）、祥禽（瑞鸟）、祥英（瑞雪）等瑞辞。汉王充《论衡·初禀》载："文王当兴，赤雀适来，鱼跃鸟飞，武王偶见，非天使雀至白鱼来也，吉物动飞而圣遇也。"[①]"祥物"的名称在汉代已出现，《后汉书·明帝纪》载："祥物显应，乃并集朝堂。"[②] 其泛指一切被赋予祥瑞嘉庆之意的自然物、人工物及其文化符号。由原始拜物、巫具、宗教法具等衍生而来的福善嘉瑞的象征物品，借取物及文化形态遵循物物、物事和物人相感的原始逻辑，表达祈福禳凶的诉求[③]。

---

① 黄晖. 论衡校释［M］. 北京：中华书局，1990.

② ［南朝宋］范晔；［唐］李贤，等注. 后汉书［M］. 中华书局编辑部，校. 北京：中华书局，1965.

③ 陶思炎. 中国祥物［M］. 上海：东方出版中心，2012.

吉祥物体是某个或某类物体所表现出来的吉祥含义，在特定文化背景下，赋予吉祥信息就渗透出吉祥的韵味。其构成体系包括日月星辰、山水云气、神佛仙道、动物植物、神兽灵物、日用器具、武器工具、乐器珍玩、经籍图画、文字符号等一切被赋予祥瑞嘉庆的意义、安全、有用、友善的自然物、人工物及其文化符号。

吉凶、祸福、灾祥是人类形成的价值观念，远古人类把自身命运与自然界紧密联系在一起从而产生最原始的图腾崇拜和自然崇拜，在原始宗教崇拜基础上出现"灵物崇拜"。远古神话中有许多关于吉祥物的传说，最早的吉祥物典型代表龙、凤、龟、麟四种灵异动物即为"四灵"，孔颖达疏云："此四兽皆有神灵，异于他物，故谓之灵。"据专家考证，这四种动物为中国原始图腾崇拜的遗留。如夏人以蛇（龙）为图腾，商人以燕为图腾，东部民族以凤为图腾，东夷中部民族以龟为图腾，后各部落以集各类鸟兽形象于一身的神异动物为图腾，图腾转变功能，成为保护神进而成为吉祥物。"四灵"作为灵物以超越现实方式存在，随后逐渐脱离原始宗教在世俗化中形成最原始的吉祥物。

图腾蕴含的是最原始的崇拜物，当图腾崇拜脱离拜物教后，其信仰演化成为吉祥物。例如龙就经历了图腾崇拜物、族徽、灵物和吉祥物的演变过程。自然崇拜也是原始宗教形式的一种，以自然和自然物为崇拜对象，受崇拜的力量或自然物具有生命、意志、灵性和神奇的能力并影响人的命运。自然崇拜表示敬畏自然，求其护佑和降福，包括天体、天象、动物、植物、非生物等。那么，刻画在器物上的"四灵"纹样是沟通天地的媒介，占有越多，彰显财富和权威越大。其本身不仅仅是图案和符号，更是一种信仰，一份人与天地之间的自然合约。

在儒家祈福观层面，吉祥观念与吉祥物相伴而生[1]。"国家将兴，必有祯祥。"《周易·系辞下》曰："道有变动，故曰爻；爻有等，故曰物；物相杂，故曰文；文不当，故吉凶生焉。"[2]吉庆祥和均有征兆，在其未出现之前，必有若隐若现的迹象，即古人认为的"麟体信厚，凤知治乱，龟兆凶吉，龙能变化"。"物"的存在与驳杂决定着吉祥变换，为控制这一变换，

---

① 沈利华，钱玉莲. 中国吉祥文化 [M]. 呼和浩特：内蒙古人民出版社，2005.
② ［宋］张载；刘泉，校注. 横渠易说校注 [M]. 北京：中华书局，2021.

象征"嘉庆""福善"的吉祥物便得以普遍应用。

就特征而言，祥物由实到虚、由显到隐、由简单到复杂。由实到虚，是由实在的物体转向象征替代的文化造物过渡，从有形到无形以文字、符号、声音和言辞表达原初的祥瑞寓意。例如最初羊为祥，以活羊、整羊作为祭祀，后山西订婚之礼用面羊。虚实并用，由显到隐，由显著的有形之物向潜移默化的图案象征转化，形象走向抽象但寓意更具魅力。例如"二龙戏珠"演变为"草龙捧寿""龙花拐子"。八仙肖像演变为八仙法具，明八仙成为暗八仙，由简到复构成逐渐综合，由一种祥物的意义表达转变成多种祥物的意义并用。例如十多种祥物选用强化"延年益寿"的祥瑞主题，用佛手、桃子、石榴、鱼和九个如意表示"三多九如"，即福多、寿多、子多，久久如意等。

就价值判断而论，祥物的演化是由凶到吉和由吉到凶的双向发展。由凶到吉是指原本丑恶有害的事物，在生活中被赋予功能追求和文化礼节而转为祥瑞。例如大粪被视为财富的象征，入家宅的蛇被视为宅神、仓神，身上的红痣不视为病症而当作福相等。由吉到凶是指古代当作祥物的事物在文化变迁或功能退出祥物神祇后成为不祥的符号。如乌鸦本为吉祥鸟，是知归反哺识养的祥物，又是太阳的象征，但由于喜鹊价值的提升就被替代了。凶吉变换不是短暂完成，而是长期历史演化、价值观、社会生活和文化选择的反映。

祥物有很多，岁时祥物包括新年祥物、四时祥物，建筑祥物包括土木祥物、家居祥物，器用祥物包括器具祥物、乐器珍玩，交通祥物包括路桥祥物、舟车祥物，礼仪祥物包括婚恋祥物、乞子祥物、寿诞祥物、饮食祥物、天地祥物、吉神吉仙、饮食祥物等①。其是人们追求吉庆祥瑞观念的物化表现，是"人性向物质东西的投影"，是人们在事物固有属性和特征基础上加工，体现美好的夙愿和理想的吉祥观念，表达抵御、驱除、镇避不利之物和趋吉避害的心理和思想。如吉祥符号、吉祥物、吉祥纹图就是人类创造出来的借以传达心声的媒介，借用物体、器物、动物、植物、石头、木头、砖瓦、笔墨纸砚等某类或某个物体在特定文化背景下附着和表现出来的自然物、人工物作为嘉庆象征，寄托对福善的追求。传统的祥物主要

---

① 陶思炎. 中国祥物［M］. 上海：东方出版中心，2012.

以自然和人为的"嘉庆之征"寄托对"福善之事"的追求，表达趋吉避凶的心理，体现为众人所认可的吉祥意识和文化韵味。

中国传统祥物大致分积极和消极两大类①。积极祥物主要反映趋吉心理，如牡丹象征富贵，牡丹和长春花结合表示"富贵长春"，牡丹花和十个铜钱表示"十全富贵"，枣象征生子，鸡象征吉祥，松柏象征长寿，松、菊象征延年，松、竹、梅象征"岁寒三友"，柏、柿象征"百事如意"，天竹、南瓜、长春花表示"天地长春"，桂圆、核桃、荔枝表示"连中三元"，瓜果、葫芦象征"子孙万代"，爆竹和鲤鱼组合象征"生活兴旺""蒸蒸日上"等。消极祥物反映避凶心理，也称为辟邪物，是为求得心灵安宁、生活平静，用具有法力的物件防止鬼怪惊扰和伤害，例如刀枪剑戟镇宅，桃木压邪气，用桃符驱鬼辟邪等。

自然界与人世间的吉凶纷呈是人类创造祥物并以之趋吉避凶的客观基础。物与道、德相贯相连，是在同一文化链的不同表达形态。作为承载文化的祥物，在福善追求和吉凶抉择中亦有道德和理性，经历史演化，在来源、材料、形态、特征、价值判断等方面保留历史演进的踪迹，是乐生人世的积极态度的传播媒介。

（三）吉祥行为

吉祥文化作为根植于农耕社会的传统文化，延续千年，涉及婚娶、寿诞、节庆、饮食、风俗、行为和习惯，包括政治、经济、艺术、哲学和宗教等方面，形成纷繁多样的民俗事象。

吉祥行为以风俗习惯和行为方式体现吉祥内涵。前者是为了达到吉祥目的而有心去求的行为，后者是某种风俗行为中蕴含着吉祥的内涵②。有时两者相互依存。节庆的吉祥饮食和行为，如春节吉祥文化，腊月吉祥俗有腊八粥、腊月送灶祭家神，正月吉祥俗有迎春挂门笺、北方饺子南方鱼、吃团圆饭、"破五"接财神，元宵吉祥俗有转三桥、走百病、迎紫姑、占凶吉、元宵放灯等；四时吉祥文化，例如春日吉俗有打春、祭春、二月二龙抬头、三月三上巳节、寒食与清明；端午吉俗有龙舟竞渡、悬"艾虎"插"蒲剑"、佩长命锁、饮雄黄酒；秋日祈吉风俗有七夕乞巧，中秋祭月、小

---

① 沈利华，钱玉莲. 中国吉祥文化［M］. 呼和浩特：内蒙古人民出版社，2005.
② 沈利华，钱玉莲. 中国吉祥文化［M］. 呼和浩特：内蒙古人民出版社，2005.

饼如嚼月，"九九"重阳登高；冬日祈吉风俗有冬至大似年、冬至吉祥食俗等。还有家宅吉祥文化，如祈吉天文观、祈吉风水观、土木祈吉风俗、退避"太岁"、破土祈吉；上梁祈吉风俗，如上梁礼俗、抛粮接宝挂红绿、贴"福"、安宅符、插金花、银花；婚嫁吉祥俗，如婚庆尚红、铺床压床、撒帐等。

（四）吉祥语言

言为心声，语言是交流沟通情感的工具，用于节庆时表达内心感受，实现启吉目的。在特定场合所说的祝颂语汇、吉祥话都属此类。明清以来，人们通过吉祥话如四字成语表达尽可能多的祝福，如喜报三元、独占鳌头、百福具臻、福寿康宁、瑞启德门、鸿喜云集、福至心灵、门潭赠庆、恭喜发财、五谷丰登、福寿年高、福惠双修、德门积庆、福齐南山、福寿双全、福禄长久、升祺骈福、潭祉迎祥、福祉骈蕃、五福齐全、三阳开泰、祥瑞福臻、潭祺迪吉、华星凝辉等。筷子古代称箸，江南船民忌讳船行不快，故将箸改成快子，后逐渐演变成今天的筷子，反映出传统民俗趋吉避凶的心理。

（五）吉祥数字

国人喜用数，如心中有数、不计其数，有定数。古希腊毕达哥拉斯学派也认为"万物皆数"，"通晓数，可知万物"。吉祥数字的使用非常广泛，例如一品当朝、一团和气、二龙戏珠、三元及第、三生有幸、四季如意、四平八稳、四通八达、四面八方、四时八节、五子登科、五福临门、五彩缤纷、五世同堂、六朝金粉、六畜兴旺、七子团圆、八面玲珑、八面威风、八仙过海、九转金丹、九天九地、九世同堂、十拿九稳、十全十美、百里挑一、百年大计、百事大吉、千秋万代、千千万万、千载难逢、千门万户、万马奔腾、万古长青、万古流芳、万众一心、万紫千红等，二月二龙抬头、五月五端午节、六月六谷节、七月七乞巧节、九月九重阳节等民俗文化都有数字吉祥。

同时，张道一先生将吉祥文化按照内容归纳为当下新的幸福观："吉祥十字"福、禄、寿、喜、财、吉、和、安、养、全[①]。具体而言，"福"与

---

① 张道一. 吉祥文化论［M］. 重庆：重庆大学出版社，2011.

"祸"相对,《韩非子》卷六曰:"全寿富贵之谓福"①,五福中包括了长寿、富贵、健康、积德、行善。吉图中有福神,佛手、牡丹象征富贵;"鹿"谐音"禄",在古代福与禄同义,禄也是福,常用"高官厚禄""福禄寿三星"来表达;"寿"即长寿,多用蟠桃象征,以"耄耋图"等吉祥纹图居多;"喜"即喜庆,吉祥纹图多有喜鹊、喜蛛、石榴等;"财"以招财进宝、五路财神吉祥纹图和聚宝盆、宝物等祥物居多;"吉"即吉利,谐音戟、鸡,以盘长(八吉)居多;"和"以"和气致祥""和合二仙"等吉祥纹图居多;"安"即平安,以六合同春、竹报平安等吉祥纹图居多;"养"即身心修养、情操游艺,以琴棋书画、二十四孝等吉祥纹图居多;"全"即全面。吉祥十字之间密切联系,清代有十全图,把十个铜钱用绶带串联在一起,古代铜钱谐音泉(音同"全"),十个铜钱就是"十全"②。

1.3　吉祥文化的历史演进

> 观乎天文,以察时变;观乎人文,以化成天下。
>
> ——《周易》

吉祥观念人人皆有,吉祥文化的表现形式多样,但更多的是以独具民族特色的吉祥纹图来表现人们对吉庆祥瑞的追求,是古人向往美好生活而创造出来的吉祥文化的表达方式之一。具有吉祥内容的装饰图案和形式紧密结合,因物喻义、物吉图祥、构思巧妙、主题明确、趣味盎然和富有浓厚的民族风格,承载丰富的吉祥主题,既是艺术层面的理想搭配,是中国传统文化的一大亮点③,也成为反映国人吉祥愿望、幸福追求、风俗习惯、欣赏趣味和喜闻乐见的一门独特艺术④。

(一)远古时期

吉祥纹图历史久远,原始社会的图腾和自然崇拜是先民为了自身安全所想象的守护神。远古时期的岩画和彩陶给予先民某种愿望。关于艺术起

---

① 高华平,王齐洲,张三文. 韩非子［M］. 北京:中华书局,2015.
② 张道一. 吉祥文化论［M］. 重庆:重庆大学出版社,2011.
③ 张道一. 吉祥文化论［M］. 重庆:重庆大学出版社,2011.
④ 沈利华,钱玉莲. 中国吉祥文化［M］. 呼和浩特:内蒙古人民出版社,2005.

源，有观点认为"史前艺术"发轫于3万～4万年前的旧石器时代晚期，依据是旧石器时期的岩画和雕刻。先民对宇宙万象和飞禽走兽充满猜测，彩陶的动植物纹和人面鱼纹有人敬天神的意味，奠定了吉祥纹图的发展基础。

新石器时期造物精神内蕴不断拓展，人们在获得造物物质实用性的同时，还希望拥有精神享受和愉悦。在彩陶、石雕和玉器中出现龙、凤、龟、鸟、云纹、水波纹和回纹等装饰纹样。蛙纹是仰韶文化遗址中最常见的纹饰之一。渭河流域的半坡遗址、姜寨遗址，黄河上游的马家窑遗址均出土类似的饰纹陶器。这是中国原始社会中历史最为悠久的一种图腾形象。新石器早期从鱼纹、鸟鱼纹到传统民间莲鱼纹都蕴含对天地的敬仰①，即象天法地的哲学观在古代中国演绎为以生命崇拜为基础的仿生营造，如母系社会崇拜的鱼纹、蛙纹，父系社会崇拜的鸟纹和龙纹等。正如左汉中在《中国民间美术造型》所认为的，以生殖崇拜为主题的阴阳观念决定了民间美术的主题。莲鱼纹和鸟鱼纹都是"男女结合、化生万物"这一中国原始哲学观念模式的延续，绝非自然生活现象的反映，是阴阳万物交感、生存繁衍观念的隐喻符号。其作为神秘力量的图腾崇拜，后逐渐成为一种具有吉祥美好的象征②。

商周钟鼎、陶器中出现云雷纹和龙凤纹饰，盘铭也有富贵吉祥字样。汉代以前的吉祥纹图中，最早把福善之事、嘉庆之征绘制成纹图的，出现在三代古铜器中，如河南安阳1004号商代大墓出土的"鹿方鼎"，故宫博物院的"龟鱼蟠螭纹方盘"以及古玉上的夔纹、龙纹、虎形和凤形等都是中国早期的吉祥纹图。汉代之前的铜器上，铭文已有"万年无疆""眉寿无疆"的祝颂语。《诗经》也有"君子万年"等③。真正意义的吉祥纹图在阶级社会产生。

（二）秦汉时期

春秋时期出现的"万寿无疆"等祝寿形式和祝寿语言构成早期的吉祥纹图。战国时期，《山海经》记录了神、人和吉祥物，吉祥文化内涵愈加丰富。在丧葬习俗中，有鹿、虎与鹤等随葬品。民间出现具有象征意义的吉祥物表达了人们辟邪求吉的心理。此时期祈求昌盛不老，企盼"延元万年"

---

① 沈利华，钱玉莲. 中国吉祥文化［M］. 呼和浩特：内蒙古人民出版社，2005.
② 沈利华，钱玉莲. 中国吉祥文化［M］. 呼和浩特：内蒙古人民出版社，2005.
③ 张道一. 吉祥文化论［M］. 重庆：重庆大学出版社，2011.

"长乐未央""长寿无极"等纳福的装饰主题居多。

秦汉时期是文化艺术的辉煌时期，吉祥纹图骤然增多。西汉初期，经济上采取休养生息政策，文化相对自由宽松，使得此时期的艺术进入鼎盛状态，帝王将相平民百姓均有祥瑞纳福、羽化升仙的吉祥追求。青铜器、画像石、瓦当、丝织品和漆器中常有云气纹、动物纹，如鹿、龟、羊、虎和四神等辟邪求福的神祇。瓦当汇集了当时的吉祥词句之大成，例如出土的瓦当中可见秦代"天下康宁"文字瓦，"子母鹿"兽瓦，"飞鹤延年"半文字瓦以及用吉祥文字的组合瓦，如"与天无极""永受嘉福""延寿万岁""世禄甲天下""永寿无疆""益寿存富""万物咸成"等。日用品中常见"宜富贵""宜子孙""宜侯王""长生未央"等吉祥文字。

汉代开始用图符形成"符瑞之应"。班固等撰写的《白虎通义》中的"符瑞之应"[①]反映了吉祥瑞徽之事，符瑞是祥瑞的征兆。将自然界某种罕见的现象称为吉祥之兆，即"瑞"[②]。《白虎通义》代表了当时人们对祥瑞的观点。汉灵帝建宁四年（171 年）绘制的《五瑞图》左上画黄龙，右上画白鹿，左下画二树四枝连理木，中间嘉禾，禾生九茎，右下画一树，树下有手举一盘之"承露人"，在接天降之"甘露"。此图距今 1 800 多年，是中国最早的一幅"瑞应图"[③]。当时的"瑞"为帝王独享。古代以帝王修德和时世清平，天就降祥瑞以应之，谓之"瑞应"。"瑞应"是帝王的吉祥体系，盛于三国魏晋南北朝，衰于隋唐。

汉代织锦绘有"延年益寿""万世如意"，铜镜铭文刻有"大乐富贵""千秋万岁"等吉祥文字。大型方砖也出现吉祥语和吉祥纹图组合，如将"长生未央"配以圆壁纹，将"千秋万岁、长乐未央"配以四神纹寓意吉祥。

秦汉时期，与儒家祈福文化对应的民间吉祥文化更加丰富且门类众多。汉王充《论衡校释》曰："饰桃人，垂苇茭，画虎于门，皆追效于前事，冀以御凶也。"[④]此为后世桃符、门神的端倪。桃、虎、鸡后来逐渐成为广泛的民俗吉祥物[⑤]。汉代之后，吉祥观念逐渐普及，各种形式的吉祥纹图出现

① ［汉］班固；［清］陈立，疏证；吴则虞，点校. 白虎通疏证［M］. 北京：中华书局，1994.

② 沈利华，钱玉莲. 中国吉祥文化［M］. 呼和浩特：内蒙古人民出版社，2005.

③ 沈利华，钱玉莲. 中国吉祥文化［M］. 呼和浩特：内蒙古人民出版社，2005.

④ 黄晖. 论衡校释［M］. 北京：中华书局，1990.

⑤ 沈利华，钱玉莲. 中国吉祥文化［M］. 呼和浩特：内蒙古人民出版社，2005.

在人们的日常生活中。

三国时期，吴主孙亮作琉璃屏风，屏风雕镂《瑞应图》约 120 种。南北朝时期，民间俗信也成为民间吉祥物的重要来源，如蜘蛛称为喜蛛，"蟢"与"喜"、"雀"与"爵"谐音，也成为吉祥物。

南朝梁沈约编撰《宋书》，首创《符瑞志》体例，开中国古代文献专载祥瑞之先河。《符瑞志》集南北朝以前帝王符瑞之大成，记载了黄龙、赤凤、麒麟、灵龟、白兔、嘉禾和甘露等祥瑞近百种，每种除少数外都有数条、数十条至上百条。

南朝梁孙柔之的《瑞应图记》和《瑞应图》是专门记载祥瑞的著作，堪称祥瑞集大成者。书中描绘了日月、甘露等天象、老人星、真人、西王母等神仙，河图洛书、八卦、神鼎、玉羊、玉鸡和玉龟等器物，凤凰、鹤、白鹊、鹿、虎、熊、黄龙和灵龟等仙禽瑞兽，嘉禾、木连理、梧桐等植物，还在青铜器、玉器、漆器、陶器、染织、画像石、绘画等上表达祥瑞意义并成为后代吉祥纹图的渊源。[1]

《瑞应图》多用于帝王祭祀的器物和宫殿建筑，动植物和天文气象纹居多，人物不多。正如晋葛洪《抱朴子·明本》所记载的："儒者祭祀以祈福，而道者履正以禳邪"[2]，此语道出儒家学说以天命观确立吉祥文化的支柱。

（三）隋唐宋元时期

隋代，有《熊氏瑞府图》《祥瑞图》《瑞异图》《祥异图》《符瑞图》《白泽图》等著作。唐代以前，除了《五瑞图》外，吉祥图画不多。唐代的《稽瑞》一书流传下来，共集 185 条。之后，此类书籍不断出现，《宣和画谱》中有唐张素卿画的《天官像》《寿星像》《三官像》，即后来民间吉祥画中的《天官赐福》《南极星辉》《增福消灾》等题材的范本，明清发展至全盛。至此，瑞应成为中国早期吉祥文化的主流[3]。

唐代最具特色的吉祥纹图是缠枝纹，包括缠枝花纹、缠枝凤纹和人物鸟兽蝉纹等。如陕西西安碑林中唐大智禅师碑侧的花纹就是卷曲的牡丹花边，点缀凤凰、鸳鸯、狮子等鸟兽人物纹图，使人感受到旺盛的生机与活

---

① 沈利华，钱玉莲. 中国吉祥文化 [M]. 呼和浩特：内蒙古人民出版社，2005.
② 张松辉. 抱朴子内篇 [M]. 北京：中华书局，2011.
③ 沈利华，钱玉莲. 中国吉祥文化 [M]. 呼和浩特：内蒙古人民出版社，2005.

力。唐锦大量采用寓意吉祥的纹饰，较为盛行的是祥禽瑞兽组成左右对称纹。花草鱼、祥禽瑞兽、仙人组合形成华丽饱满的风格是隋唐吉祥文化最突出的特点。高士其在《天禄志余》中记载："唐宋禁中大婚，以锦绣织成百小儿嬉戏状，名百子帐。"①张应文《清秘藏》中叙述"唐宋锦绣"更为详细地描述反映唐宋工艺锦绫纹图蕴含丰富多彩的吉祥寓意。

此时的吉祥观念深入人心并融入民间文化。如吉祥纹图主题之一"鹊"在五代王仁裕的《开元天宝遗事》中，有"早晨听到鹊鸣，是日便有喜事"的记载。鹊为报喜鸟，两只鹊的"双喜"在唐宋绘画中大量出现。同时，隋唐时期佛道兴盛，宗教的吉祥观念与世俗相融合且多应用在建筑、器物和服饰中，如画家袁倩的二龙图，朱袍一的张果像，张素卿的天官图、寿星像等具有吉祥意义的绘画等，此时期吉祥纹图日趋完善。

五代时期，有陆晃的《葛仙翁飞钱出井图》《天曹赐福真君像》《长生保命真君像》，广东闽南一带有《神功保佑》《永保平安》《长命富贵》等"灵符"吉祥图。御府收藏的宋道士李德柔的《张仙君像》《吕洞宾仙君像》《天师像》等更接近于民间吉祥画《张仙送子》《八仙过海》《天师镇宅》等多样的体裁形式。

宋代，设立画院对吉祥纹图风格产生直接影响。此时期也是吉祥纹图发展的重要转折时期，士大夫阶层参与更多文化活动，吉祥题材的绘画有所创新，多取生活中物象表现吉祥寓意。例如刘若愚《酌中志》中所列举的吉祥题材，有人物、花鸟和货郎等。而宋代宫廷画家苏汉臣的《五瑞图》《百子嬉春图》《货郎图》《秋庭婴戏图》和佚名的《九阳消寒图》②，赵千里的《福禄寿三星图》，天津杨柳青的《三星图》《福禄寿图》和无名氏的《东方朔盗桃》等已是单幅吉祥画作。

由于社会经济繁荣和工商业发展，人们的生活丰富多彩。张择端的《清明上河图》和吴自牧的《梦粱录》形象地描绘了当时生活的繁荣景象，人们求家宅平安、诸事顺利的象征事物增多。例如育子之家以"眠羊卧鹿，并以彩画鸭蛋一百二十枚"作为催生礼。新年来临，"以五色线结成四金鱼同心结子，或百事吉结子（盘长结），并以诸品汤剂，送与主顾宅第，受之

① ［清］翟灏. 通俗编［M］. 颜春峰，点校. 北京：中华书局，2013.
② 沈利华，钱玉莲. 中国吉祥文化［M］. 呼和浩特：内蒙古人民出版社，2005.

悬于额上，以避邪气"。宋代，"财马""回头马""金鱼同心结"等吉祥纹图居多。此时期陶瓷工艺非常发达，绘有鲤鱼、牡丹、荷花、莲花、菊花、鹿、凤和童子等吉祥纹图，象征自由如意、富贵荣华和子孙昌盛之意的瓷器非常多。

同时，官方祈福文化与民间吉祥文化相互影响。两者虽形式不同，宫廷华丽，民间质朴世俗，但表达的吉祥寓意却有异曲同工之妙，例如宋绣《寿星图》《七子图》《满池娇》作为独幅吉祥画欣赏。

在建筑方面，李诫所著《营造法式》分名例、制度、功限料例和图样四部分，彩画图样中出现金童、玉女、仙人、真人等吉祥人物，对后来吉祥画中的招财童子、利市仙宫和刘海戏蟾等神仙题材的形成与发展都有一定的影响。

此时期花鸟题材绘画兴起，有不少寓意吉祥之作。例如北宋御府所藏黄筌、黄居寀父子的《六鹤图》，即"六合同春"，《牡丹鹤图》寓意"一品当朝"，《葡花鹿》意味"德禄听封"，《牡丹猫雀图》则是"耄耋富贵"，《鸡图》谐音"大吉大利"，《竹岸鸳鸯》象征夫妻和美等。此外，黄筌还绘制了《南极老人像》《长寿仙图》《秋山寿星图》《星官像》《醉仙图》，还有李成的《百灵助顺图》，刘松年的《接喜图》等。宋代无论绘画、工艺还是美术均反映了中国吉祥画已经形成，吉祥纹图更加丰富多彩①。

元代文人画盛行，写意山水、人物、花鸟、竹石、兰菊题材颇多，人物画逐渐下落，名家吉祥画品寥寥无几，大部分吉祥人物画出自画工之手。严世蕃家藏古画目录中有盛子昭的作品《三星拱寿》《文昌图》《采花图》。纳绣有《寿仙》《八仙庆寿图》《寒山拾得》《和合二仙》《公侯食禄》及《南极长生寿意》《寿星并仙图》等。民间吉祥画中，"酒糟坊，门首多画四公子：春申君、孟当君、平原君、信陵君。以红漆阑杆护之……"，是八仙人物和四君子的吉祥画出现在工商业门首的开始。其他出现在元代陶瓷器皿的图案花纹，有北京出土的双凤瓷罐、青衣凤首扁平壶等②。整体而言，元代比宋代的吉祥绘画增加许多，宋元时期吉祥信仰进入发展高峰期，吉祥纹图也相应广泛应用在建筑、彩画、陶瓷、刺绣和绘画作品上。

---

① 王树村. 中国吉祥图集成 [M]. 石家庄：河北人民出版社，1992.
② 王树村. 中国吉祥图集成 [M]. 石家庄：河北人民出版社，1992.

（四）明清时期

隋唐之后，官方的"瑞应"逐渐衰落，民间的吉祥文化蓬勃发展，至明清极盛，成为中国传统吉祥文化的主流。明清时期是吉祥纹图的全盛时期，达到"物必饰图，图必有意，意必吉祥"的程度。

元明两代，吉祥画和纹图部分存于世，例如《方氏墨谱》《程氏墨苑》，蒋三松所作的《南极星辉》（寿星图），佚名绘刻的《八方进宝》《财门图》等，尤其是《福禄寿喜》《八仙庆寿》类的吉祥画很多，反映人物故事的吉祥画增多，寓意长生不老、永享人间幸福。

明代工艺美术比前代有更大发展，吉祥画、吉祥纹图也逐渐兴盛。吉祥题材的画样遍及建筑及各类工艺美术品类，如制墨、陶瓷、织绣、印染、雕刻、年画、壁画和灯画等，题材广泛且画样繁多。据明代佚名《严氏书画记》记载，吉祥题材的绘画有近 300 件名家作品，例如《福禄寿图》（王孟端），《寿意猫图》（商喜），《天香玉兔并寿图》（吕纪），《三星寿意》《福神》《仙馆图》《松鹤图》（戴文近），《东王迎寿图》《五老攀桂图》《荷花仙子图》《仙鹤》（陶云湖），《天乙赐福图》《南极呈祥图》《寒山拾得图》《无极图》（吴小仙），《玉洞仙桃》《松石寿意》《三瑞图》（文徵明），《柏寿图》《椿萱图》（唐寅），《桃花仙子》《松鹤图》（张平山），《百禄图》《鹿鹤双全》（沈硕山），《万松寿意》《天女散花》《麻姑献寿图》《轩辕问道图》《椿桂图》（仇英），《寿鹿图》（程达），《驾銮苍龙》《擎天古翠》《瑞协秋芳》（谢时臣），《东方朔》（颜良臣），《百鸟朝凤》（孙龙）等。

明代画家和民间艺人绘制的吉祥画题材类似，《严氏书画记》记载了一部"本朝名笔"之作，实际出自民间艺人之手，且吉祥题材多，例如《三阳开泰》《天乙赐福》《转禄朝天》《五福如意》《海屋添筹》《清风化日》《朝阳玉树》《三元乘龙》《五凤朝阳》《春花烂漫》《中流砥柱》《秋林锦树》《高科葡萄》《高冠进步》《叠叠封冠》《玉堂清节》《九世同居》《老君降胡》《蓬莱真人》《天女散花》《五老图》《王母寿图》《一秤金》《瓜瓞绵延》《并头莲》《瑞应图》等。

明代的造瓷、刻板、织绣、造纸及手工艺美术十分繁荣，宋应星在《天工开物》中集中反映了出来，吉祥画、吉祥纹图更臻于完美而丰富。例如丹青制墨方面的《方氏墨谱》《程氏墨苑》都雕刻吉祥花纹。《方氏墨谱》有《五老图》《九子墨》《名花十友》《三生花》《四夷咸宝》等，《程氏墨苑》有《百老图》《百子图》，方于鲁的《文彩双鸳鸯》墨雕绘龙精彩、灿烂绚丽，为文人所乐道。

明末巨匠计成在《园冶》中所载的装折、栏杆、门窗、墙垣、铺地等的图样，大半寓意吉祥，如葫芦式、如意式、剑环式门窗等。崇祯十七年（1644年）胡正言辑《十竹斋笺谱》中有"灵瑞"八种，刻绘历代祥瑞故事，"寿徽"八种，皆为祝颂老人长寿的故事，"宝素""文佩"十六种，其形多取吉祥之意。两部笺谱虽为文人画案之物，内容却是明代的"瑞应图"。当时江西景德镇的瓷器绘画多达50多样，皆为吉祥纹图，例如赶龙珠、一秤金、娃娃升降戏、四喜诗句、龙凤穿花、满池娇、云鹤、万岁藤、拾珠龙、灵芝捧八宝、八仙过海、孔雀、牡丹、狮子滚绣球、江夏八俊、巴山蜀水、飞狮、水火捧八卦、云鹤穿花、八吉祥、三仙炼丹、耍戏娃娃、四季花、花天、出水云龙、乾坤六合花、博古龙、宋竹海和苍狮龙等。

明清时期的吉祥画、吉祥纹图和杂剧多以赐福、升官、长寿为主题，例如《瑶池会八仙庆寿》《福禄寿仙官庆会》《一麟三凤》《庆长生》《三星下界》，明代三星下界、天官赐福类吉祥题材在绘画、戏剧、小说中也有出现，例如冯梦龙《警世通言》中有"福禄寿三星度世"一卷。

明清时期是工艺装饰的吉祥题材的繁荣期。民间艺术的耍货（玩具）、木版年画、民间绘画、剪纸窗花等多是吉祥寓意之作。如道光年间的《桐桥倚棹录》提到当时苏州的"寿星骑鹿""麒麟送子""嫦娥游月宫""童子拜观音"泥神、泥仙、渔翁（得利）、三星、钟馗、葫芦酒仙、聚宝盆、狮、象和麒麟。出彩的有"双鱼吉庆""一本万利""平升三级"，皆取自吉祥语。清代广东佛山、江西景德镇、河北邯郸彭城以吉祥人物瓷塑闻名，江苏无锡，陕西凤翔、西安，河北新城白沟河，广东吴川等泥塑中都有"福禄寿三星""和合二仙""八仙祝寿""福禄财神""皆大欢喜""利市仙官""麒麟送子""太师少帅""进宝童子""鸡鸣富贵""莲生贵子""贵子得鱼""麻姑献寿""一团和气"等吉祥神仙人物[①]。

此后，从农业经济转向工商业的人越来越多，吉祥画中逐渐出现诸如"财源茂盛""日进斗金""财神到家来"等新的吉祥题材，创作出大量的"聚宝盆""摇钱树""财神""钱龙""宝马"等新的吉祥纹图和人物画，形

---

① 王树村. 中国吉祥图集成［M］. 石家庄：河北人民出版社，1992.

成清代吉祥纹图和吉祥画的特征。

清初，国家统一，人们希望天下太平、安乐生活，吉祥纹图不断增多且出现"乾嘉盛世"等新的需求和期盼，例如"翎顶富贵""翎顶平安"等吉祥纹图和以孔雀为贵官的吉祥象征，加之康熙、乾隆贵族亲王屡次南巡，传统建筑中逐渐出现各种新式的吉祥纹图。

乾隆年间，李斗撰《扬州画舫录》，在"工段营造录"一卷中，记载彩画王府宅第应用的吉祥图案规则。例如贴金五爪龙，则亲王用之，降一等用金彩四爪龙，贝勒贝子以下则贴各样花草，平民不许贴金。其他装饰亦然。宫室王府专用龙凤以外的花纹，画作以墨金为主，诸色辅之……花色以苏式彩画为上，有聚锦、花锦、博古、云秋木、寿山福海、五福庆寿、福如东海、锦上添花、百福流云、年年如意、福缘善庆、群仙捧寿、花草芳心、春光明媚、海鳗、天花聚会诸式，其余则西蕃草、三宝珠、三退晕、石碾玉、流云仙鹤、海鳗葡萄、冰裂梅、百蝶梅、双龙宋锦、画意锦、流云飞福、寿字图、岁岁青、茶花图、宝石图、黄金龙、六子正言、十瓣莲花、柿子花、宝鲜花、龙眼、宝珠、金井玉栏杆、万字、江洋海水式等。颜色鲜艳、寓意吉祥的纹图在各地修建的王府、园林、寺庙、道观建筑随处可见。同时，喇嘛教、法轮、宝螺、伞、荷花、双鱼和盘长等神仙吉祥纹图在各类工艺品和传统建筑中广泛应用。

清代翟灏《通俗编》记载吉祥画"古之珍图，悉取鉴戒，画史所传……略寓颂扬。宋元以前，未闻有如是之鄙俚名目见于品论，可知此类并起明季。惟严嵩之权贵，而涉意书画，一时士夫遂借此以献谀也"[①]。清代的刺绣花样"教子成名""麒麟送子""五子夺魁""百子嬉春""状元及第""独占鳌头""蟾宫折桂""笔锭升冠""喜上眉梢""鸡鸣富贵""金玉满堂""平升三级""翎顶富贵""榴开百子""福寿无极""竹报平安""一路福星""连中三元""四民聚雅""一品当朝""五谷丰登""太师少帅""仙女散花""瓜瓞绵绵""百寿图""五福捧寿""琴棋书画""渔樵耕读"等反映人们安居乐业、休养生息的愿望。

清代的糊墙花纸、剪纸窗花、糕点模子、石雕砖雕、印花布、织锦、刺绣、陶瓷器皿、景泰珐琅、雕漆盘盒、点翠耳饰、象牙雕刻、油漆彩画、

---

① ［清］翟灏. 通俗编［M］. 颜春峰，点校. 北京：中华书局，2013.

商店招牌、包装、园林门窗、铺地……无不含有寓意吉祥、丰富多彩的美丽花纹，点缀于生活的各个方面。

清代是中国民间绘画发展的黄金时代，尤其是寓意吉祥如意的木版画，当时的作坊遍及全国。清代也是年画繁荣时期，年画是市井生活驱邪禳灾、迎福纳祥的艺术门类，民间寓意吉祥的年画层出不穷，如天津杨柳青、苏州桃花坞、山东潍坊杨家埠等都是专门的年画生产基地。金玉满堂、连生贵子、推车进宝、五子夺魁等寓意寄托人们对未来的期盼①。门神也各式各样，还添加小说戏曲传说人物，如秦琼、尉迟恭、薛仁贵、魏征等题材。宫廷门神则以庄重为主，钟馗除邪，降福献瑞功能突出。

清代的吉祥画除了表达长寿、享福、中取、升官、子孙万代寓意之外，还增添了一本万利、引进钱龙、大发财源等发家致富、聚财万元的新吉祥内容。辛亥革命后，吉祥画发财题材有增无减，出现"文明进步""世界大同"等。军阀混战开始后，民间吉祥纹图、吉祥画逐渐消失，"瑞应"不再出现，更无吉祥的象征②。

明清两代，传统绘画中表现吉庆祥瑞的作品大量涌现。明代文徵明的《寒林钟馗图》《老子像》、仇英的《天女散花图》《麻姑献寿图》和徐渭的《榴实图》，清代金农的《罗汉图》、赵之谦的《延年益寿图》、虚谷的《松鹤图》《龟》等作品都有极强的吉祥意蕴。

明清以来在绘画题材风格上迎合民间心理，明清中后期扬州画派、海派无不如此。③ 文人画继承宋元绘画传统，从民间汲取营养取得发展，诗书画印的文人画程式，使绘画的吉祥寓意有多层次的表现。写意花鸟画的崛起为吉祥题材绘画开辟新天地，吉祥题材的传统绘画得到空前发展。花鸟画在利用比兴、题跋传达复杂感情上具有更大的自由性，吉祥祈愿也是重要的情感表现。明代画家徐渭的一幅螃蟹和葫芦的画，题款"传胪"为古代科举殿试后唱名的仪式，此画的题款表达金榜题名的吉祥寓意。

明清文人画家的平民化意识使得绘画具有平民意趣，绘画题材不仅表现花鸟，更靠近生活。例如任伯年作为民间艺术与文人艺术结合的典范，将世俗性内容发展到极致。笔下的女娲、八仙、寿星、麻姑、王母、刘海、

---

① 沈利华，钱玉莲. 中国吉祥文化［M］. 呼和浩特：内蒙古人民出版社，2005.

② 王树村. 中国吉祥图集成［M］. 石家庄：河北人民出版社，1992.

③ 沈利华，钱玉莲. 中国吉祥文化［M］. 呼和浩特：内蒙古人民出版社，2005.

钟馗无不是民间喜爱的吉祥形象。流传下来的独具民族特色的吉祥纹图和吉祥画均为中华文化之瑰宝。

中国绘画发展到宋元以后，文人画兴盛，山水、花鸟、墨竹等画种为人所重，道教人物画被民间画工继承。但是民间艺人的作品很少被收藏家收藏、评价和赞扬，故有不少吉祥名画散失或流落到国外。如中国早期一幅《增福相公》吉祥画，在清末光绪三十四年（1908 年）被俄国的柯兹洛夫从西夏古城黑水城遗址（在今内蒙古自治区）中盗走。明代刻绘的《八仙庆寿图》也流落海外。国内虽尚有大量幸存，但宋、元印刻无几。清代民间绘画《桐桥倚棹录》记载苏州山塘画铺，其印版画的吉祥瑞庆题材占绝大多数，例如《天仙送子》《月中折桂》《寿字吉祥图》《沈万三聚宝盆》《三元图》等。

同时，吉祥文化是一种喜庆文化，体现美好的愿望和祝福，浸透于道德、伦理、民俗、艺术、生活行为的诸多方面①。吉祥纹图表达人们的美好理想，因而在传统建筑、雕花木器、糊墙花纸、雕漆盘盒、绣品地毯、剪纸窗花、翡翠玉雕、门窗砖雕、店家招牌、木版年画、彩扎宫灯、民间漆画、瓷画和铁画等都蕴含各式各样丰富多彩的吉祥纹图，且随处可见。

总体而言，明清两代手工业繁荣，吉祥绘画艺术广泛用于社会各个方面。雅俗共赏的吉祥绘画与形式多变的吉祥纹图互为补充，构成丰富多彩的吉祥绘画体系，充分反映了中国人的世界观和对生活的追求。吉祥绘画作为观念的艺术，心态之平和、情感之善良、愿望之美好是其他任何艺术都无法比拟的②。

清末，日本人野崎诚近来到中国，侨居天津 20 年，对中国的吉祥文化产生兴趣，潜心搜集民间吉祥图案，辑成大型《吉祥图案题解》，于昭和三年（1928 年）在日本京都发行，书中包括人物、山水、花木和鸟兽图案等，继而大阪府立贸易馆新京分馆编的《满支图案精华大成》《满洲之吉祥象征考》，大阪府工业奖励馆编的新京分馆编的《满洲之吉祥象征考》等相关书籍陆续出版。《吉祥图案题解》后来引入中国，1986 年中国书店出版《吉祥图案》，内容多来自野崎诚近的书。1988 年知识出版社出版的《吉祥图案题

①　张道一. 吉祥文化论［M］. 重庆：重庆大学出版社，2011.
②　沈利华，钱玉莲. 中国吉祥文化［M］. 呼和浩特：内蒙古人民出版社，2005.

解》是野崎诚近书的译本。韩国也出版过《吉祥图案题解》的译本。

美国学者爱伯哈德自 20 世纪 30 年代起，致力于中国历史和民间文化研究，1983 年在德国出版了《中国文化象征词典》德文版，3 年后，在伦敦和纽约同时出版英文版。这本书原名《中国符号词典——隐藏在中国人生活与思想中的象征》，收罗了 400 多个词目，涉及动物、植物、数字、颜色、日常用语、习俗信仰、神话传说形象等并配以选自中国传统工艺美术的大量插图。书中传统吉祥物占比相当大，而插图几乎全为中国传统吉祥纹图。

1987 年，上海辞书出版社出版的《中国美术辞典》有一条目"吉祥图案"，解释为"传统装饰纹样的一种。通过某种自然物象的寓意、谐音或附加文字等形式来表达人们的愿望、理想的图案，主要流行于民间。如以喜鹊、梅花代表'喜上眉梢'，以莲花、鲤鱼代表'连年有余'等"。著名民间美术学者王树村先生在《吉祥图案的发展及其它》中详述中国吉祥物的由来历史，撰写《中国吉祥图集成》图册，收录绘画、年画、石刻仙画、民间版画、剪纸、挂笺等各类作品 200 余件，并对每一件的表现内容、方法、构图、绘制技艺予以解说。

纵观吉祥纹图和吉祥画的历史发展，远古时期畏惧自然灾害祭祀祈禳以求平安，尚无迎福接祥的思想。从反映民俗生活和思想的《风俗通义》（汉·应劭撰）中的"祀典"可知，汉代祭祀先祖、社神、雨师、雷神等，还未见到"天官赐福""东方朔祝寿"的吉祥纹图。随着生产力的提高，手工业和城市繁荣发展，除去祭天祀祖外，人们还希求风调雨顺、百事如意、福寿双全等吉庆常临，因而用谐音、寓意手法表现吉祥纹图。宋代后逐渐兴盛起来，明清两代题材更多，吉祥纹图凡福善吉祥之事一应俱全。

可见，由原始宗教万物有灵演变而来的吉祥信仰，生成于原始神话思维，遵循象征类比的推理模式，寄托人们对未来美好生活的愿景，表现民族理想，反映人们的生存意识和生命意识，祈求国泰民安、六畜兴旺、五谷丰登、人寿年丰、享受人间幸福，洋溢着对生命的热爱与对生活的赞美。吉祥成为人们心理结构中强大的生命力和影响力并逐渐积淀为普遍心理，支配着人们的思想和行为。中国吉祥文化的内涵与象征体系也在此基础上构建而成[①]。

---

① 沈利华，钱玉莲. 中国吉祥文化 [M]. 呼和浩特：内蒙古人民出版社，2005.

1.4　吉祥文化的生成方式

　　吉祥文化是人类最初的文化形态之一，同人们的生活关系最密切且多带有实用性，是一种物质与精神、实用与审美统一于造物活动中的文化形态。吉祥文化的生成有社会发展、神话故事、历史故事、宗教信仰、风俗习惯等诸多因素影响，其生成方式主要有谐音法、寓意法和表号法[①]。

　　（一）谐音法·可以听的吉祥纹图

　　汉字可看亦可听。形声在仓颉造字法则《六书》中位列第一。《说文解字》9 300 多个汉字中，专属于形声一类的有 7 000 多字。乾隆年间，将声韵之妙用于经传训诂的做法经高邮王氏父子流传开来，谐音法的吉祥纹图就是印证。

　　谐音法在吉祥文化中应用最多也最普遍，构成耳熟能详的吉祥纹图和吉祥语言等。其借助发音相近相同，在不同事物之间建立联系。将同音字调换进而由具象事物表示抽象概念，即两个字的声母韵母相近，利用语音的相同和相近取得修辞效果以谐音达意。吉祥物品也因其名与吉祥寓意音同或音近而生成。通过词语寄托祈福禳祸的愿望，是传统吉祥文化生成的最常用的方式。

　　利用谐音表达吉祥寓意在民间流传很久，清蒋士铨《费生天彭画〈耄耋图〉赠百泉》诗云："世人爱吉祥，画师工颂祷。谐声而取譬，隐语戛戛造。蝠鹿与蜂猴，戟磬及花鸟……到眼见猫蝶，享意期寿考。"诗中的"蝠鹿""蜂猴""戟磬"及"猫蝶"谐音隐喻"福禄""封侯""吉庆""耄耋"。

　　吉祥文化中，某字词与吉祥寓意的谐音有特定的组合而非随意搭配，这是吉祥文化的谐音法的重要特点[②]。如具象的"蝠"寓意抽象的"福"，具象的"鹿"寓意抽象的"禄"，还有"冠"与"官"、"鱼"与"余"、"莲"与"连"、"磬"与"庆"、"瓶"与"平"、"蜂"与"封"、"桂"与"贵"、"灯"与"登"、"柿"与"事"、"猴"与"侯"、"功"与"公"、"蓉"与"荣"、"梅"与"眉"、"枣"与"早"等固定搭配。还有如婚礼中

---

①　张道一. 吉祥文化论［M］. 重庆：重庆大学出版社，2011.

②　沈利华，钱玉莲. 中国吉祥文化［M］. 呼和浩特：内蒙古人民出版社，2005.

用红枣招待客人，并非因为红枣营养丰富人多喜爱，而是"红"色象征吉祥，"枣"与"早"谐音寓意早生贵子。这些谐音寓意的吉祥内涵是集体认同、约定俗成流传下来的，久而久之便成为家喻户晓和妇孺皆知的。

吉祥文化的主要表现形式吉祥纹图多以谐音寓意，也是吉祥语言的图像化。以名称谐音表达祝贺的内容是其的一个显著特点。谐音组合物象与意义也有一定的灵活性，通过望文附会、因名捏物来表达吉祥寓意，关联的事物可组成画面。

例如《伶俐不如痴》吉祥纹图中，画的是菱、荔枝和灵芝三种植物，其中"菱"谐音"灵"，"荔"谐音"俐"，"芝"谐音"痴"。虽"菱角"和"荔枝"都是吉祥之物，但不如"灵芝"珍贵，寓意"聪明伶俐不如痴愚些好"。梅枝上落着喜鹊意为"喜上眉梢"，獾在下鹊在上的吉祥图称为"欢天喜地"，绘童子、莲子和鲤鱼的吉祥图称为"连年有余"，绘铜镜和鞋纹的吉祥图为"同偕到老"，绘制花瓶插入三枝戟再配上笙意为"平升三级"，用瓶子、苹果、鹌鹑等表示"平安"，用鞋表示"和谐"等。《礼记·曲礼上》曰："八十、九十耄"，用猫和蝴蝶营造耄耋图的祝寿情景和生活情趣，猫永远抓不到蝴蝶，其稚趣的动态使人回想童年的天真无邪，具有很好的视听和心理传播效果。

（二）寓意法·可以想的吉祥纹图

寓意法是借某种自然事物寄托人们的某种意愿和理想。其特点是人们先有某种意义，后寻求事物，再将这一意义赋于其上。吉祥文化内容本身比较抽象，将吉祥内涵寄意在物品、文字和图案中，通过其表面形象探寻真正吉祥意义之所在，即取象比类，从事物的形象（性质、作用、形态）中摘取能够反映吉祥特有的征象，来类比其他事物。主要有三个方面：

其一，借助物的形式或形态取其吉祥含义。自然界中主客意念相融合，便产生寓意效应。借助现实具体事物，如借动植物的形态、特性表达符合人的审美、意趣、思想和情感，例如灵芝形似"如意"，月饼形同圆月寓意"团圆"，葫芦、瓜果藤蔓枝条绵长、果实累累，意为子孙绵延。一棵莲藕上生的花俗称"并蒂同心"，寓意夫妻相谐和同心到老。

其二，借助物之性取其吉祥含义。如菊花世称"寿客"，常食轻身益气。梅花、竹子清气袭人、凌霜傲雪，寓意"双清"。四季花四时常开、寒暑不改，寓意"四季长春"。石榴、童子寓意"榴开百子"，松竹梅寓意

"岁寒三友"，梅兰竹菊寓意"四君子"。鸳鸯是中国传统吉祥珍禽，世称和睦夫妻为"鸳鸯比翼"等。常青之松柏、延年之龟鹤、恒久之奇石、不老之仙人寓意"益寿延年"。

其三，借助物的意蕴取其吉祥含义。雅石集天地灵气，恒寿长久。朝官所执的笏代表权力地位。牡丹寓意富贵。龙是华夏民族的图腾，形成"有龙则灵"的吉祥瑞兆。凤为神鸟、千年仙禽，老虎象征雄健威武，狮子威镇百兽，用以驱邪纳福、镇宅保安等，中国重要的吉祥物，都源于其文化的象征意义。

（三）表号法·可以看的吉祥图符

表号为象征、寓意的同义词，是将某些事物抽象化形成简洁、凝练的几何化符号形式表达吉祥含义，是一种远离事物原生形态、凸显事物本质与特性的方式。狭义也指一看便知其意的图像符号，是客观对象逐渐固化为观念的替代物或者特定的符号。长期以来，人们创造出一些似字非字、妇孺皆知、喜闻乐见的表号用于吉祥纹图中，例如万字、寿字、盘长、方胜、太极、双全、如意、规矩和大吉等[①]。

还有借助含吉祥意义的汉字取其吉祥含义的。单个福、寿、喜字等有吉祥含义，几个字结合而成的吉祥图纹符可使不相干的事物"错位式"发生互缘，超越时空焕发生机，使不合理成为合理、合意、合美，进而产生无限魅力。例如"福"外形变为圆形，谓之"团福"。"春景常在"，景上部借用春的下部日，景的下部小为常的上部借用，字字相连称为特异纹符，"日进斗金""黄金万两"也是如此。喜有两种形式，双喜称为"囍"，"示"与"喜"构成"禧"，称为"见喜"或者"示喜"。也正因此，吉祥图符久传不衰，成为人们心理平衡、精神慰藉、审美愉悦的媒介。尽管现实多不如意，却依然钟情和热烈地追求吉祥如意。

此类图符多以神话、传说中与吉祥有关的人、事、物为主。如寿桃，神话传说中王母娘娘食仙桃长生不老，因此，桃成为仙、寿、福的象征。"麻姑献寿"多以"桃"寓意"寿"。佛手是果木之一，在民间象征吉富，称之为吉祥果。"灵芝"有起死回生之妙，象征化凶为吉。常见的图符有三类："如意灵芝"将灵芝形态简化处理，"如意云朵"，云形似灵芝，俗称

---

① 张道一. 吉祥文化论［M］. 重庆：重庆大学出版社，2011.

"祥云","长柄如意"图符是中国灵芝纹样与印度"阿那律"的结合（为竹木制，一端雕有手形用来挠痒）。还有"八仙"本为八个潇洒之人，每个人都有一件超群的法宝，这八件宝物也称为"暗八仙"，是八仙的表号。八吉祥是佛教的八种法器：法螺表示佛音吉祥，比喻运气；法伦表示佛法圆转，比喻生命不息；宝伞表示张弛有度，比喻保护众生；白盖表示覆盖一切，比喻解脱大众病贫；莲花代表圣洁；宝瓶表示福智圆满，比喻成功和名利；双鱼表示坚固活泼，比喻幸福辟邪；盘长表示回贯一切，是长寿、无穷尽的象征等。此类形态的结合是人们长期积淀、逐渐趋同和共同审美的汇聚，在当下越来越焕发无限生机。

1.5 吉祥文化的思维偏向

中国古代文明最令人瞩目的是从意识形态上，在一个整体性的宇宙形成论的框架中创造出来。牟复礼（Frederick W. Mote）认为，中国真正的宇宙起源论是一种有机物体的程序起源论，整个宇宙的所有组成部分都属于同一个有机的整体，它们都以参与者的身份在一个自发自生的生命程序中相互作用。杜维明指出，存在的所有形式从一粒石到一片天，都是一个连续性的组成部分，既然在这连续体之外一无所有，存在的粒子便从不破断。在宇宙中任何一对事物之间永远可以找到连锁关系。中国古代的世界观也被称为联系性宇宙观[①]。

在吉祥文化中就体现了这种宇宙观，互渗关联，体现出连续性、整体性和同构性，研究客体时不是将客体分离孤立研究，而是放在整体文化背景中。吉祥文化的生成与发展不可能游离于中国古代整体文化的进程之外，完备的礼仪制度、古老的民族风俗直接或间接促使吉祥文化的传播与发展，形成贯穿古今的一条象征传播通道。

吉祥文化的生成方式是象征思维，也称神话思维，建立在原始神话思维基础上，遵循象征类比的推理模式，逻辑规则是类比[②]，即建立本体（喻体）与象征体（吉祥内容）构成吉祥文化的内在结构。换言之，在解释世

---

① 张光直. 美术、神话与祭祀 [M]. 郭净，陈星，译. 北京：生活·读书·新知三联书店，2013.

② 沈利华，钱玉莲. 中国吉祥文化 [M]. 呼和浩特：内蒙古人民出版社，2005.

界时，通过类比建立本体（被解释的现象）和象征体（用作解释的现象）之间的因果关系，注意事物表面的特征相似性构成神话世界的内在结构。类比解释一种意指性的行为，无意义的事物被赋予意义并组织世界，而所作的判断无需任何实际的验证。吉祥文化类比也是建立在本体与象征体之间的关系上来构成吉祥文化的内在结构，这种类比给无意义的行为或者事物赋予吉祥的含义而无需经过任何实证[①]。

象征是从事物中自然抽取出事理，寓意是将事理赋予到事物上。作为符号的吉祥纹图不同于自然界动植物的任何一个，也不同于人为创造的某一个。美国学者爱伯哈德在《中国文化象征词典》中认为，中国人是"爱用眼睛的人"，"每个字都是象征而不是声音，象征才是书写的基本功能"。

费迪南德·莱森曾说，中国人的象征语言，以一种语言的第二种形式，贯穿于中国人的信息交流中。由于它是第二层的交流，所以比一般语言有更深入的效果，表达的意义的细微差别以及隐含的东西更加丰富。汉字在表层意思之外，还隐藏另一些含义且运用非常灵活，使人感到奥妙无穷。中国的象征语言以第二种方式贯穿于日常生活触手可及的习俗中且传播效果更大、更深，形成一个以象征形式交流和传播的吉祥信息社会。

埃米尔·普雷托尤斯（Emil Preetorius）认为，所有东方绘画都可以看作是象征，不仅表现自身，还意味着某种东西。有些在自然界中不存在，不是人物、动物、植物，也非人造物、有机物和无机物，看不到，以象征来隐喻[②]。

吉祥在中国人生活与思想中的象征，涉及动物、植物、数字、方位、颜色、日常用语、习俗信仰和神话传说，如出生送的红蛋、挂的长命锁，结婚时的双喜，耄耋之年的寿帐，老人离开人世的孝子摔盆等。礼俗规范、风俗习惯，这一切都是象征思维的意义，是价值观。以自然、传说、动植物的外形推论君臣之道、人伦之道，两者本无任何关联，吉祥物、吉祥画作为媒介传播物的外形特征、寓意与伦叙表面的相似性进行类比，这正是神话思维的特点，形状可以发生改变，不同属性的事物可以相互交换。吉祥文化的象征思维主导着吉祥纹图、吉祥行为、吉祥言语、吉祥数字和吉祥色彩的生成方式，使得人们生活在五彩斑斓的期待和吉祥美好之中。换

---

① 沈利华，钱玉莲. 中国吉祥文化 [M]. 呼和浩特：内蒙古人民出版社，2005.
② 爱伯哈德. 中国文化象征词典 [M]. 陈建宪，译. 长沙：湖南文艺出版社，1990.

言之，吉祥文化以自然物为类比，以禽之道、物之形推演君臣之道、人伦之道，着眼于不同事物的相似性逻辑。通过花卉、飞禽、走兽、人物、器物和文字图像符号等，以吉语、民间谚语、神话故事为主题，通过多种方式，构成一句吉语一纹图，创造出吉语、吉图和吉兆的完美结合。

与此同时，吉祥文化的象征性思维的互渗性特点，使其表达人与自然具有模糊性、跳跃性和辩证性。

就模糊性而言，模糊比清晰的信息量更大，更符合客观世界。模糊是外形模糊但内部结构相似。元代范德机在《木天禁语》中说："辞简意味长，言语不可明白说尽，含糊则有余味。"吉祥文化不仅是情感的表达，也是处事态度和方法，更是一种智慧。模糊思维为吉祥文化的意境表达提供无限可能。

吉祥文化的思维表达具有跳跃性。跳跃性是思维中介环节的省略，如"豁然贯通""触机神应""顿悟"等。跳跃性通过比喻的方式讲道理，运用理性与非理性的相互融合，通过形象类比，直接和跳跃性地抓住事物的本质。如传统建筑装饰和构件上的吉祥纹图就是直接且跳跃式地反映人们趋吉避邪的心理和追求。

同时，吉祥文化思维具有辩证统一性。如《尚书·洪范》曰："五福，一曰寿，二曰富，三曰康宁，四曰攸好德，五曰考终命。"后世"五福"又指福、禄、寿、喜、财[①]。五福是中国吉祥文化的核心内容，反映人们对生命的关注、对美好生活的向往和对自身价值的追求。与此对应的"六极，一曰凶短折，二曰疾，三曰忧，四曰贫，五曰恶，六曰弱"。凶吉相伴相生、辩证统一。以吉祥慰藉人们的心理和精神，看似无用实则有用，在于深知事物是永远变化无常的，一旦确定就不准确。

吉祥文化的思维是整体生成的，体验是积累，比类是推演，辩证是保证，顿悟是升华，几者相互融合，自由、灵活地构成吉祥文化思维的无限性。这是古人探求自然规律的宇宙观和方法论，更是一种科学的哲学思想。

1.6 吉祥文化的传播路径

吉祥文化有其特殊的传播路径。因为吉祥纹图有相对稳定的含义、程

---

① 沈利华，钱玉莲. 中国吉祥文化 [M]. 呼和浩特：内蒙古人民出版社，2005.

式化的造型、传承性的意象等特点①。因而，通过以象表意、以象喻理和以象传情的传播路径映射其幸福观。

（一）吉祥文化的传播路径之一：以象表意

中国传统文化是"象形"的文化，从文字到说理均不离开"象"②。三国时魏国人王弼在《周易略例·明象》中对意象关系作了经典论述：

> 夫象者，出意者也；言者，明象者也。尽意莫若象，尽象莫若言。言生于象，故可寻言以观象；象生于意，故可寻象以观意。意以象尽，象以言著。故言者所以明象，得象而忘言；象者所以存意，得意而忘象。③

南北朝刘勰在《文心雕龙·神思篇》中将意象纳入艺术："使玄解之宰，寻声律而定墨；独照之匠，窥意象而运斤。"④ 意象成为艺术构思的媒介，是心与物、意与象的交融。

《周易·系辞上》曰："书不尽言，言不尽意……圣人立象以尽意。"⑤《周易·系辞下》中将意象解释为："其称名也小，其取类也大，其旨远，其辞文，其言曲而中，其事肆而隐。"⑥

"立象以尽意"有以小喻大、以少总多、由此及彼、由远及近的特点。"象"是具体显露变化的，而"意"是抽象深远常态的。《系辞传》点出艺术表现的本质，即形象与意义的关系。个别表现一般，单纯表现丰富，有限表达无限。通过日常物的形，表现超出其意义的事物本质。吉祥的象征体现人以"象"表达"意"，托物言志、缘物寄情传达幸福美好。

贯穿万物"立象以尽意"的象征思维，物象超越纯粹客观性获得某种神奇的力量，"图像形式获得了超模拟的内涵和意义，使人们对它的感受获得了超感觉的性能和价值，也就是自然形式中积淀了生活价值和内容，感性自然中积淀了人的理性性质，客观和主观感受都如此"⑦。这对传统吉祥纹图的艺

---

① 钟福民. 中国吉祥图案的象征研究［M］. 北京：中国社会科学出版社，2009.

② 毛兵. 混沌：文化与建筑［M］. 沈阳：辽宁科学技术出版社，2005.

③ ［魏］王弼. 周易略例［M］. 楼宇烈，校. 北京：中华书局，2011.

④ ［明］王志坚. 四六法海［M］. 于景祥，校点. 沈阳：辽海出版社，2010.

⑤ ［宋］张载. 横渠易说校注［M］. 刘泉，校注. 北京：中华书局，2021.

⑥ ［宋］张载. 横渠易说校注［M］. 刘泉，校注. 北京：中华书局，2021.

⑦ 李泽厚. 美的历程［M］. 天津：天津社会科学院出版社，2001.

术特征产生了重要影响，使其源于生活又超越生活从而获得某种神圣意味。

《周易》的"立象以尽意"对艺术影响巨大，"象"以生动、直观获得比"言"更适宜的传播效果，正如"得鱼而忘筌""得意而忘言"的体悟（庄子）。叶燮认为"必有不可言之理，不可述之事，遇之于默会意象之表，而理与事无不灿然于前者也"①。言语解决不了的事情，通过形象迎刃而解，例如《周易》以阴阳符号构成数的意象排列表征世界万物的易变规律。

同时，图也是对"立象以尽意"思维的具体传播和表达。传统的"五福"观念用言语解释效果并不理想，但用一幅"五福捧寿"的吉祥纹图演绎，其内涵迅速深入人心。象的感性、直观为人们所乐意接收和接受。《周易》倡导的"立象以尽意"不仅说出吉祥与生活的本质，也昭示了文化、艺术的表达规律，传达意义之时，直观形象比抽象事物和言语更具有接受的可能性和适宜的传播效果，因而"象"对"意"的传播具有必要性、可能性和优越性。

（二）吉祥文化的传播路径之二：以象喻理

表达情感的比兴、借物言志，在中国传统艺术中非常重要。"比兴作为中国最悠久最普泛的艺术表现手法，已经融入民族艺术精神之中，成为民族艺术思维的重要组成部分。"②运用比兴可达到最普遍和自然的程度。

比兴常与联想、想象和隐喻一起使用，巧妙曲折地表达人的情感。吉祥纹图的意义是一种比兴的表达，类似于微言大义的春秋笔法。

吉祥纹图通过简单的意象组合体现"言近旨远""文有尽而意无穷"的传播效果，借用直观物象，用比兴在义理和意象组合中通过联想、想象表达人们对生活的追求和人格志向。

唐代皎然认为，"今且于六义之中，略论比兴。取象曰比，取义曰兴，义即象下之意。凡禽鱼、草木、人物、名数，万象之中义类同者，尽入比兴"③，即只要人们认为意象和义理之间有某种关系，入谐音、隐喻等，就是恰当合理的。这既是吉祥纹图的渊源，也是吉祥纹图象征的当下影响力所在。

（三）吉祥文化的传播路径之三：以象传情

以象传情的传播路径包含三个方面：其一，吉祥纹图源于生活、表现

---

① 北京大学哲学系美学教研室. 中国美学史资料选编（下）[M]. 北京：中华书局，1980.

② 李健. 比兴思维研究：对中国古代一种艺术思维方式的美学考察 [M]. 合肥：安徽教育出版社，2003.

③ 何文焕. 历代诗话（上）[M]. 北京：中华书局，1977.

生活。在内容层面，吉祥纹图多为人类永恒的生命主题。清代之前，人们追求福气、升官和长寿等。清代后，农业经济转向工商业，求财富的逐渐增多，人们追求日进斗金、财源茂盛等。吉祥纹图随时代变迁而不断演变。同时，吉祥文化传播了雅俗共融的世界。雅俗互为补充、相互依托，构成丰富的吉祥文化体系，反映国人的世界观和生活追求①。雅俗的区别在于，雅重精神，俗偏向感官；雅重形式，俗重实质。吉祥文化之所以被人们认可，源于其历史积累和不断传承，含有吉祥意蕴，传达人们对幸福生活的向往，并以具体可见、可感知的事物传达。意义和表现形式相对稳定。

其二，吉祥纹图装饰生活、美化生活。宋代建筑彩画中的吉祥图案，在李诫的《营造法式》中有金童、玉女、仙人等吉祥人物。明代计成的《园冶》中提及的装折、栏杆、门窗、墙垣、铺地等图样也有吉祥寓意的装饰。清代李斗的《扬州画舫录》、徐扬的《盛世滋生图》描写苏杭的社会经济繁荣，吉祥寓意的纹图几乎无处不在，正如王树村先生所说，清代的糊墙花纸、糕点模子、石雕砖雕、油彩漆画、商店招牌、园林门窗、铺地花纹……无不含有吉祥寓意，幅幅皆吉祥。

其三，吉祥纹图寄托美好、传达信仰。旧石器时期山顶洞的赤铁矿随葬遗迹、岩画和新石器时期的彩陶是远古祖先对美好生活的追求的萌芽。夏商周人们追求记录祥瑞。《山海经》中有多种祥禽瑞兽蕴含先民的吉祥观念。

当康……见则天下大穰。——《东山经》
凤皇……见则天下安宁。——《南山经》
鸾鸟……见则天下安宁。——《西山经》
鳛鱼……见则天下大穰。——《西山经》

春秋时期，《大雅》《小雅》有"天子万寿""南山之寿"的吉祥语，反映了人们强烈的祈祝信念。作为华夏民族的心灵世界的载体，吉祥纹图在宫廷、民间传承演变。

①　李天石，徐湖平. 文献与考古研究［M］. 兰州：兰州大学出版社，1999.

当下，社会存在大量"寄托人类非理性的依赖心理"现象①。吉祥文化作为中国传统文化的重要部分，是民族精神、民族性格、民族旨趣的重要传播媒介。

吉祥文化是生命单位，也如张道一先生谈及的造物本真的"境"与"道"类似。"境"包含"处境""环境""境界"之意，"道"指"方法""途径""道理""真理"等。从手工艺到机械化大生产，虽然生产方式发生变化，不可失落的是与生活息息相关的文化状态和人们对精神境界的不断求索。

李泽厚认为，中国哲学追求的人生最高境界，是审美而非宗教，审美有不同层次，最普通的是悦耳悦目，其上是悦心悦意，最上是悦志悦神。悦耳悦目不等于快感，悦志悦神不同于宗教。西方由道德而宗教，这是它的最高境界②。钱穆也认为"由宗教而政治化，政治而人伦化，人伦而艺术化"③。吉祥文化的表达帮助人们实现从宗教到艺术的转化。

1.7 小结

每一种自然动植物本身并无好坏凶吉的分别，用人的立场和视角去看，便有了吉祥与祸害。因而，吉祥文化更是一种变通文化。

从人类学角度而言，吉祥文化与人的补偿和追求平衡的心理相关。正如张道一先生所认为，人生有喜有悲，有乐有忧，总希望取得一种心理平衡与精神慰藉，在这种需要下，吉祥观念应运而生并起到中和的作用④。

吉祥文化是象征文化的集中体现，个人想象、群体心态表现在吉祥文化上，就是对美好事物的综合性追求，求全、求满、求完美即圆满思维和想象，也是国民性的一个特点。其反映人们对生命的关注、对自身价值的追求和对美好生活的向往，是民族心理、幸福的诉求、皆趣风尚的有效传播方式，折射出独特的生命的礼赞和民族精神风貌，更是民族心理与审美

---

① 沈利华，钱玉莲. 中国吉祥文化 [M]. 呼和浩特：内蒙古人民出版社，2005.
② 李泽厚. 李泽厚哲学美学文选 [M]. 长沙：湖南人民出版社，1985.
③ 钱穆. 中国文化史导论 [M]. 北京：商务印书馆，1994.
④ 张道一. 吉祥文化论 [M]. 重庆：重庆大学出版社，2011.

的汇聚。

因而，吉祥文化也是最贴近人们生活的艺术，在长期发展中逐渐形成，通过特定手法表达美好愿望并为人们所接受而成为中华民族文化的一部分。作为福善美好的象征，"国富民强""王道仁政""加官晋爵""风调雨顺""五谷丰登""安居乐业""家庭和睦""四世同堂""子孙满堂""长命富贵"等都是中国吉祥文化的核心内容并长久流传。

人生活在文化之中如同鱼儿生活在水中，吉祥文化之水不在于对某一事物的承载和仿照，而在于从中领悟智慧并予以创造和传承。

第2章

传统建筑中的吉祥文化表达

每一种文化在意气飞扬的高潮都是建筑的黄金时代。

——汉宝德

2.1 传统建筑与吉祥文化

在中国古典建筑中，一般来说"构件的装饰"多于"装饰性构件"，建筑上的构件和构造很难纯粹以美观名义和艺术目的添加上去。很多时候装饰都因象征主义的理由而得以存在。这个象征主义某种程度上就是指逢凶化吉的含义和期盼多子多福、招财进宝的吉祥意义。

——李允鉌

祖先给我们留下了无穷无尽的优美文化遗产，它的优异理论丰富和提升了世界的文化，建筑尤其自成一系[①]。中国建筑是最显著的东方系统，完美的亦此亦彼体系高标独立于世界。数千年继承演变，形成了一个极特殊、极长寿、极体面的建筑体系[②]。

在东方三大系建筑中，中国较印度及阿拉伯两系享寿特长，诸多重要建筑，均始终不脱其原始面目，保存其固有主要结构部分及布置规模。在工程艺术方面，不可置疑的达至极高成熟点，是一个极特殊的自贯系统。

---

① 刘致平. 中国建筑类型及结构 [M]. 北京：中国建筑工业出版社，1957.

② 梁思成. 清式营造则例 [M]. 北京：清华大学出版社，2006.

中国建筑如此坦然享受几千年的直系子嗣，自成一个最特殊、最体面的大族，实在是一种极值得研究的现象①。

2.1.1　传统建筑的多维中介特征

人之不能无屋，犹体之不能无衣。

——李渔《闲情偶寄》

中介是全世界建筑的共同本质。传统建筑是人与社会、物质与精神的中介，更是文化的中介。如同时间的流动，承载时代洪流的痕迹，反映人们的意念。任何理想和观念必须落到相应的实体形态和空间中才有意义②。传统建筑通过表现性语言传播文化，延伸人的智慧，细说生命的悸动，具有多维中介特征。

其一，传统建筑是天人之间的防御中介。《易经·系辞》中记载了建筑的起源，"上古穴居而野处，后世圣人易之以宫室，上栋下宇，以待风雨，盖取诸大壮"③。"栋宇"之"栋"，指梁木，代替整个构架。"宇"，场也，立柱筑墙，架铺屋顶，以形成避寒暑、抵风雨、御虫害的室内空间④，即一个封闭而有规则的空间，这是中国最早有关建筑概念的理论⑤。

建筑的产生使其成为人抵御自然又融于自然的防御中介。人对自然既害怕又受益，既拒绝又接纳，建筑的防御性是其成为建筑的首要因素，否则不会有也不是建筑⑥。防御性分为两个层面：防风霜雨雪艳阳，防兽蛇和盗贼。《孟子·滕文公下》曰，"当尧之时，水逆行，泛滥于中国，蛇龙居之，民无所定；下者为巢，上者为营窟⑦。《书》曰：'洚水警余。'洚水者，洪水也，使禹治之。禹掘地而注之海，驱蛇龙而放之菹，水由地中行，江、淮、河汉也。险阻既远，鸟兽之害人者消，然后人得平土而居之"⑧。

① 林徽因. 中国建筑常识 [M]. 成都：天地出版社，2019.
② 王立山. 建筑艺术的隐喻 [M]. 广州：广东人民出版社，1998.
③ ［宋］张载. 横渠易说校注 [M]. 刘泉，校注. 北京：中华书局，2021.
④ 汪正章. 建筑美学 [M]. 北京：东方出版社，1991.
⑤ 李允鉌. 华夏意匠：中国古典建筑设计原理分析 [M]. 天津：天津大学出版社，2005.
⑥ 郑光复. 建筑的革命 [M]. 南京：东南大学出版社，1999.
⑦ ［宋］朱熹. 四书章句集注 [M]. 北京：中华书局，1983.
⑧ ［明］张岱. 四书遇 [M]. 朱宏达，校. 杭州：浙江古籍出版社，2017.

其二，传统建筑具有吸纳中介性。传统建筑是一个整体，通过梁架结构、构件和装饰构成兼具不同使用功能和性质的空间形态，满足不同历史发展时期人们的需要。传统建筑中的屋顶、墙壁、门板、门窗、天井、院落等既是通向自然和社会的中介，又是与之相隔的中介，皆与自然既通又隔，成为亦此亦彼的空间体系。虚空为通，实体为隔。用隔与通达到传统建筑吸纳的目的，虚空中流动的是生活，实体中凝结的是人与社会的关系，借此调节取舍控制自然与社会的空间关系并糅合为兼具吸纳和通隔的生活环境。

其三，传统建筑是生活场的中介。生活场是美国社会心理学家莱温提出的，为一定空间内生活单元的整体，包含人自身，人与人之间，人与建筑、家具、陈设之间，精神与物质、可见与不可见之间交互融为一体，这是生活整体①，将精神与物质、人与人、人与物、物与物相互融合，成为生活场通过建筑室外空间和结构予以直观显性表达②。换言之，建筑的精髓恰恰不在其自身，而在它所提供及限制的生活，不在它的实体，不在它的空间，而在它们共同营造的生活环境③。

其四，传统建筑是祈吉纳福的文化中介。传统建筑反映生活，只有在生活中才能发现建筑的价值、精神和意义④。传统建筑不仅是遮风避雨之所，更是情感和精神的寄托之所，是祈吉纳福的中介。即使是巢居、穴居等先民抵御外界灾害的中介，在生存条件极其艰苦的情况下，也不惜在岩壁上刻画表达心中的美好祈求。

可见，传统建筑具有防御自然、尊重自然、吸纳中介性、营造生活场和传播祈吉纳福的多维度中介特征。

2.1.2 传统建筑中的吉祥文化

李约瑟评价故宫"中国的观念显示出极微妙和千变万化；它注入一种融汇的趣味。整条轴线长度并不是立刻显现的，而且视觉上的成功并没有依靠任何尺度的夸张。布局程序的安排很多时候都能够引起参观者不断的

---

① 郑光复. 建筑的革命 [M]. 南京：东南大学出版社，1999.
② 郑光复. 中国古代建筑哲学概要 [C] //高介华. 建筑与文化论集. 北京：机械工业出版社，2006.
③ 郑光复. 建筑的革命 [M]. 南京：东南大学出版社，1999.
④ 汉宝德. 中国美学论集 [M]. 北京：宝文堂书店，1989.

回味，置身于南京明孝陵和 15 世纪北京天坛、祈年殿都有这种感受。中国建筑这种伟大的总体布局早已达到它的最高水平，将深沉的对自然的谦恭情怀与崇高的诗意组合起来，形成任何文化都未能超越的有机图案"，道破中国建筑艺术的天机。

诸葛铠先生认为，中国装饰艺术的生存和发展，不可能游离于中国古代整体文化的进程之外，特别是早熟的传统思维方式、完备的礼仪制度、古老丰富的风俗，都直接或间接促使装饰艺术与象征结合，从而形成一条贯穿古今的象征通道。在象征的通道上，吉祥文化渗入传统建筑中。

传统建筑中的吉祥文化形成是长期文化积淀的结果，经过历代约定俗成、群体和情感信仰的象征，充满生命色彩和美好祈愿，始终与人们的生活追求息息相关，寄托着人们祈求生存、繁衍、兴盛、富足的心理，是人们对美好生活的想象、对生活的境遇的创造并反映在传统建筑的雕梁画栋上。作为精神生活信仰的吉祥文化渗透进物质生活，共同物化、型化为传统建筑。换言之，传统建筑是吉祥文化直观、显性的典型媒介，其坦诚地记录了人们的生活、价值、文化和精神追求，是时代技术、科技水准、艺术审美的集中反映。

传统建筑的结构构件和装饰是建筑文化的"细节母体"。将人们对生存的禳灾祈祥、对生活的美好期待与想象通过传统建筑构件和装饰予以呈现。穿越时间空间萦绕在日常生活中，生成在匠人的精雕细刻中，渗透在传统建筑的每一个构件和装饰中。尤其是传统建筑中的小木作，布满吉祥纹图的雕梁画栋成为满载象征的建筑构件，不认识这些象征，难以了解传统建筑的真貌①。传统建筑只有大小和级别之分，没有因用途不同而异②，因而传统建筑只有通过装饰才能表现出不同性格，显示不同的使用目的③，通过构件和装饰在有限的传统建筑空间传播无限的吉祥时空意识。

传统建筑中吉祥文化的特殊性体现在将现实和时空以象征方式表达"天人合一""驱邪辟凶"等的象征隐喻，并与中华民族传统文化哲学的思维方式相融互通。凶吉观告诉人们如何选择，接近什么，回避什么。传统建筑

---

① 汉宝德. 中国建筑文化讲座［M］. 北京：生活·读书·新知三联书店，2006.
② 李允鉌. 华夏意匠：中国古典建筑设计原理分析［M］. 天津：天津大学出版社，2005.
③ 李允鉌. 华夏意匠：中国古典建筑设计原理分析［M］. 天津：天津大学出版社，2005.

形式和装饰取决于人们的心理需要。通过传统建筑来连结自然天地万物信息，以阴阳相互制约、消长、转化和象征理论辩证来展示，以五行相生相克阐释传统建筑协调作用来表达趋吉避害，通过吉祥文化引发对自然的理解和关注，进而缓解紧张，表达和谐与尊重，成为后世祥瑞的直接借鉴。

吉祥文化孕育了中国独特的传统建筑风韵且精神永驻，从传统建筑文化到传统建筑形态，形成协调一致的表达丰富内涵和意蕴的传统建筑精神和独特气韵，汇聚在传统建筑祈吉纳福的文化长河之中，两者相互影响，共同构筑传统建筑的吉祥文化时空。

2.2 传统建筑的文化尺度

传统建筑体系博大精深，内涵丰富的文化集中体现在等级礼制和祈福纳祥的愿望之中[①]。正如晋葛洪在《抱朴子内篇·明本》卷十中所记载的："儒者祭祀以祈福，而道者履正以禳邪"[②]，此语道出儒家学说以天命观确立了封建时代吉祥文化的支柱[③]。"礼制"和"玄学"是影响中国古代建筑的很特殊的两个因素，支配着传统建筑的计划、内容、形状和装饰纹案，在中国建筑史上无法忽略它们的存在[④]。诸家哲学在建筑审美方面汇成不可轻视的建筑观[⑤]。儒、道、释和民间习俗构成传统建筑的吉祥文化基础。

2.2.1 传统建筑中的礼制

"礼"源于敬神，后来表示敬意礼貌。公元前 11 世纪左右，周朝建国，将夏商以来的国家制度、社会秩序、人们的生活方式、行为标准等历史经验加以汇集、厘定和增补，制定了制度和标准——礼。"礼"的范围很广，包括"凶、吉、宾、军、嘉"五礼，"以和邦国，以统百官，以谐万民"的"礼典"，即历史上所称的"周公制礼作乐"，后来儒家根据流传下来的文献

---

① 居阅时. 中国建筑象征文化探源 [C] //高介华. 建筑与文化论集. 北京：机械工业出版社，2006.

② 张松辉. 抱朴子内篇 [M]. 北京：中华书局，2011.

③ 沈利华. 中国传统吉祥文化论 [J]. 艺术百家，2009，25 (6)：157.

④ 李允鉌. 华夏意匠：中国古典建筑设计原理分析 [M]. 天津：天津大学出版社，2005.

⑤ 郑光复. 中国古代建筑哲学概要 [C] //高介华. 建筑与文化论集. 北京：机械工业出版社，2006.

编撰为"六经"之一"礼"①。流传下来的有关"礼"的重要典籍为《周礼》《仪礼》和《礼记》。

"礼"本质上是天地四方关系在人间的置印。天地有差序，四方有差别，投射到人与人的关系上就有了"亲疏上下、父父子子、君君臣臣"的尊卑等级②。礼制用天地四方的"差序结构"投射在传统建筑和人们的生活中，古代以礼营造传统建筑的等级制度，为梳理社会秩序的方式。通过强化等级差异建构秩序，用宇宙秩序和神界秩序的自然差别构建人间的生活等级差别，服从最高主宰——"天道"③。周礼用天地存在的形态投射形成人的伦理，用人的等级差别比附天地的差序结构，这是礼制的核心观念。商周开始，礼制思想就极大地影响着人们的生活与交往。

孔子推崇周礼，将礼制的思想作为儒家的思想之一，使其有更加丰富的内涵并将其体系化和理论化。儒家的"礼"是治国手段，即"礼治"。"礼不下庶人"是社会规范和社会等级，是不能僭越的。用儒家思想的"礼"来调节社会关系，使人与人、人与社会之间的关系达到融洽协调。当儒家的"礼治"的"治"逐渐被淡化，其礼貌敬意凸现出来，此时的"礼"就更接近普通人的生活并且使"礼制"有了制度化的贯彻实施。

"礼"和传统建筑的关系体现在当时的都城、宫阙的布局形式和装饰，诸侯、大夫的宅第标准上，都按"礼制"安排，且作为国家基本制度之一，传统建筑制度同时也是政治制度，礼制精神为最高追求。《东官考工记》被列为《周礼》的一部分，因为"冬官"是管理传统建筑任务的，在《仪礼》的记载中也反映当时的建筑形制，汉代根据"三礼"编著的《三礼图》成为中国最早与建筑有关的学术著作④。

商代的宫殿遗址平面可能与"四向制""四室八房"有关。周代后，殿堂间数采用奇数，因为建筑开间为奇数才能突显中心开间的重要。传统建筑开间的单与双与儒家思想强调中心的观念一致。随后，建筑正中部分越来越受到重视，强调其重要。例如各间柱距不相同，当心间比一般间柱距增大，明间最大，次间次之，稍间又次之，尽间缩小至金柱至檐柱的距离。

---

① 李允鉌. 华夏意匠：中国古典建筑设计原理分析 [M]. 天津：天津大学出版社，2005.

② 钟福民. 中国吉祥图案的象征研究 [M]. 北京：中国社会科学出版社，2009.

③ 汪裕雄. 意象探源 [M]. 合肥：安徽教育出版社，1996.

④ 李允鉌. 华夏意匠：中国古典建筑设计原理分析 [M]. 天津：天津大学出版社，2005.

柱距的变化成为一系列有趣的节奏，主要为了烘托和突出正中部分，这种方式在世界上其他建筑体系中是没有的①。

战国后，"礼"与"阴阳五行"结合。《大戴礼记》曰："礼之象，五行也；其义，四时也。故以四举；有恩、有义、有节、有权"②。《白虎通义·礼乐》曰："所以作礼乐者，乐以象天，礼以法地"③。将阴阳五行加入传统建筑制式中使两者统一。

阴阳五行中的"象征主义"开始在传统建筑中出现。阴阳五行中的意义、象德、四灵、四季、方向和色彩，作为与自然结合的"宇宙图案"反映在传统建筑的形制中。秦汉时期，人们相信"气运识图"，即观察气候特点作出预言。因而，在传统建筑中形、位、色、纹图都要与之相配以求使用者借此有"好运"④。

伦理层面的"礼"，体现在传统建筑等级制度和建筑形式上。传统建筑的形式（殿式、大式、小式）、屋顶样式（庑殿、歇山、悬山、硬山、卷棚。庑殿重檐是最高等级，北京故宫太和殿、太庙、午门可用，次一级的歇山重檐，天安门、端门、保和殿可用，民间不可用）、面阔（九间、七间、五间、三间）、色彩装饰、群体组合、方位朝向和用材等，所有细节均有明确等级规定，有些列入朝廷法典中。

传统建筑雄伟高大，帝王德高望重，要有与之相称的建筑表达，汉代萧何曾对刘邦说："天子以四海为家，非壮丽无以重威。"《礼记·礼器第十》中讲到，"有以大为贵者""有以多为贵者""有以高为贵者"⑤。传统建筑的尺度、装饰多寡等都表达等级礼制观念。

同时，传统建筑雕饰的纹图均有诸多禁忌和规范⑥。例如龙凤是根据美好愿望虚拟出来的最为吉祥的动物之一⑦，这个最吉祥的象征形象尽管因所处的位置和构件不同而采取长形、方形、圆形等各类构图，但均具有完整

---

① 李允鉌. 华夏意匠：中国古典建筑设计原理分析［M］. 天津：天津大学出版社，2005.

② ［清］于鬯. 香草校书［M］. 北京：中华书局，1984.

③ ［汉］班固；［清］陈立，疏证；吴则虞，点校. 白虎通疏证［M］. 北京：中华书局，1994.

④ 李允鉌. 华夏意匠：中国古典建筑设计原理分析［M］. 天津：天津大学出版社，2005.

⑤ 曾亦，陈文嫣. 国学经典导读：礼记［M］. 北京：中国国际广播出版社，2011.

⑥ 李振宇，包小枫. 中国古典建筑装饰图案选［M］. 上海：上海书店出版社，1993.

⑦ 周保平. 汉代吉祥画像研究［M］. 天津：天津人民出版社，2012.

的龙头、龙尾、龙爪、龙须等，各部分也具有基本的规范样式。紫禁城前朝三大殿的隔扇门、裙板、涤环板都是龙。《唐会要·舆服上》记载，"民庶家不得施重栱、藻井及五色文采为饰，仍不得四辅飞檐"[①]。《元史·禁令》记载："诸小民房屋，安置鹅项衔脊，有鳞爪瓦兽者，苔三十七，陶人二十七。"[②]《明史·舆服四》记载："禁官民房屋不许雕刻古帝后、圣贤人物及日月、龙凤、狻猊、麒麟、犀象之形。"[③]《大清会典》记载："亲王府制……绘金云雕龙有禁，凡正门殿寝均覆绿琉璃，脊安吻兽，门柱丹镬，饰以五彩金云龙纹，禁雕龙首……"[④]

传统民居也不例外，例如晋中传统民居院落正房、厢房和倒座装饰立面有等级之差。从装饰等级而言，内院建筑高度和等级高于外院，轴线建筑高于两侧建筑，坐落在最后的建筑居于正中的装饰等级最高。等级高的院落整体装饰精美程度和体量高于等级低的院落。斗栱是结构部件，也是建筑等级制度严格的体现。民间建筑只能用挑檐而不能用斗栱。传统建筑与仪式、车舆和服饰一样代表居住者的身份、地位和等级不得僭越。

2.2.2　影响传统建筑形制的其他文化因素

在古代哲学思想之下，五行之说在传统建筑上的应用逐渐发展为"玄学"的"风水"，即"堪舆学"。《汉书·艺文志》有《堪舆金匮》十四卷，列于五行家。有关"堪舆"的解释有人认为是"天地之总名"，有人说是《造图宅书》著者的名字，许慎认为"堪，天道，舆，地道"，自古以来，"风水"和卜、星一样有相当影响力。传统建筑和"风水"之间存在长期关系，虽然是来自"玄学"的一种思想，但在效果上常会产生一些高度的技术和艺术内容。历史上，"风水"与"建筑"的关系较重大的就是明代建都北京，根据风水在元代宫殿位置筑了一座"景山"，明十三陵的选址和布局都由"术家""卜帝陵于此"。

关于"礼制"与"风水"的关系，英国学者李约瑟在谈及"中国建筑精神"时认为："再没有其他地方表现得像中国人那样热心于体现他们伟大

---

① ［宋］王溥. 唐会要［M］. 北京：中华书局，1960.
② ［明］宋濂，等. 元史［M］. 北京：中华书局，1976.
③ ［清］张廷玉，等. 明史［M］. 北京：中华书局，1974.
④ ［清］张廷玉，等. 明史［M］. 北京：中华书局，1974.

的设想'人不能离开自然'的原则，这个'人'并不是社会上可以分割出来的人，皇宫、庙宇等重大建筑自然不在话下，城乡中不论集中的或者散布于田庄的住宅都经常出现一种对'宇宙的图案'的感觉，以及作为方向、节令、风向和星宿的象征主义。"① 李约瑟对建筑"风水"的科学阐释为，中国人的自然观，是在象征主义的影响下，对"宇宙图案"的感性描绘。因而，传统建筑的形、位、色、图都与自然相合，才能达到"居吉"，也是"立象尽意"思维的表现。

"象"是眼睛可观的形象，"意"是对人的生产生活、人生有意义的理念。其体现了中国人形象化的表达习惯。"地吉人福，地凶人祸"，"象"是地势水纹，"意"则是关系人们福祸的观念。"象"是实体的、多种多样的。"意"是难琢磨的、常态的。这恰给予风水以多变的表现形式，以"多"来表现"一"。

道家的风水学说提倡顺应自然、尊重自然。从趋吉避凶的理念中，可看出当时人们的择居理想、愿望和追求。古人认为宇宙即建筑。宇宙、建筑与人的结合交错，是天人合一的审美思想。这种潜在的文化基因，体现在就地取材的现实性、对自然环境的适应性和构筑工具的便利性。同时，在自然经济的条件下，人们向一切可能关系到吉凶祸福的"外物"祈求。传统建筑中正脊的莲花、卷草装饰等与水有关的形象是出于木构建筑避火防雷的考虑。晋中常见的风水楼和风水壁，也是出于风水考虑而加在正房顶部，也有防灾趋吉的功能。

同时，吉祥文化体现"天人合一"的思想，老子提倡"人法地，地法天，天法道，道法自然"②，"天人合一"是国人普遍的自然观念。人与自然有同构性。某种程度上，人与自然之间是能够"我中有你，你中有我"地相互转化的。在道家的观念中，天、地、人及万事万物，虽参差不等，其运化之道，统归为一体，互感形成，"物"之存在与驳杂，决定吉凶变化③。后来发展成为"谶纬"。道家与儒家都提倡"天人合一"，道家倾向于把人自然化，儒家倾向于把自然人化，即"儒家重人道不忘天道，道家讲天道不忘人道"④。

---

① 李允鉌. 华夏意匠：中国古典建筑设计原理分析［M］. 天津：天津大学出版社，2005.
② 饶尚宽. 老子［M］. 北京：中华书局，2006.
③ 钟福民. 中国吉祥图案的象征研究［M］. 北京：中国社会科学出版社，2009.
④ 钟福民. 中国吉祥图案的象征研究［M］. 北京：中国社会科学出版社，2009.

除此之外，传统建筑的吉祥文化与禅宗思想和民俗也密切相关。儒道互补、庄禅相通。禅宗是东汉末年佛教传入中国后经过长期与中国本土文化融合而成的。唐太宗时期，组织了大辩论，最终形成儒、道、释三教鼎立的局面。禅宗提出了一种重要的方式——悟，要内心超脱至"虚静"。慧远将"虚静"从宗教扩大到审美艺术，宗炳将其应用在艺术上，刘勰总结出审美规律。这种思想进入传统建筑领域体现为对"虚静"意境的营造。

佛家诸宝也成为传统建筑中吉祥文化的重要组成部分，如莲花、宝相花、"八吉祥"（莲花、盘长、宝伞、法螺、宝瓶、宝盖、法轮、双鱼）等都是受佛教思想影响而来，而且在传统民居建筑装饰中应用很广泛，人们更加重视它所带来的"庇护"之功，将其视为吉祥之兆。明清盛行在传统建筑正脊中央（龙口）放置吉祥物的习俗，还有将佛经等物放于其中，然后举行隆重仪式以求平安吉祥，希望佛祖庇佑全家幸福安康。

"礼之用，和为贵"，"一团和气"对于家族观念极重的中国传统社会而言是"吉祥"的基础。在此基础上形成的祈福观，也成为儒家学说的内容之一。民间习俗为吉祥文化提供了极富营养的生长土壤，同时人们借具象物，如陶瓷、染指、刺绣、首饰、服装、雕花木器、糊墙花纸、雕漆盘盒、绣品地毯、剪纸窗花、翡翠玉雕、门窗砖雕、店家招牌、木版年画、彩扎宫灯、民间漆画、瓷画、铁画等，浸透于道德、伦理、民俗、艺术、生活，利用联想、想象、隐喻表达长寿富贵、风调雨顺、人丁兴旺、多子多福等美好的情感期盼。

2.3　传统建筑装饰

中国传统建筑以独特的风格和形式享誉世界建筑之林，其建筑装饰更是一株奇葩，为世人所钟爱[①]。

——郭黛姮

2.3.1　传统建筑装饰的意匠筹度之美

许慎《说文解字》中解释"装饰"："装，裹也，束其外曰装；饰者，

---

① 郭黛姮. 华堂溢采：中国古典建筑内檐装修艺术［M］. 上海：上海科学技术出版社，2003.

凡种事增华皆谓之饰。"①《辞源》曰"装者，藏也，饰者，物既成加以文采也"②，指对器物表面添加纹饰、色彩以达到美化的目的，是打扮、装点、装潢的意思。拉斯金（Ruskin）认为"装饰是建筑艺术的主要组成部分"③。路斯（Loos）将表达出公共精神气质的装饰称为装饰（ornament），其使全部文化找到自神的表现④。

杨鸿勋先生认为，建筑装饰的起源首先是对建筑空间借以存在的结构美化。也正是因为这种装饰和具有功利价值的构件、部件结合在一起，所以人们才更感到它的美好。远古时代先民为了避免野兽和自然祸害而"筑木为巢"，不会想到对"木"进行雕饰，《诗经·衡门》载："衡门之下，可以栖迟。"⑤随着居住条件改善后逐渐出现"山川扶绣户，日月近雕梁"的景象，进而突出建筑材料、色彩、力学和技巧特点，这些是建筑装饰的基本原则。

"物既成而加以纹彩也"，建筑装饰一般理解为花纹，而这只是一方面，在成物的过程中包含装饰构成物的和谐。形态、花纹、色彩成为有机联系的整体是更为重要的部分。《庄子·盗跖》中曰："神农之世，卧则居居，起则于于，民知其母，不知其父，与麋鹿共处，耕而食，织而衣，无有相害之心，此至德之隆也。"⑥人类在当时已经不以禽兽肉为主食而能够种植和织物了。反映在这一时期，陶器中出现大量的鱼、马、蛙、松、芦苇、瓜等动植物形象⑦。陶器上的几何纹样来源于自然山水石云和动植物形象，经过观察、概括、提炼、简化成为抽象几何纹样。

春秋战国时期的青铜艺术是中国古代艺术的高峰，反映艺术成就的是青铜礼器铜鼎，铜鼎装饰纹样最多也最具代表性的是饕餮纹。饕餮是创造出来的神兽，象征着强大的威慑力量，作为图腾刻于供人祭拜的器物上，这说明器物上的装饰内容总是反映那个时代人们的物质生活和思想意识，

① ［汉］许慎. 说文解字［M］.［宋］徐铉，校定. 北京：中华书局，2004.

② 商务印书馆编辑部. 辞源［M］. 北京：商务印书馆，2009.

③ 佩夫斯纳. 现代设计的先驱者：从威廉·莫里斯到格罗皮乌斯［M］. 王申祜，译. 北京：中国建筑工业出版社，1987.

④ 兰巍. 装饰主义建筑［M］. 天津：天津大学出版社，2009.

⑤ 聂石樵. 诗经新注［M］. 雒三桂，李山，注释. 济南：齐鲁书社，2009.

⑥ 方勇. 庄子［M］. 北京：中华书局，2015.

⑦ 楼庆西. 中国古建筑二十讲［M］北京：生活·读书·新知三联书店，2001.

建筑装饰亦如此。

一种装饰的产生，开始总是对建筑构件进行美的加工，随着实践发展和结构改进，有些构件在结构中不起作用，但却被当作装饰长久保留在传统建筑中。这些独特的装饰和构件是传统建筑特有的民族性的代表。建筑装饰"能赋予建筑以某种特性，或令人肃然起敬，或优美动人"①，其是维系整体建筑风格极为重要的内容。传统建筑装饰是建筑的"文"，装饰的内容、程度、主题、规格和品位是传统建筑文化的集中显性表达。

传统建筑的屋顶、梁枋、门窗、台基的各类木雕、砖雕、石雕，都无不具有吉祥和美，防灾辟邪的动物、植物、人物、器物等吉祥纹图，通过绘画、雕塑、工艺美术等装饰手法，使传统建筑富有独特的外观表现力②，呈现出不同的建筑风格，或富丽堂皇，或气势恢宏，或华贵精美，或清新秀雅。

同时，中国传统建筑最长之处，是诚实地装饰一个结构部分，而非勉强掩饰一个结构枢纽③。雕饰必是设施于结构部分才有价值。例如传统建筑脊瓦是两坡相连处的脊缝上一种镶边的办法，瓦上的脊吻和走兽也是结构部分。龙头形的"正吻"古称"鸱尾"，最初是总管"扶脊木"和脊桁等部分的一块木质关键，木质突出脊上，作鸟形后，点缀刻成鸱鸟之尾，具有遏制火灾的象征意义。走兽最初为一种大木丁，通过垂脊瓦至"由戗"及"角梁"上，防止斜脊上面的瓦片溜下。唐代变为两座"宝珠"在今"戗兽"及"仙人"位置，后代鸱尾变成"龙吻"，宝珠变成"戗兽"和"仙人"，在戗兽和仙人之间的一系列走兽，成为装饰的变化④。排列的套兽一般仙人在前，骑凤、龙、凤、狮子、天马、海马、狻猊、押鱼、獬豸、斗牛、行什等在后。传统建筑中各种结构的大的如梁、椽、屋脊，小的如钉、箍头均呈露在外，雕饰成纹，除去西方哥特式建筑外，唯有中国建筑有此特点⑤。

可见，传统建筑与吉祥文化互为依存，传统建筑的吉祥装饰源于功能，

---

① 佩夫斯纳. 现代设计的先驱者：从威廉·莫里斯到格罗皮乌斯［M］. 王申祜，译. 北京：中国建筑工业出版社，1987.

② 楼庆西. 中国古建筑二十讲［M］北京：生活·读书·新知三联书店，2001.

③ 林徽因. 中国建筑常识［M］成都：天地出版社，2019.

④ 林徽因. 中国建筑常识［M］成都：天地出版社，2019.

⑤ 林徽因. 中国建筑常识［M］成都：天地出版社，2019.

取决于人的愿望，演变于文化。传统建筑的构件和装饰以优美动人、吉祥和美的特性成就传统建筑独特的意匠筹度之美。

2.3.2　传统建筑装饰源流

装饰在传统建筑内外负有极重大的使命，有时足以置建筑之死命，各国建筑皆然，但中国建筑中亦有重大的作用①。

——伊东忠太

传统建筑装饰因社会生产力、生存关系、科学技术、哲学艺术的发展而历朝更替，文化遗存多寡不一，姑按历史发展时期，从原始社会制经夏制、殷制、周制、春秋战国制、秦制、西汉制、东汉制、三国魏蜀吴制、两晋南北朝各地制、隋唐制、五代十国各地制、宋辽金制、元制到明制、清制即各地区制划分简要概述。

传统建筑装饰一般以檐柱为界，分为内檐装修和外檐装修。外檐装修主要是门、窗、栏杆等。内檐装修一般多施于宫殿、坛庙等皇家建筑和达官王侯的住宅、园林中。内檐装修种类丰富，文化内涵深厚，具有感人的装饰传播效果并创造出众多的室内空间形式②。

（一）先秦时期

殷商时期的建筑已无存，但从青铜器、玉器等中可看到很多精美纹饰。瓦的发明是西周（公元前 11 世纪—前 771 年）在建筑上的突出成就③。瓦使西周建筑脱离"茅茨土阶"的简陋状态，进入比较高级的阶段。最突出的代表性建筑是陕西岐山凤雏村的早周遗址和湖北蕲春干阑式木架建筑遗址。岐山凤雏的早周遗址是一座严整的四合院式建筑，中轴线上依次有影壁、大门、前堂、后室。房屋顶采用瓦和半瓦当。这是中国已知的四合院的最早实例。此时期的瓦只用于屋脊和屋檐。到西周中晚期，全屋顶铺瓦。同时，陕西凤翔县（今凤翔区）出土的春秋时期秦都雍城的 64 件铜器，据考古学家论证都是当时建筑构架上的箍套，用在横竖木构件的连接处，用

---

① 伊东忠太. 中国建筑史 [M]. 陈清泉，译补. 长沙：湖南大学出版社，2014.

② 郭黛姮. 华堂溢采：中国古典建筑内檐装修艺术 [M]. 上海：上海科学技术出版社，2003.

③ 梁思成. 中国建筑史 [M]. 北京：中国建筑工业出版社，2005.

以加固木构件的衔接，古代称为"釭"，用金属制成又称"金釭"。在其表面有雅致的纹图，顶端做成三角形锯齿状，使金釭具有一定的装饰作用。

刘敦桢先生在《中国古代建筑》中提到，春秋时期用瓦当屋顶建筑已较多，"屋顶坡度由草屋顶的1∶3降至瓦屋顶的1∶4"。建筑上瓦普遍使用在诸侯宫室的高台建筑（或者称为台榭）中，一般在城内夯土筑高数米到数十米的台座，上建造殿堂庙宇。此时期的瓦当，一般是半瓦当，印制较多植物的卷涡和动物花纹且呈现对称结构，富有装饰性。诸侯追求攻势华丽，建筑装饰与色彩均有发展，如《论语》描述"山节藻棁"① 斗上画山，梁上短柱画藻文，《左传》记载鲁庄公丹楹（柱）刻桷（方椽）就是例证。

秦始皇结束数百年分裂后形成古代文化统一的形态。《庄子·齐物论》载："六合之外，圣人存而不论。"② 长城以内就是当时的"天下"。可见此时期建筑装饰具有博大、疏朗、明丽的特点。

（二）汉代时期

汉代建筑结构体系完整，装饰讲求等级表达。西汉时期，汉武帝刘彻以大国风度显现于世，建筑群和建筑装饰呈现恢宏气象。长乐宫、未央宫、桂宫等在史书的记载中极尽奢华之能事。此时期建筑材料有方砖、空心装、铺地装和装饰性的条砖，有些砖模印有吉祥文字，建筑的装饰有文字、人物、动物、植物和几何纹图等，这些纹图以彩绘雕刻模印方式应用在地砖、梁、柱、斗栱、门、窗、墙壁和屋顶上。例如河南郑州出土的汉画像砖用在宫殿、望楼和院子，建筑物上均有精美装饰③。

汉代的建筑雕刻题材分为人物、动物、植物、文字、几何纹、云气纹等。人物多用于结构部分的装饰、石阙的角神和石室壁画等。动物以四神瓦当居多。此外，鹿、马、鱼等也是装饰较多的纹图。植物纹图有藻纹、莲花、葡萄、卷草、蕨纹和树木等，文字多用于砖瓦铭刻。几何纹样则有锯齿纹、波纹、钱纹、绳纹、菱纹和S纹等④。

东汉时期的瓦当更为精细、内容丰富，如青龙、白虎、朱雀、玄武分别代表东、西、南、北的保护神，各守一方。在中国建筑装饰史上有很高

①　陈晓芬，徐儒宗. 论语［M］. 北京：中华书局，2015.
②　杨国荣. 庄子内篇释义［M］. 北京：中华书局，2021.
③　沈福煦，沈鸿明. 中国建筑装饰艺术文化源流［M］. 武汉：湖北教育出版社，2002.
④　梁思成. 中国建筑史［M］. 北京：中国建筑工业出版社，2005.

价值的四川雅安的高颐墓阙，阙分子母两部分，阙身与阙顶四层有浮雕装饰，有车盖、人物、车马、礼仪、出游、饮宴、战斗等情节故事，还有龙、虎、马、羊、猴、朱雀、三足鸟和九尾狐等神话神兽，形态逼真。汉代之后，室内的装饰主要是天花一类①。汉代应劭在《风俗通义》中解释藻井为："井形，刻作荷菱，菱，水物也，所以厌火。"② 这说明藻井在汉代不仅有实用价值，而且有厌火的文化象征寓意。

（三）魏晋南北朝时期

晋代，皇家陵墓的石兽、石狮、麒麟和天禄等形态艺术造诣很高。在建筑装饰上，受到绘画如东晋顾恺之及南齐谢赫《古画品录》的"六法论"的影响，均讲究线条的神韵动感。东晋后，南朝（宋、齐、梁、陈）在形态上则更为秀巧和程式化。

南朝梁人沈约在《宋书》中称藻井为"殿屋之为圆泉方井兼荷华者，以厌火祥"③。这种圆泉方井在宋《营造法式》中被定义为"以四方造者谓之斗四"。斗四藻井在石窟中所见的用几层大小不同的正方形井口，抹角套迭。最上一层井口中作圆形饰物，即圆泉、圆渊，象征天窗。据《扬州画舫录》载："……通窍为烔，状如方井倒垂……穴中缀灯……谓之天窗。"④大同云冈北魏五窟作了斗四藻井，敦煌莫高窟作彩绘藻井，新疆克孜尔石窟公元 5 世纪前后的 167 窟斗四藻井采用六层方井抹角套迭，营造层层升起的形象，难得一例，非常珍贵。

从北魏时期的画像砖可看出，此时期装饰题材大体分三类，一类是车骑出行，达官贵人乘车，有仪仗、侍卫、鼓吹和仆从等华丽出行的情景，一类是神话传说和孝子故事，一类是飞天供养和珍奇异兽，如飞天伎乐、四方神、麒麟、凤凰和天马等。

南朝时期的建筑装饰纹图细腻、匀称、精致，多出现在门窗与栏杆的勾片、建筑构件的浮雕等处，北魏、东魏、西魏、北齐、北周时期的建筑装饰在石窟中丰富多彩，如有卷草纹、莲瓣纹和璎珞形植物纹图，天禄、

---

① 郭黛姮. 华堂溢采：中国古典建筑内檐装修艺术［M］. 上海：上海科学技术出版社，2003.

② ［汉］应劭. 风俗通义校注［M］. 王利器，校注. 北京：中华书局，1981.

③ ［梁］沈约. 宋书［M］. 北京：中华书局，1974.

④ ［清］李斗. 扬州画舫录［M］. 汪北平. 涂雨公，校. 北京：中华书局，1980.

麒麟、狮子和凤鸟等飞禽走兽形象纹图。

南北朝时期的平棊在敦煌、云冈和巩义石窟中均可见，巩义石窟寺的雕刻最为精美，平棊方格处刻有小莲花，格子中刻有飞天，各式各样的莲花、化生、蔓草纹，构图匀称，代表了此时期的最高水平。

山西大同云冈石窟更是别具特色，装饰花纹种类奇多，尤以希腊和波斯纹样居多。壁画的卷草纹线条流畅、富于美感，如佛教圣花莲花，莲瓣雕饰来自希腊的"卵箭纹"（egg-and dart）。纹饰以青龙、白虎、朱雀、玄武、凤凰、饕餮、雷纹、夔纹、斜线纹、斜方格、水波纹、锯齿和半圆弧等多见[①]。

其中的门框纹图，以卷草蔓茎为基本线，形成大小空间，小空间刻藤叶，大空间刻画飞禽走兽的纹图，通过二方连续手法构图，整体纹图呈现细腻丰富的风格。也正如梁思成先生所说，"佛教传入中国，在建筑上最显著而久远的影响，不在建筑本身组织基本结构，而在雕饰"[②]。

（四）隋唐时期

此时期中国古代建筑类型繁多且做工精细。宗教寺庙道观，现实社会的宫衙署、市肆、官驿、住宅、作坊、园林、名胜等均已齐全。隋唐时期的建筑装饰趋于完整并不断走向高峰。中国现存最早的木建筑装饰内檐实物是建于唐代建中三年（782 年）的山西五台山的南禅寺正殿以及建于唐大中十一年（857 年）的佛光寺东大殿平闇天花，文献记载的早期天花类型还有平棊和藻井。平闇和平棊属于同一类小木作，都是小格子天花，格子小排列整齐，做法是在明伏背上先架木方，再于木方间施以方椽，上铺素板。北宋李诫所作的注释为："藻井当栋中，交木如井，画以藻文，饰以莲茎，缀其根于井中，其花下垂……"

敦煌石窟在唐代用履斗形藻井替代斗四藻井。初唐的三二九窟，顶心中央绘制莲花，周围有四个持花飞天乘彩云绕莲花飞舞。顶心的莲花纹图用《华严经》中的"宝花旋布放光明"解释，与南北朝的"圜渊"取意天窗相通。此种履斗造型经历盛唐、中晚唐一直沿用至五代、北宋、西夏时期，只是顶心纹图稍有变化。

---

①　梁思成. 中国建筑史［M］. 北京：中国建筑工业出版社，2005.
②　梁思成. 梁思成文集（三）［M］. 北京：中国建筑工业出版社，1985.

唐代住宅屋宇檐口下设斗栱，屋脊设置吻兽、翘角等。建筑装饰的砖瓦材料在塔、屋顶、地面和壁等处多用，建筑四周和庭院的铺地讲究拼接纹图与栏杆、台基雕刻成为一体。如敦煌石窟的壁画中就绘有各种雕花铺砌的台基、散水和台阶，造型华丽。盛唐时期的建筑装饰延续大国风度。

同时，唐代建筑气魄雄伟、严整开朗，没有纯粹为了建筑装饰的构件，也没有歪曲建筑材料性能使之服务于装饰要求的现象，这是唐代建筑表现得最为彻底的特征①。例如斗栱的结构就极其鲜明，华栱是挑出的悬臂梁，下昂是挑出的斜梁，都负有承托屋檐的功能。只用简单的补间铺作，说明补间在屋檐承重方面比柱头铺作次要很多。柱子卷杀、斗栱卷杀、昂最和耍头的形象，梁的加工都是构件本身受力状态与形象之间的密切联系的体现。

唐代以前建筑色彩以朱白两色为主，佛光寺大殿土架部分刷土朱色，敦煌唐代壁画中的房屋木架部分也用朱色，墙面一律用白色，门窗用一部分青绿色和金角叶、金钉等作为点缀，屋顶以灰瓦和黑瓦筒瓦为主，或配以黄绿剪边。唐代建筑整体色彩明快端庄。琉璃瓦以绿色居多，黄色、蓝色次之，素白瓦、黑瓦少，多半用于屋脊和檐口部分（清代"剪边"做法）。整体建筑色调简洁明快，屋顶舒展平远、门窗朴实无华，给人庄重、大方的视觉享受，这也是唐代建筑装饰的独特之处②。

（五）五代十国和宋代时期

后梁、后唐、后晋、后汉、后周的五代，战乱频繁，文化艺术成就不及唐代，建筑较为精巧。

宋代，建筑装饰在中国建筑历史上成就尤为突出，总结性、规范性、程式性非常强。宋代建筑采用模数制。北宋崇宁二年（1103 年）由李诫编撰的《营造法式》颁布，确立了建筑的各种法式。其中记录了传统建筑的木作制度，其中关于内檐装饰的小木作制度有几类：天花主要包括平闇、平棊、斗八藻井和小斗八藻井；室内隔断主要包括截间板账、殿内截间格子、堂阁内截间格子和照壁屏风；佛教建筑室内装修主要包括佛道账、长牙账、九脊小账、壁账、转轮经藏和壁藏。为了加强装饰，多用木雕和彩

---

① 梁思成. 中国建筑史 [M]. 北京：中国建筑工业出版社，2005.
② 梁思成. 中国建筑史 [M]. 北京：中国建筑工业出版社，2005.

画。雕刻题材主要有海石榴华、宝牙华、宝相华、牡丹华、莲荷华、万岁藤和卷头惠草灯，还兼以龙、凤、化生、飞禽和走兽等。《营造法式》按照雕刻纹图高低起伏分为起突卷叶华、剔地洼叶华、平雕透突华和实雕等。起突卷叶华是雕刻层次最丰富的一种，当时对雕工优劣的评价标准为"每一叶之上，三卷者为上，两卷者次之，一卷者又次之"。此时期为古代建筑室内装饰发展的第一个辉煌时期，使用范围广、需求量大、品类增多，装饰技术也从大木作中分离出来，独立称为小木作。在南宋和金代的建筑装饰遗存中，装饰性不仅强且其精致程度前所未有[①]。

《营造法式》中规定，把"材"作为造屋的标准，木建筑的用"料"尺寸分成大小八等，按照屋子大小，主次量屋用"材"，"材"一经选定，木架构所有尺寸都整套随之而来，不仅设计省时，工料估算统一标准，施工也方便。后代用"材"为模数的施工办法一直沿用到清代。此后中国古代传统建筑的重大工程几乎都按照这个法则因承，直到清代雍正时期另一部法规清工部《工程做法则例》颁布。

宋代的传统建筑的典范是陕西晋祠圣母殿，现存建筑为北宋崇宁元年（1102 年）之原物，即《营造法式》颁布的前一年。殿高 19 米，屋顶为重檐歇山，殿面阔七间，进深六间，平面近正方形。殿四周有围廊，殿内圣母庄重威严，两边侍女亭亭玉立，殿正面八根雕蟠龙柱，姿态自然，以木雕立体写真形式装饰，在中国古代建筑装饰中堪称精品[②]。

宋代传统建筑雕刻的柱础实例最多。华纹、莲瓣、龙凤云纹在苏州双塔寺、长清灵岩寺都有出现。苏州双塔寺有卷草纹雕刻石柱础，正定隆兴寺大悲阁像座及赵县石幢须弥座为佛像及经幢须弥座的最佳典型。

宋代建筑装饰手工艺水平提高。唐代多用板门和直棂窗，宋代则大量使用格子门、格子窗和阑槛钩窗。门窗格子除了方格还有古钱纹和毬纹等，改进采光且增加装饰效果。明清的门窗样式基本承袭宋代的做法。

宋代建筑装饰与色彩也有很大发展。宋代木架构的彩画主要包括遍画五彩花纹的五彩遍装，青绿亮色为主的碾玉装，青绿叠晕棱间装（明清的青绿彩画即源于此）及由唐代以前朱白两色发展起来的解绿装和丹粉刷饰

---

① 郭黛姮. 华堂溢采：中国古典建筑内檐装修艺术 [M]. 上海：上海科学技术出版社，2003.

② 沈福煦，沈鸿明. 中国建筑装饰艺术文化源流 [M]. 武汉：湖北教育出版社，2002.

等。建筑外形较为华丽。在建筑内部，宋代多采用大方格的平綦和藻井，较少用唐代小方格平闇。建筑室内空间分割多用格子门，室内陈设家具普遍采用垂足而坐的高脚桌，替代唐之前席座的低矮尺度，相应的建筑室内空间也升高，宋代与唐代在建筑室内装饰方面显著不同①。

两宋的建筑装饰走向巅峰。其主要特点如下：其一，以《营造法式》为准则，体现较强的理性精神，目的明确；其二，风格纤巧、内容丰富、形式简约；其三，结合现实生活，营造有人情味的建筑空间，这些与当时的社会、经济、哲学、艺术形态密切相关。例如山西侯马董氏墓内的建筑装饰就具有宋代典型风格，顶部天花彩画，顶端是云纹，下面是仙鹤等飞禽，下部是人物组成一个凹形锥体。顶锥下部是带形的具有花卉组合纹图的腰箍，腰箍下面为砖砌叠涩，叠涩下是正统的斗栱，斗栱下用如意、二方连续组合的水平带状装饰纹图，下部的垂花、枋子均有花卉装饰，富丽精致立体，使建筑空间具有层次感，壁面有镂刻浮雕的六扇门窗装饰，壁面下部为须弥座②。

浙江宁波保国寺为江南罕见的木构建筑，其中大雄宝殿为北宋原物。杭州六和塔，始建于公元 970 年，现存建筑为南宋绍兴二十六年（1156 年）所建原物，建筑装饰纹样 200 余处、题材丰富，有飞禽，如凤凰、孔雀、鹦鹉等；有走兽，如狮子、麒麟、獬豸、狻猊；有人物，如飞仙、嫔伽、伎乐天；有植物，如石榴、宝相、牡丹、鸡冠、绣球、山茶和玉兰等；还有砖雕的回纹、如意和团花等。还有苏州玄妙观三清殿，重檐歇山顶，面阔九间，进深六间，前有月台、石雕栏杆，屋脊两端有一对宋代砖雕 3.5 米的龙头，正中铸铁"平升三戟"，殿内藻井有仙鹤、鹿、云彩和暗八仙等，这些建筑装饰与《营造法式》的彩画制作图样和雕饰十分相似。

（六）辽代和金代时期

山西应县的佛宫寺释迦木塔，是古代存留至今的唯一木塔，建于辽清宁二年（1056 年），建筑形象非常精美，塔内有佛像和匾联装饰物。塔下层大门厅内一尊 10 米高的彩色释迦牟尼坐像，瑰丽雄伟。大厅顶小藻井由 8 根斜木构件向中心聚拢形成锥形穹顶，极富装饰性。木塔的斗栱形式有 60

① 梁思成. 中国建筑史［M］. 北京：中国建筑工业出版社，2005.
② 沈福煦，沈鸿明. 中国建筑装饰艺术文化源流［M］. 武汉：湖北教育出版社，2002.

余种，不仅是木结构的需要，也是造型上的追求。上下之间、转角处、交接处等地方有不同做法，形态优美动人。

建于辽代重熙七年（1038 年）的山西大同华严寺薄伽教藏殿，殿内四周排列楼阁式藏经阁柜 38 间，其中"天宫壁藏"最为精彩，是按想象中的天宫样式用木雕模型做成，上层佛龛，下层为藏经橱柜。

金代的建筑装饰吸收宋辽文化，与南宋建筑相似，小巧精细。例如建于金天会二年（1124 年）的山西应县净土寺的大雄宝殿，建筑中最具装饰特征的是藻井，此藻井有三个特点：其一是形态丰富，建筑构架形式做方形分隔，正中明间的一块切八角成八角形，层层向中心推进，用小斗向中心收缩，层层升高。最当中有彩绘二龙戏珠的吉祥纹图，雕刻精美。其二是强烈的空间层次，向中心收缩过程中做挑栏，上设柱、坊，上有斗栱承托。顶部藻井分三层，越向中间越高，这比平面形式的藻井更丰富。其三是仿建筑。斗栱、屋檐、梁、柱、屋面、栏杆都是建筑构件装饰。整体藻井如同天宫仙阁、琼楼玉宇，整体小木作雕刻精巧、色彩绚丽、形态秀美，营造传统建筑的非凡意境。

（七）元代时期

元代传统建筑装饰仿宋，风格较简约。例如北京妙应寺白塔，是喇嘛塔之最大者，也是中国现存最古的喇嘛塔。建于元代至元八年（1271 年），忽必烈命阿尼哥重建白塔，三层方形折角须弥座，上位覆莲座和承托塔身的环带形金刚圈，华盖周围悬挂 36 个铜陵透雕流苏和风铃，华盖上有 5 米的铜质塔形宝顶。

山西芮城永乐宫是典型的道教建筑，由宫门、无极门、三清殿、纯阳殿、重阳殿等组成。建筑装饰的显著特征是绘于 13 世纪的壁画，如《诸元朝圣图》，图长 90.68 米，高 4.26 米，以三清为中心组成雷公、雨师、南斗、北斗、十二生肖、二十八星宿和三十二天帝君的群像，精美绝伦。

建于元代至正五年（1345 年）的北京居庸关云台，有装饰精美的石刻浮雕和台顶石栏。石栏沿台阶四周而筑，每根望柱下和台顶四周都向外挑出螭首，券门上两旁对称交叉金刚杵组成象、狮、卷叶花和大龙神的吉祥纹图，正中刻有金翅鸟王，券内两壁刻四大天王，券门内石壁刻梵文、藏文、八思巴文、维吾尔文、汉文和西夏文六种文字的《陀罗尼经》和《造塔功德经》。除去券洞两壁外，券顶正中刻有五个曼陀罗图样，旁皆装饰各类花草纹图，为元代少有的传统建筑装饰之精品。

（八）明清时期

明代的建筑特点是砖普遍用于民居。元代以前，木架建筑以土墙为主，砖仅用于铺地、砌台基与墙的下部等。明代后期普遍用砖墙，江南一带的住宅、祠堂多用"砖细"和砖雕，技艺娴熟。南京、北京的城墙都用砖砌。用砖砌成的建筑如藏经楼、皇室的档案库、明洪武年间南京灵谷寺无梁殿（无量殿）、北京故宫皇史宬、山西太原永祚寺和苏州开元寺等处的无梁殿等，也多具有防火功用。同时，琉璃面砖也广泛用于塔、门和照壁等建筑物，明成祖建造的南京报恩寺塔，高约 80 米，九层楼阁式塔，塔身外全用琉璃砖镶面，白色、浅黄色、深黄色、深红色、棕色、绿色、蓝色和黑色等釉色制成表面有浮雕的带榫卯的预制构件，镶嵌于塔外表，组成五彩缤纷的各种纹图的仿木建筑构件。山西洪洞县广胜寺飞虹塔、山西大同九龙壁等琉璃预制拼接和色彩的质量、品种均达到前所未有的水平。

同时，木构经过元代的简化形成新的定型木构架。斗栱作用减少，梁柱整体性加强，构件卷杀简化。明代宫殿建筑、庙宇的墙用砖砌，屋顶出檐缩小，利用梁头向外挑出的作用承托屋檐的重量，挑檐檩条直接搁在梁头上，这是宋之前未充分利用的。柱头上的斗栱不再起到结构作用，原来作为斜梁的昂也成为装饰构件。由于宫殿要求华丽，因此斗栱并未因失去原来的功用而消失，反而造型更加繁密。官式建筑装修、彩画日趋定性。彩画以旋子彩画为主要类型，窗格扇天花基本定型，花纹构图比清代活泼。砖雕纯熟，花纹趋于图案化、程式化，例如须弥座和阑干的做法，明代二百余年间少有变化。建筑整体色彩用琉璃瓦、红墙、汉白玉台基和青绿点金彩画等鲜明色调产生强烈比对和富丽的视觉效果。[①]

明代永乐年间建造承天门时所立的华表也是经典，层层回环的白云纹图，中间盘绕发角峥嵘、脚爪劲健的巨龙，龙柱上横卧云板，再上面是承露盘，盘上蹲着石兽，名叫"犼"，又叫"望天犼"。

明代的传统建筑装饰依靠综合处理和多样组合，而非某一构件本身的装饰如何复杂繁多。例如北京故宫传统建筑装饰，琉璃瓦按清式规范，瓦件有两样到九样八个等级，按不同等级建筑使用。屋面有同色琉璃瓦和剪

---

① 梁思成. 中国建筑史［M］. 北京：中国建筑工业出版社，2005.

边做法两种。面砖有三种：一是统一规格的矩形单色平面砖；二是型砖，有一定纹图的砖；三是特殊拼装的构件，如九龙壁和琉璃塔上的构件。石雕均用房山出的白石须弥座，雕刻精美。须弥座上部立石栏杆。望柱之头上雕刻龙、云和凤等，石栏杆下部设排水口，多用螭兽首装饰，每个望柱下设小螭首，转角处设置大螭首。琉璃瓦构件以黄为主，略有绿、黄、蓝诸色，瓦件基本一致。石栏杆仅两种，木栏杆仅三种，楣子仅两种，门窗三四种，其他构件也不多，却创造出精妙绝伦的传统建筑丰富多彩的装饰效果。

北京智华寺明代彩画有宋营造法式的"豹脚""合蝉燕尾""簇三"的遗意，在青绿叠韵之间的一点红尤为夺目。清官式有合玺与旋子两大类。合玺将梁枋分为若干格，格内以走龙、蟠龙为装饰母题；旋子作分瓣圆花纹于梁枋近两端处。离宫别馆民居则有写生花纹等，更有将说书、戏剧绘制在梁枋上的，这是前代未见的装饰样式[1]。

民间也有大量丰富的建筑装修，江浙、闽粤、东北和西南诸地，地域特征明显，许多非官方建筑形式出现，晚清传统建筑解体。19 世纪中叶，传统建筑装饰走向繁琐混杂，例如浙江东阳民居、苏州梵门桥弄吴宅大厅内部装饰，前后抱厦、草架，雕梁画栋，山东曲阜孔庙、浙江绍兴大禹陵禹王庙等都表现复杂的装饰特点。

现存皇家园林内檐装修中有仙楼、碧纱橱、宝座屏风、木围屏、玻璃插屏、靠背书格、博古书格、室内小戏台、炕罩和落地罩等。乾隆年间，据《圆明园内工硬木装修则例》记载，除上述品种外，还有门头罩、飞罩等。此期间的传统建筑内檐装修有以下特点：首先，重视材质优良和做工精细；其次，出现新品类，特别是室内空间处理方面，既有对空间做全封闭式的装饰，也有对空间做半封闭式的装饰，如博古架、原光罩、瓶形罩、八方罩等，还有对空间做虚拟界定的，如落地罩、天然罩，还有把室内空间做上下分隔的，如仙楼。这些既营造典雅庄重的氛围，又达到空间自由流通的传播效果，不仅在东亚采用中国系木构建筑的国家是唯一，而且产生丰富的空间效果，在东方建筑中更是独树一帜。同时，隐喻性突出，富于审美价值。在满足功能需求之上，增加雕饰使文化内涵更为丰厚，例如

---

[1]　梁思成. 中国建筑史 [M]. 北京：中国建筑工业出版社，2005.

清代一樘碧纱橱子，格心部分做法有灯笼框，如意纹、夔龙纹等，中心书画诗词花鸟、人物故事、裙板上各类雕饰、起突卷叶、线刻、漆画等，许多装饰的审美价值远超实用价值①。

清代建筑结构体系高度成熟，建筑装饰具有多种寓意和审美情趣②。此时期是传统建筑装饰发展新高峰，在宫殿、坛庙、寺观、园林和住宅中广泛应用。明清后期传统建筑装饰的雕饰纹样，除用作屋顶瓦饰外，多用于阶基、须弥座、勾栏、石牌坊、华表和石狮等。北京故宫太和殿石陛、勾栏、踏道、御路雕刻凤凰、狮子、云水纹图。殿阶基须弥座上下作莲瓣，束腰用飘带纹装饰，雕刻精美但程式化，艺术造诣不如唐宋③。

纵观历史发展，传统建筑装饰保持稳定的发展模式，自殷周开始延续到晚清，传统建筑装饰结构基本保持不变，装饰由简单到复杂。如统一的时代（如西周、汉、唐、明清），分裂时代（春秋战国、魏晋南北朝、五代十国、宋辽金等）建筑文化形态统一，如辽代建筑与宋代十分相似。建于辽代的天津蓟县独乐寺庙观音阁，相传始建于唐，后于辽统和二年（984年）重建，表现出宋辽建筑形制的基本相同性，传统建筑装饰总体呈现变与不变的统一。

正如梁思成先生所认为的，大凡一种艺术的始期，都是简单的创造，直率的尝试，初具规模后节节进步达到完善，演变是生机勃勃的。成熟期既达，必有相当长时间因承相袭，规定则例。对前制有所改但仅限于琐节。久而久之，演进和退化现象极其明显。中国传统建筑艺术在这一点上也不例外④。

2.4　传统建筑中吉祥文化的表达路径

传统建筑装饰最鲜明的特点是其雕刻纹饰的吉祥内容占据相当大的比例。

——张道一

---

① 郭黛姮. 华堂溢采：中国古典建筑内檐装修艺术［M］. 上海：上海科学技术出版社，2003.

② 郭黛姮. 华堂溢采：中国古典建筑内檐装修艺术［M］. 上海：上海科学技术出版社，2003.

③ 梁思成. 中国建筑史［M］. 北京：中国建筑工业出版社，2005.

④ 梁思成. 清式营造则例［M］. 北京：清华大学出版社，2006.

传统建筑是吉祥文化的典型直观传播媒介，阶基、柱础、栏杆、额枋、梁架、斗栱、藻井、门窗、屋顶、脊饰、家具陈设的装饰等都是表达吉祥的重点部位，蕴含丰富多彩、数量众多的吉祥文化的各种表现形式。其主要通过吉祥纹图、吉祥器物、吉祥数字和吉祥色彩等使传统建筑与吉祥文化层层包裹，展现传统建筑的多维吉祥文化时空。

（一）传统建筑中的吉祥纹图

传统建筑中的吉祥纹图，是在有限的建筑构件所限定的体积和面积中，结合结构功能，通过简练的主题，以人们喜闻乐见、约定俗成、耳熟能详的图案组合形式来表达吉祥寓意的一种方式。在传统建筑构件和装饰中应用较多，也是最能体现传统建筑吉祥文化特质的重点部分。其构成方式与吉祥文化的生成方式类似，有的明显，有的隐晦①。

张学增在《南阳吉祥汉画浅析》中列出象征、寓意、谐音、比拟、表号、文字等六种汉代动物吉祥的表现手法。在汉代，动物通过谐音、生物习性象征吉祥，如虎威猛勇武，能镇崇辟邪、保佑平安。龙属于神兽，是帝王的象征，狮子是威武和力量的象征。四灵兽代表四个方位，也都成为传统建筑装饰的常用主题。秦汉时期用龙虎凤龟作皇帝专用瓦等。在传统建筑构件和装饰中的应用，例如蝙蝠的"蝠"谐音"福"，窗格用蝙蝠作菱花，门板上五只蝙蝠围绕中央的寿，寓意"五福捧寿"。松竹梅象征人品高洁，松鹤组合寓意长寿，牡丹与桃象征"富贵长寿"等，多用在传统建筑的花罩中，盒、瓶、四季花组合取其"四季平安"的美好寓意，常用作隔扇的雕饰。在传统建筑构件中还有鱼产子的吉祥纹图，寓意"儿孙满堂"，"公鸡"谐音"功""吉"，寓意"功名富贵"，石头上立公鸡，寓意"宝上大吉"，"莲"与"连"谐音，莲荷装饰寓意质柔而能穿坚，居下而有节，象征出淤泥而不染，保持节气，也有连、和的谐音，寓意"和谐团圆"，莲荷下有鱼寓意"连年有余"，莲与荷组合寓意"和合美好"。

传统建筑吉祥内容也有情节主题表现，在宫殿、陵墓、寺庙、民宅、祠堂等建筑中都有出现。例如广州陈家祠墙上两幅巨型砖雕，数十位人物表达情节内容，中央正厅长条正脊装饰更象征陈氏宗族的兴旺与繁荣富贵。颐和园 728 米长的游廊，梁枋上的苏式彩画绘制了《红楼梦》《西游记》《三

① 楼庆西. 中国古建筑二十讲 [M] 北京：生活·读书·新知三联书店，2001.

国演义》《水浒传》等名著的精彩情节。人们游览其中既能欣赏历史画卷，又陶冶于文化之林，装饰效果持久①。

传统建筑的吉祥纹图，通过丰富的想象，运用类比手法，直接、跳跃性地抓住事物的本质，在传统建筑构件中将秩序、道德、真善美直观结合在一起，传达劝谕、认知和教化信息，而且因约定俗成、家喻户晓的习惯得到加强，使人从有限的物质空间中体味到微妙、丰富、灵活的和美意趣。

（二）传统建筑中的吉祥器物

传统建筑中的吉祥器物多用类比、象征、联想方式承传和应用，具有认识功能、组织功能、改造功能和教化功能等。认识功能是以祥物为媒介，使人缘物识事激发生活情致与创造力。组织功能是以实际应用唤起凝聚力和认同感，强化血缘、地缘和业缘等。教化功能以祥物传达伦理道德，逐渐成为规范，因物事施教，睹物知礼。

传统建筑中的吉祥器物是吉祥文化的直观体现，是在土木工程和住宅装饰中的祥物体系，寓意工程顺利、起居平安、发财兴旺、鸿运顺达等。通常以祭品、工具、构件、配饰、吉文和符图表达传统建筑的吉祥寓意。其主要分为土木祥物和家居祥物。土木祥物是指在建筑建造前、进行中直至建完过程中的吉祥物。其中建房祥物是房屋建筑活动中应用的工具、法具和道具，结合仪式在工程不同阶段如动土、上梁、砌灶、敬神等发挥祈吉功能，例如宝瓶。在江苏建造房屋动土阶段，一般屋主人在宅基四角锄地三下，后泥瓦匠接手开挖地槽。在界址四角用大锹挖出深坑，坑内主家撒入茶叶、稻米、谷粒下庄，覆上泥土。在青海河湟地区，破土埋下宝瓶，一口大瓷瓶内装谷粮、八宝、发面、海龙、海马、地胆及其他中药，寓意福寿绵长②。

上梁祥物多选月圆或涨潮良辰吉日施工，取"阖家团圆""钱财如潮"之意。屋梁选料也趋吉避凶，安徽淮北地区脊檩喜用枣木，梁头喜欢用榆木，房门喜用杏树，"枣"谐音"早"，"脊"谐音"积"，"榆"谐音"余"，"梁"谐音"粮"，"杏树"谐音"幸福"，串起来为"早积余粮幸福门"之意。在西北地区，大量选用椿木，象征四季常春。

---

① 楼庆西. 中国古建筑二十讲［M］. 北京：生活·读书·新知三联书店，2001.
② 陶思炎. 中国祥物［M］. 上海：东方出版中心，2012.

民间建房贴"福"字和安宅符。一些建筑的吉祥构件，如在瓦当、柱头、花窗等选用财神、八仙、喜鹊、白鹿、青牛、鲤鱼、灵芝和祥云等吉祥纹图做装饰，表达吉祥如意。

家居祥物，是指房屋内外装饰和室内陈设的各类祥物。皖南黄田村的"洋船屋"就是典型，其主人是清代商人朱一乔。建筑占地 4 000 平方米，整体外形看似当年洋人造的大轮船。分为船头、船舱和船尾三部分，船头为三角形的花园，院内种满花草果树，精致优雅。船舱为住宅，有堂屋、天井、大小厢房，桌上有大圆镜和青瓷瓶，寓意"平平静静""一帆风顺"。船尾是大院，院内铺设卵石，花纹奇巧。整条船的边缘以高墙包围、爬满藤萝，船头到船尾两侧还开设 2 米宽、2 米深的河沟，叫凤眼河，河上有小石桥，是为上船的跳板。洋船屋选址近山临水，宅形取船构图，有通达三江、乘风满载、万里招财、商家兴隆的追求，是商用祥物向家宅祥物的转移，一种特殊的祈吉装饰。还有门楼多用砖雕或彩绘，营造华屋吉室。用砖瓦、石灰、水泥在门楣上方砌筑的微微凸起的楼面，立面造型多类似牌楼。吉祥纹图多以吉祥物的叠用，如回字纹、富贵不断头、花草等寄托主家的吉祥心愿。门楼上吉祥纹图还有吉祥额题表达主人的情致与理想，置于门楼中央明显部位，有"福寿""鸿禧""耕读""紫气东来""吉庆家堂"等字样。传统建筑室内的各种象征吉祥寓意的陈设，如花瓶寓意"平静"，放一盆金鱼寓意"金玉满堂"，家具有长几、瓷器、玻璃镜、字画、博古架等。

（三）传统建筑中的吉祥数字

传统建筑中的文化尺度反映宇宙事物中确定的位置、形态、尺度和序列，通过建筑进深、间数、台座、门窗和装饰等隐含的吉祥数字来表达礼制等级与和谐秩序。

传统建筑中的数字表达具有一定的规则和象征意义，《八宅造福周书》中列出的明末的吉利尺度数字对中国传统建筑产生重要影响。其列出三种吉利数字。曲尺分为 9 寸，第 1、6、8、9 为吉利数。鲁班尺分为 13 寸，第 1、5、6、7、8、13 为吉利数。玄女尺分为 8 寸，第 1、4、5、8 为吉利数[①]。其中鲁班尺又称门尺、门光尺、八字尺。以官尺 1 尺 2 寸为准，均分

---

① 沈利华，钱玉莲．中国吉祥文化［M］．呼和浩特：内蒙古人民出版社，2005.

8寸，称作财、病、离、义、官、劫、害、吉，它们为北斗七星及齐辅星，有吉星和凶星，用此尺度量，遇吉星则吉，遇凶星则凶。建筑尺寸单位以寸为准，均用1、6、8吉数，俗称"压白"。作单扇门，"小者开二尺一寸，压一白，在义上"；作双扇门，用"四尺三寸一分，合三绿一白，在吉上"；作大双扇门，"用广五尺六寸六分，合两白，又在吉上"[①]。

《鲁班经》也讲到两种尺，一种是曲尺，长1尺，分为10寸，每寸用颜色标记，认为四吉中白为大吉，紫色为吉。另一种尺长14.4寸，称"鲁班真尺"，分为8格，每格1.8寸，头尾的"财""吉"最好，第四"义"、第五"官"为吉。建造房屋时，构件尺寸尾数应该尽可能是尺中的吉数，所以《鲁班经》书上的门都是7.2寸为模数，与尾数吉数14.4成倍数关系，7.2寸象征吉祥。荷兰人K. Ruitenbeek曾测量台湾台南68扇旧宅门，其中61扇门的数字是鲁班尺的吉数，占89.7%，在北京测量73例，53例的门为吉数，占比72.6%。传统建筑尺寸并非随意而为。

东汉张衡还给九宫数字配色，为一白、二黑、三碧、四绿、五黄、六白、七赤、八白、九紫。与八卦配则为：一白居坎，二黑居坤，三碧居震，四绿居巽，五黄居中，六白居乾，七赤居兑，八白居艮，九紫居离。古代匠师据此判断建筑的凶吉。配白色的1、6、8为吉数，《周礼·司常》载，"杂帛者，以帛素饰，其侧白，殷之正色"[②]。古人认为天上的太白金星最吉，与白色相关的1、6、8是吉数，9是吉数，对应紫色，相传神仙天宫为紫色。宋代以后，建筑术书和笔记《营造法式》、《营造正式》、《鲁班经》、《营造法原》、清工部《工程做法则例》、《工段营造录》、《清式营造则例》、《营造算例》等均有"压白"尺法的记载与实际应用[③]。

祈吉避凶的生命愿望隐含在传统建筑的数字中。例如北京天坛祭天的圜丘，台基、栏杆、铺地石都用象征帝王的最高数9为单位。3层圆台上层直径为9丈，中层直径为15丈，下层直径21丈，阳数1、3、5、7、9包含在内。传统建筑檐角仙人走兽，取奇数，多为镇邪纳吉的神兽，数量视等级而定，最高等级11个。北京紫禁城的太和殿、保和殿台基中央皇帝专用御道上均雕刻9条石龙，主要宫殿屋脊排列9只走兽，皇极门前最大的影壁

① 陶思炎. 中国祥物 [M]. 上海：东方出版中心，2012.
② ［清］阮元. 十三经注疏 [M]. 北京：中华书局，2009.
③ 沈利华，钱玉莲. 中国吉祥文化 [M]. 呼和浩特：内蒙古人民出版社，2005.

用 9 条龙做装饰，为"九龙壁"，在其屋脊上有 18 条行龙，影壁面用 270 块不同的琉璃面砖拼合而成，气势恢宏。

传统建筑大门的门钉既是板门结构，也是门的装饰，后来门钉被赋予社会意义。宫殿采用红门金钉不仅反映皇家气势，还有礼制内容。帝王宫殿、陵墓、园林大门用红门金钉，王府及一二品官府门用绿门金钉，三品以下是黑门金钉，皇宫门是 81 枚，王府等依次减少。皇帝、百官、士庶所住建筑在规模、装饰上有身份等级标志。同时，九是最大的阳数又是吉数，因而自古就有"九五之尊"的说法。中国最大的宫廷建筑故宫被称为"九千九百九十九间半"，最大的官府建筑为孔府，称为"九百九十九间半"，而民居最多不过"九十九间半"。

古人相信天机存储在吉祥数字中。传统建筑在层数、高度、开间、结构、装饰等诸多方面蕴含丰富的吉祥数字文化，表达着古人的宇宙观和吉祥观。

（四）传统建筑中的吉祥色彩

宋李诚《营造法式·总释·彩画》："谢赫《画品》注：'今以施，……印染。'""施之于缯素之类者，谓之画，布彩于梁栋斗栱或素象杂物之类者，谓之装銮，以粉朱丹三色为屋宇门窗之饰者，谓之刷染。"[1] 秦汉张衡《西京赋》的"采饰纤缛，裹以藻绣，文以朱绿"[2]，"文井莲华，壁柱彩画"[3] 都说明当时的传统建筑构件布满彩绘。

传统建筑首先因其构材料提供自由设色的机会，结果形成世界上色彩最为丰富的建筑体系[4]。传统建筑的色彩并非无用的粉饰，而是木构建筑物结构上必须加以保护。瓦上的琉璃、木料上的油漆都是因需要而自然产生结果[5]。木材提供了自由设色的前提，逐渐形成典型殿堂的"红墙绿瓦""画栋雕梁""青琐丹楹"。中国传统建筑色彩是一条合理的发展道路，力学与美学、视觉效果和使用要求完全结合，装饰与功能很少各自独立考虑[6]。古代为了保护木材发展彩绘，木构房屋防腐需要涂油漆，色彩最初是为了

---

① ［明］洪楩. 清平山堂话本校注［M］. 程毅中，校. 北京：中华书局，2012.
② ［清］舒其绅，严长明，等纂. 西安府志［M］. 何炳武，等校. 西安：三秦出版社，2011.
③ ［清］严可均. 全上古三代秦汉三国六朝文［M］. 北京：中华书局，1958.
④ 李允鉌. 华夏意匠：中国古典建筑设计原理分析［M］. 天津：天津大学出版社，2005.
⑤ 梁思成. 清式营造则例［M］. 北京：清华大学出版社，2006.
⑥ 李允鉌. 华夏意匠：中国古典建筑设计原理分析［M］. 天津：天津大学出版社，2005.

使木建筑避免风日雨雪侵蚀，这也使色彩成为中国传统建筑的吉祥寓意的主要特征之一，更成为中国古代建筑的突出特点。

传统建筑色彩很大程度上也随材料本身而来，木材、砖石、金属等各有其色。在常用的"五材并举"的混合结构形制中自然形成了色彩，如"土被缇锦""中庭彤采""丹墀夜明"等红色就是铺地本身的砖色。台阶栏杆"汉白玉"是白色，墙砖多为青色砖，板瓦和筒瓦为青灰色等。

宋代建筑不仅"雕梁画栋"，柱子也"锦绣花圃"，《营造法式》有关"五彩偏装"彩画用于柱子的做法说明："五彩偏装柱头作细锦或琐纹，柱身字质上亦作细锦，与柱头相应。锦之上下作青红或绿叠晕一道，其身内作海石榴等华（或于华内以飞凤之类），或于碾玉华间以五彩飞凤之类，或间四入辨科或四出尖科（科内间以化生或龙凤之类）。"从中可以想象传统建筑色彩之丰富多彩。

传统建筑色彩分为建筑内外构件色彩和彩画。春秋时期，藻井彩画已很发达。唐宋时期，样式和等级均有规定。明清时期雕梁画栋彩绘绚丽多姿。装饰原则有严格规定，分划结构，保留素面，以冷色青绿与纯丹作比对反衬，没有无度涂饰。

油漆彩画方面，宋代以来的彩画多半来自锦纹。明清北方宫殿寺庙盛行在柱门窗用红、朱红等暖色，在檐下构件多用青绿冷色并绘制各类吉祥纹图。彩画最大的特点是采用退晕、对晕和间色的手法。退晕是同一颜色深度不同的色带按照深浅度（明度）排列。对晕是两组退晕色带相并列，使得浅色和深色在中间相对，形成立体感。间色是两种颜色交替使用，如相邻二攒斗栱，一为绿斗蓝栱，一为蓝斗绿栱，相邻二间大小额枋，一为蓝上绿下，一为绿上蓝下，只用两色就得到绚丽效果。[①] 彩画装饰也体现建筑的等级，如和玺彩画是最高等级，北京故宫前三殿彩画为金龙和玺，后三殿为龙凤和玺，天安门上为莲草和玺。

传统建筑色彩分配非常慎重，屋顶为金黄色，屋檐下的斗栱、梁、枋以青绿为主，檐下阴影掩映部分主要色彩为青蓝碧绿的冷色，略加金点。柱及墙壁则以丹赤为朱色，与檐下幽阴冷色成格调对比，有时庙宇的柱廊以黑色为主，与阶陛的白色相互映衬。彩画也以青绿为主，辅助以红、金、

---

① 傅熹年. 中国古代建筑十论［M］. 上海：复旦大学出版社，2004.

白、黑等组成建筑冷色。檐下部分，屋身的柱子、门窗、墙壁用红色组成暖色。色彩控制轻重得当，含蓄至极。即在传统建筑外部，彩画装饰均约束于檐影下斗栱横额柱头部分。木构涂漆防腐，木材表面纯丹纯黑，与之相衬之青绿点金、彩绘花纹做装饰。屋顶琉璃瓦保留素面，庄严殿宇均为纯色。故中国建筑虽名为多色，其大体重在有节制的点缀，气象庄严，雍容华贵。[①]

琉璃材料的出现也给传统建筑增添了特殊色彩。其使用琉璃瓦覆盖屋顶始于 5 世纪的北魏。《魏书·卷一百二·西域》记载："世祖时，其国人商贩京师，自云能铸石为五色琉璃，于是采矿山中，于京师铸之。既成，光泽乃美于西方来者。乃诏为行殿，容百余人，光色映彻，管着见之，莫不惊骇，以为神明所为。自此中国琉璃遂贱，人不复珍之。"此后南北朝到唐宋，琉璃瓦屋顶逐渐广泛。瓦的釉色很多，最普通的为黄绿亮色。黄是皇帝的宫殿和比宫殿还神圣的庙宇所用，绿色用于王府。此外，黑、紫、蓝、红等用于离宫别馆。北京南海瀛台是这种瓦法最好的一例。琉璃瓦用于屋顶，使得本来轮廓优美的屋宇加上琉璃色彩的宏丽，变得完美无瑕，在色彩上尊重纯色的庄严，避免杂色，琉璃瓦偶用多色也仅限于庭园小建筑，且色不过滥，花样简单不奢，既用色彩又能俭约，实属中国建筑值得骄傲的一点[②]。

杜甫诗中"碧瓦朱薨照城郭"就是对绿色琉璃屋顶的写照，宋《营造法式》也记载"造琉璃瓦等"之制。元代后，屋顶正吻、面砖、墙画，著名的"九龙壁"即为琉璃建筑材料的高度艺术成就。开封的铁色琉璃八角十三层塔、清代的香山昭庙琉璃塔、颐和园多宝塔等都是传统建筑色彩佳作。

同时，传统建筑构件装饰的选色也极为讲究，按照五行色彩组合，木为青、金为白、火为红、水为黑、土为黄等代表方位的颜色由此而来。例如北京故宫屋顶的黄色琉璃瓦，取"黄"与"皇"谐音，天坛祈年殿、皇穹宇等屋顶用蓝色琉璃瓦，是天的象征；江南水乡的白墙黛瓦，是士大夫高雅的表现，黑瓦之黑在五行中即北，即水能克火，意为防火灾，白色在

---

① 梁思成. 中国建筑史［M］. 北京：中国建筑工业出版社，2005.
② 梁思成. 清式营造则例［M］. 北京：清华大学出版社，2006.

五行中属金，在西寓意财富。

传统建筑构件的色彩多有象征性寓意。《风俗通义》曰："殿堂象东井形，刻作荷菱，菱，水物也，所以厌火。"在传统建筑梁上刻绘水生植物等纹图象征"水"之物避免火灾，象征主义带来装饰美学的心理效果。屋顶构架梁、额枋、平綦等颜色也多以青绿为基调，与"防火意念"的象征意义相关①。

在《礼记》中也载："楹，天子丹，诸侯黝，大夫苍，士黈。"天子宫殿的门柱为红色，诸侯门柱为黑色，大夫门柱为灰绿色，文化人或辞官归故里的人其门柱为黄色，等级分明。春秋后，"青琐丹楹"成为传统建筑着色标准，用颜色代表身份的制度后世一直传承。例如明代规定亲王府正门丹漆金涂铜环，公主府第正门用"绿油铜环"，公侯用"金漆锡环"，一二品官用"绿油锡环"，三至五品官用"黑油锡环"，六至九品官用"黑门铁环"。清代规定黄色的琉璃瓦只限用于宫殿、陵、庙，此外的王公府第只能用绿色的琉璃瓦。

2.5　传统建筑中的吉祥文化传播

只要有生活，就有装饰。装饰像冬日暖阳，让人感到温暖、舒缓，并且照亮纯真的心灵。有了装饰，建筑变得红火、亮堂、富于朝气，没有它，就变得灰暗、冷清，失去希望。②

——张道一

2.5.1　传统建筑中构件与装饰的共生传播

中国所有建筑，民舍宫殿均由单个独立建筑集合而成，而单体建筑由古代最简陋的胎型到近代穷奢极巧的殿宇，均始终保留三个基本要素：台基部分、柱梁或木造部分和屋顶部分。三者在外形中最庄严美丽，迥然殊异于其他系建筑，为中国建筑博得最大荣誉的是屋顶部分，屋顶的特殊轮廓是中国建筑外形显著的特征。在技艺上，经过最艰巨的努力、最复杂的

---

① 李允鉌. 华夏意匠：中国古典建筑设计原理分析［M］. 天津：天津大学出版社，2005.

② 张道一. 造物的艺术论［M］. 福州：福建美术出版社，1989.

演变登峰造极，在科学和美学两层条件下最成功之处，是支承屋顶的梁柱部分，也是全部木造的骨架，也是中国建筑的关键所在①。

建筑主要解决生活实际需要，建筑之美不脱离合理、有机、功能结构而独立存在，呈现平稳、舒适、自然的外象；诚实且全部袒露内部有机的结构，梁、栋、檩及其承托、关联的结构各部分功用及全部组织；不掩饰，功用昭然；不矫揉造作；自然发挥材料本质特性；只设施雕刻于必需的结构部分，以求更和悦的轮廓、更协调的色彩；不勉强结构出多余的装饰增加华丽；不滥用曲线或色彩求媚于庸俗，这便是建筑美所包含的各个条件②。传统建筑是权衡、俊美和坚固的。

传统建筑装饰几乎与建筑本身构件结合，是对这些构件进行美的加工后形成装饰③。结构与装饰是人工与自然趋势调和，雕饰在必需的结构部分是锦上添花，但绝非浅显的色彩和雕饰，而是深藏在基本的、产生美观结构的原则里和国人绝对了解控制雕饰的原理之上④。

传统建筑结构蕴含早期的直率和魄力，技艺精深成熟。山西五台山南禅寺大殿使我们相信唐代是生机勃勃、一日千里的时期。南宋到元明清八百余年，结构变化趋向退化，结构上细部虽多但已变成非结构的形式，大部分骨干用材保留原始结构的功用，构架的精神尚挺秀健在⑤。传统建筑的屋顶是结构自然直率的结果，并没有超出力学原则之外和矫揉造作之处，在实用和美观上异常成功。屋顶上部巍然高耸，檐部如翼轻展，成为整个建筑美丽的冠冕，是其他系建筑所没有的特征。

还有例如因雨水和光线的考虑，屋顶扩张出檐部分，出檐远，檐沿则压低，阻碍光线且雨水顺势急流，檐下发生溅水，为了解决这两个问题就有了飞檐。飞檐是传建筑的檐椽上再拖一层"飞子"的构件⑥（飞子是宋代的叫法，清代称飞檐口椽，使檐部成为两层屋檐的形式），用双层椽子，上层椽子微曲使檐部向上稍翻成曲线，回到屋角时向左右抬高，使屋角之檐加深仰翻曲度，这就是"翼角翘起"在建筑结构上合理自然的布置。屋檐的飞

① 梁思成. 清式营造则例［M］. 北京：清华大学出版社，2006.
② 梁思成. 清式营造则例［M］. 北京：清华大学出版社，2006.
③ 楼庆西. 中国古建筑二十讲［M］. 北京：生活·读书·新知三联书店，2001.
④ 林徽因. 中国建筑常识［M］. 成都：天地出版社，2019.
⑤ 梁思成. 清式营造则例［M］. 北京：清华大学出版社，2006.
⑥ 王鲁民. 中国古典建筑文化探源［M］. 上海：同济大学出版社，1997.

椽也加卷杀，逐渐变纤细，增加翼角翚飞的效果。翼角在庑殿顶和歇山顶转角，两层椽子的构件使这部分形象与鸟翅相似，形成动态的屋檐形式。

因为在屋角两檐相交处的主材"角梁"及上段的"由戗"（比椽子大很多的木材），其方向是与建筑正面成 45 度的，并排一列的椽子与建筑物正面成直角，到了靠屋角处积渐开斜，使其逐渐平行于角梁，并使最后一根直到紧贴在角梁旁边。但又因椽子与这个角梁的大小悬殊，要使得椽子上皮与角梁上皮平，以铺望板，则必须将这开舒的几根椽子依次抬高，在底下垫"枕头木"①。凡此种种都是结构问题适当被技巧解决了的。这曲线几乎是不可信的简单和自然，同时在美观上增添无限神韵。

屋顶曲线不限于"翼角翘起""飞檐"及瓦坡的全部是微曲的斜坡，还有梁架逐层加高成为"举架"，使屋面斜度越上越俊俏，越下越缓和。《考工记》"轮人为盖……上欲尊而宇欲卑，上尊而宇卑，则吐水疾而霤远"，明白解释了屋顶的功用，可以矫正屋脊因透视而降低的倾向，使屋顶巍然屹立且外观轮廓俊美②。叠层梁架逐层增高成举架法使屋面呈现自然斜曲线。

传统建筑的梁、枋、柱、檩、椽等主要构件几乎是露明的，并在原木制造过程中进行美的加工。柱子做成上下两头略小的梭柱，横梁加工成中央向上微微起拱、整体富有弹性曲线的月梁，梁上的短柱也做成柱头收分，下端呈尖瓣形骑在梁上的瓜柱，短柱两旁的托木称为弯曲的扶梁，上下梁枋之间的垫木做成各种样式的驼峰，屋檐下支撑出檐的斜木多加工成为各种兽形、几何形的撑栱和牛腿，连梁枋穿过柱子的出头加工成菊花头、蚂蚱头、麻叶头等形式。这些构件是在不损坏传统建筑起结构作用的基础上，随构件原有形式进行自然妥帖的设计的③。

坡顶建筑天然成为具有特殊意义的携带者。从传统建筑营造逻辑层面，坡屋顶建筑在坡面的交接转折处和坡面边缘是屋顶最为薄弱的地方，在这些部位用泥土涂抹、陶片复压来确保不被雨水和风破坏，于是建筑的屋脊雏形形成。屋顶装饰物在结构上也有功用，正脊的正吻和垂脊的走兽也曾是结构部分。屋顶的正脊两端是几条脊交会之处，在结构上需要大钉拴住，保护大穿钉的瓦件或琉璃件要比其他地方大。正吻是管着脊部木架和脊外

---

① 梁思成. 清式营造则例［M］. 北京：清华大学出版社，2006.

② 梁思成. 清式营造则例［M］. 北京：清华大学出版社，2006.

③ 楼庆西. 中国古建筑二十讲［M］. 北京：生活·读书·新知三联书店，2001.

瓦盖的一个总关键。

垂脊下仙人走兽、斜脊上的钉头经过装饰后变形。每行瓦陇前头一块上面至今尚有盖钉头的钉帽，是为了防止瓦陇下溜所用。垂脊上的饰物，如宝珠，像木钉上部略经雕饰，垂兽在斜脊上段末，正分划底下骨架里由戗与角梁的节段，使瓦脊上的饰物在结构上增加意义，而非偶然①。

瓦当和滴水，既是构造物又有建筑技术上的装饰寓意，如木梁之梁头刻有梁须，据说是鲁班做的梁头节点，取名"鱼梁"而刻②。"当"，底也。瓦覆檐际者，正当众瓦之底，又节比于檐端，瓦瓦相值，故有当名。瓦当起庇护屋檐、避免其遭到雨水侵蚀的功能和屋檐的收头作用，同时也增加建筑的美观性③。瓦件也兼具实用和装饰功能。屋脊盖住屋顶转折处接缝的鸱吻、兽头是屋脊端头的收束构件，瓦兽原是屋瓦下滑钉铁钉顶上的防水遮盖物，稍加处理成为且具有美观且独具特色的装饰物④。建筑柱间阑额插入柱的垫托构件雀替下部做成蝉肚曲线，并在两侧加雕饰。斗底抹斜、栱头加卷杀，改变齐方木和短木方的原形，使斗栱兼具装饰效果。梁由直梁加工成月梁，使其有举重若轻的感觉。柱子的大小高度受木材长短的限制，即使庄严的建筑也呈现绝对玲珑的外表。无论建筑大小，结构上均不需要坚固厚的负重墙。传统建筑门窗隔扇大小不受限制，柱与柱之间可以全部安装透光的小木作，坚固美观，装饰各类吉祥纹图。

传统建筑的装饰随时间的推移也逐渐变化，不少的装饰构件慢慢失去原来的结构作用而变为纯粹的附加装饰了。如传统建筑的梁、架和柱都起结构作用，但随着时代发展，结构也有了变化。传统建筑架构中最显著且独有的特征就是屋顶和立柱间过度的斗栱。辽宋元明清斗栱演变特点为：由大而小；由简而繁；由雄壮而纤巧；由结构而装饰；由真结构而假刻的部分，例如昂；分布由疏朗而繁密⑤。很多结构构件失去原有功能作用。小木作从结构变为装饰的比较多，例如麻叶云头装饰，梁的尖有蚂蚱腿等装饰，插手、托角等逐渐消失，而挂落等增加。

① 梁思成. 清式营造则例［M］. 北京：清华大学出版社，2006.
② 沈福煦，沈鸿明. 中国建筑装饰艺术文化源流［M］. 武汉：湖北教育出版社，2002
③ 田自秉. 中国工艺美术史［M］. 上海：东方出版中心，1985.
④ 傅熹年. 中国古代建筑十论［M］. 上海：复旦大学出版社，2004.
⑤ 梁思成. 清式营造则例［M］. 北京：清华大学出版社，2006.

建筑屋脊的走兽原本是顶端筒瓦上帽钉的艺术形象，后来垂脊、戗脊上不需要帽钉而走兽依然存在，原有屋檐的挑出已不需要斜木支撑，但原有斜木加工的各种牛腿、撑栱依然在屋檐下起装饰作用。横梁、梁柱交接部位的替木原本是为了减小梁的跨度、减少剪力的构件，经过加工成为雀替，后来替木逐渐失去原有结构功能，逐渐变为附加在柱子上端的两块装饰木。

总体而言，传统建筑从栏杆、基座、屋身、屋顶各部分装饰，就其产生过程来看，不是凭空产生，不能离开传统建筑单独存在，是建筑各个构件经过再加工的外在表现，这是传统建筑装饰最基本的特点①。传统建筑构件一旦经过加工成为装饰，除了原有的结构构件的功能之外，还产生造型艺术的审美功能，这种功能尽管依附于各构件形体上，但依然独立起作用，而与这些构件是否具有结构作用并无必然联系。即使这些构件失去原有结构作用，其所具有的装饰审美功能也不会因此而消失。在一个构件上，装饰作用滞留的时间远比结构功能更为长久②。

2.5.2　传统建筑中构件与装饰传播吉祥观念

伊东忠太曾说，屋顶装饰、宝顶、瓦当、驼峰、梁枋、柱子、栏杆等装饰意匠，以与建筑调和为主，不问动物、植物、人物、纹样的形状如何。构件部位的装饰动物，不论何物皆可，动物形状或自然、不自然、奇怪，皆无不可，唯为建筑构件大体相协调为好。建筑装饰远观粗略，近观取精细。装饰各类奇异花样繁多。体现出乎意料的妙味③。

黑格尔认为，象征的各种形式都起源于民族的宗教的世界观，而只有艺术才是最早的对宗教观念的形象翻译。

传统建筑的构件与装饰紧密结合，共同以象征的思维方式传播吉祥观念。例如传统建筑梁架的基础是柱，也被视为天梯，是直上云天、登临星官的通道。屋盖为天盖，有"天似穹庐"之称。柱植地而举撑屋盖，是顶天的天柱象征。《楚辞·天问》中有"天极焉加？八柱何当"之问，东汉王逸注云"言天有八山为柱"，《淮南子·地形训》曰"天地之间，九州岛八

---

①　楼庆西. 中国古建筑二十讲［M］. 北京：生活·读书·新知三联书店，2001.
②　楼庆西. 中国古建筑二十讲［M］. 北京：生活·读书·新知三联书店，2001.
③　伊东忠太. 中国建筑史［M］. 陈清泉，译补. 长沙：湖南大学出版社，2014.

柱"。这八柱为宇宙柱，分开天地，在神话中成为众神的上下"天梯"。黎彝族在"玄通大书"中有柱崇拜，柱立于屋脊且作树状，为宇宙树或天梯的象征。在庙宇和宫殿有飞龙盘绕的柱子，龙柱与天的联系使其成为建筑祥物。在石表、望柱等"柱"形建筑上也有象征寓意。望柱虽不高耸入云，但柱头却以祥物为饰。常见的祥物柱头有伏莲头、石榴头、净瓶头、云气头、蟠龙头、蹲狮头、卧鹿头等，各种鼓形、兽形、单层、多层、立雕、透雕千变万化。正是这些柱头使寻常建筑构件完美地融入吉祥文化之中①。

　　传统建筑的鸱尾寓意以灭火祥。木结构易遭雷击火灾，于是出现"柏梁殿灾后、越巫言，海中有鱼虬，尾似鸱，激浪即降雨，遂作其像于屋以厌火祥"。鸱本为鸟类，又称鸱鹗。商代的鸱鹗是一种鹰类猛禽，属凤之别种，为殷人崇拜对象②。带有凤鸟的翘起物后来逐渐转变为海中之鱼的鸱尾，古人认为鸟和鱼可相互转化，《庄子·逍遥游》曰："北冥有鱼，其名为鲲。鲲之大，不知其几千里也；化而为鸟，其名为鹏。"鸱尾造型与正脊脊身分开，鸱尾逐渐出现首、尾、鳞、爪，变为鸱吻、螭吻、龙吻，成为首尾俱全的独立形象③。因此，在传统建筑几条屋脊交会处的节点被视作鸱吻的虬。画像石和明器及民间建筑中也有这种鸱尾形象，头在下尾朝上，嘴含着屋脊作吐水激浪形态，鸱尾经过历代演变成为鸱吻并保留在屋顶正脊两端。发展到清代的龙吻随时代发展而有不同形象。

　　传统建筑的瓦当用以挡住瓦头，滴水位于瓦沟檐口用以排泄雨水，防止雨水腐蚀椽头。瓦当、滴水多用镇凶与祈吉的双重指向的瑞兽纹图，如瓦当用虎纹以避凶，滴水以福寿纹纳吉。传统建筑的门是与人接触最多的构件，门板上用来将木板合横串木相连的门钉、叩门和拉门的辅首、锁合中槛和连楹的木栓、门簪、门下承受门下轴的基石以及露在外面的部分装饰狮子、线脚等都有吉祥寓意的装饰。

　　传统建筑木制花窗称为木槅窗，砖石花窗称为漏窗，过去窗子多用纸糊或安装半透明鳞片以透光、遮蔽风雨，在窗户上装饰有菱纹、步步锦、动物、植物、人物组成的窗格纹图，为了保证整扇窗框方整不变形，用铜片钉在窗框横竖交叉交接部分加固，在这些铜片上压制花纹成为装饰性极

---

①　陶思炎. 中国祥物 [M]. 上海：东方出版中心，2012.

②　郭湖生. 东方建筑研究（下册）[M]. 天津：天津大学出版社，1992.

③　王鲁民. 中国古典建筑文化探源 [M]. 上海：同济大学出版社，1997.

强的看叶与角叶。这些构件不仅具有装饰传播效果，还给传统建筑外形增添了美好吉祥的文化内涵。

传统建筑的台基在《史记》中有记载："尧之天下也，堂高三尺"，用舒展的基座衬托巍峨的宫殿，如果没有基座就有建筑上重下轻之感。古代重要建筑放在高台之上以增加气势，有"高台榭，美宫室"之称，多用砖石砌筑。台基四周多有栏杆相围合，栏杆有栏板、望柱下的排水口，经过加工，栏板与望柱附加浮雕装饰，还有传统建筑的石雕，包括柱础、门当、须弥座、石柱、栏板、牌坊、门楼、台阶等，雕凿多为吉祥纹图，减去石材的沉重感而悦动出美感。

传统建筑装饰内容和形式变化不明显。在传统建筑中可以找到经久不变的装饰内容，如动物中的龙、虎、凤、龟、狮子、麒麟、鹿、鹤和鸳鸯等，植物中的松、柏、桃、竹、梅、菊与荷等，还有多种多样的几何抽象纹样，这些装饰内容不仅具有形式美，还能够表达思想内涵[1]。可见，传统建筑是象征表意的中介，体现和完成天人沟通，落实在合理的人的秩序，通过建筑等级制度使其合理来达成对世界秩序的阐释。传统建筑的象征性是内在的，不仅在传统建筑装饰上，更重要的是传统建筑整体形态与特定意义的表达密切关联，并在营造过程中强调文化与意义的展现[2]。

从技术发展过程看，传统建筑装饰构件从结构功能逐渐演变到审美功能，传统建筑的装饰为结构需求而出现，为审美而逐渐独立存在，且不因结构作用的消失而消失，说明传统建筑装饰具有审美稳定性与长久性。传统建筑装饰因建筑结构而生，不因结构而消失。

人类发展和艺术创造是与永不停息的吉祥追求分不开的，传统建筑中的吉祥文化作为情感和信仰表达生命意识和生活信念。在传统建筑中，吉祥寓意的构件遵循物物、物事、物人相感的生成逻辑，作为一种生命和精神的力量，跨越时间和空间，在物的人化和人的物化相互作用中融合并存，携带着时代信息，成为直抒胸臆、表达吉祥和美的重要直观传播的媒介，成为凝聚创造力、展示协调人与天地在物质与精神的多维转换中介，在长期实践中明确而强烈地传承着怀抱自然、化解凶险、祈福禳凶和福善嘉庆

---

① 楼庆西. 中国古建筑二十讲［M］. 北京：生活·读书·新知三联书店，2001.

② 顾孟潮，王明贤，李雄飞. 当代建筑文化与美学［M］. 天津：天津科学技术出版社，1989.

的象征意义。

当下，传统建筑的吉祥文化以其独特的内涵和表现形式承载着跨越千年的美好祝愿与幸福企盼正向我们走来。

2.6　小结

　　　　　　"吉祥十字"之光照耀传统建筑的独特之美。

五千年文明造就丰富的传统建筑文化。传统建筑的吉祥文化表达内容丰富多彩，笃信"天施地化，阴阳和合"，传统观念中坚守仁者之心，与自然和谐共处，万事图个吉利。了解其归类就明晰了传统建筑中的吉祥文化象征寓意和价值所在。

传统建筑装饰多样复杂，有学者按照历史时期分类，有的按建筑部位分类，包括屋顶、脊饰、瓦饰、檐廊、内外檐装修、门窗、栏杆、雕刻、彩画等。按照建筑特征分类，包括阶基、柱础、门窗、斗拱、屋顶。按照材质分类，包括石作（结构和雕刻）、木作（大木作的柱、梁、枋、额、斗拱、椽等，小木作的门、窗、隔扇、藻井、佛龛、道帐等）、砖作（普通砖和发券砖等）、瓦作（瓦及瓦饰）、彩画（绘画和镶嵌等）等。无论哪一种分法，都会有困难和不足。

分形理论认为大自然千姿百态变化无穷的不规则图形背后都隐藏着自相似性，意味着一个形态内部还有一个形态。内部结构遵循自相似的规律。造型本身有一定的程式、规则和约定俗成的传承。因而，按照传统建筑吉祥装饰造型类型，依据张道一先生对吉祥文化的归类总结即"吉祥十字"[①]：福（幸福），禄（俸禄），寿（长寿），喜（喜庆），财（财富），吉（吉利），和（和气），安（平安），养（修养），全（圆满）。遂选取其中具有相对稳定性、代表性和流传悠久的吉祥植物、吉祥动物、吉祥人物、吉祥图符四个方面分类对应阐述传统建筑中的吉祥文化时空。

---

① 张道一. 吉祥文化论［M］. 重庆：重庆大学出版社，2011.

第3章 | 传统建筑中的吉祥植物

我们每天都在同自我、心灵和天下万物打交道，并用知识、情感和价值作出吉与凶、爱与憎、存与弃的判断和选择。古人认为，物各有灵、物有精神，物与人相互形成奇妙的交感，物成为人的工具、依靠和福星，用以纳吉迎祥而呈现福善与嘉庆的特征。

——陶思炎

3.1 植物之性

植物之性

是自然力量的展示

是人心趋吉的慰藉

植物之灵

在于沟通天地

联结人与万物

植物之吉

在时空传播中流转

停驻在传统建筑的雕梁画栋中

存储于吉图祥物之中

汇聚时空的精神力量

延绵不绝

植物讲述自然的语言，是自然运行之道的传播媒介。万物源于自然、养于自然、归于自然。地球上约有 170 万种生物，其中植物约 30 万种。形态各异的植物，其枝茎上的叶面总是朝上，这样更容易承受露水，上下层之间的叶子总是交叉排列互不遮蔽，这种螺旋状排列的叶序使每一片叶子都能接受更多的阳光和空气。植物破土而出、生根发芽、开花结果都是顺应天地万象之道，通过其内生力量展现草木本性的自然力量，表现生命内在合理性和外表形态的完美结合。

《周易·序卦》记载："有天地，然后有万物。"[①] 植物从出现就与人密切相连。大千世界的植物，不仅使人们赏心悦目，还使人们从大自然的鬼斧神工中满足感官和心灵需求。同时，人们观察自然感悟后赋予其人格化的品质，还影响人们在生活中看待事物的方式和文化表现，这即是比德的象征世界。

作为中国古代重要的物象观，比德以伦理道德标准对事物进行取舍，这也是文化创作的一条律令。[②] 即把自然美的某种特征比喻为人的品行，通过对自然美的接触、感受和欣赏达到砥砺品行的目的。例如《德充符》载，"受命于地，唯松柏独也正，在冬夏青青；受命于天，唯舜独也正，在万物之首"[③]，将松柏与尧舜相提。《菜根谭》曰："芝兰生于深林，不以无人而不芳，君子修道立法，不为困穷而改节。"[④] 将君子与芝兰并论是比德的主要特征。从宋代周敦颐将莲描述为"出淤泥而不染"，到明代李时珍《本草纲目》描述其"清净济用，群美兼得"，莲不断升华为"花之君子"，这与古人做人的理想和追求紧密关联。因雌雄偶居、形影相随而将鸳鸯称为"爱情之鸟"，鸳鸯成为忠贞爱情的吉祥意象。"岁寒三友"和"四君子"作为高洁人品的化身更是比德的集中表现，是自然物性与人格品行的和谐交融、美的形态与善的伦理有机融合的表征。

植物作为吉祥和美的意义不仅在于植物之美，更是植物自然之性与人之性的相融相通。植物之美在人们心底激起情感和同感。人们看到了这种自然运行规律在植物生长中的表现，例如看到植物无意识但却始终努力适应环境，这样的努力引起同感。人们喜欢松树，松树的长寿、高洁之品性

① 马天祥. 格言联璧 [M]. 北京：中华书局，2020.
② 梁一儒，等. 中国人审美心理研究 [M]. 济南：山东人民出版社，2002.
③ 许嘉璐. 庄子义证 [M]. 李林，点校. 杭州：浙江古籍出版社，2019.
④ 孙林. 菜根谭 [M]. 北京：中华书局，2022.

与人的情感取得某种超自然的联结。将植物赋予人性和人情，似乎也可以得到植物的生机勃勃之力。于是，将植物与人的心理时空相通相连表达在万事万物之中。

屈原的《楚辞》是儒家"诗言志"观念最早、最成功的实践典范。其中将自然界和人观念化和类型化，用自然演绎人表现善恶、传播比德的象征世界。《离骚》以我观物，使审美意象具有善恶和吉凶色彩，这种表现手法逐渐成为中国传统艺术的主要表现手法。

可见，自然界的植物本无凶吉，一切皆自然。因植物在人们心中具有各种吉祥和美的象征寓意，所以用植物之性激励人，将植物之吉嵌刻入生活，表达对和美的追求。

3.2　植物之吉的表达方式

> 受命于地，唯松柏独也正，在冬夏青青；
> 受命于天，唯舜独也正，在万物之首。
>
> ——《庄子义证·内篇 德充符第五》

3.2.1　植物崇拜之草木有情

植物崇拜是原始宗教信仰中自然崇拜的一部分。农业文明前人类居住在森林，仰赖其庇佑，采集植物果实、根、茎、叶充饥。进入农耕定居后，农耕是人类主要的食物来源。先民认为植物有生命、有情感并将其视为祖先或神，于是，植物有了宗教意义，并产生了植物崇拜，出现植物图腾和植物神，植物纹图就是传递原始神力思想的媒介。此时期草本植物崇拜晚于木本植物崇拜。在《诗经》中就记载了黄河中下游和长江以北地区的植物，桃、栗、桑、荷、兰、蓍草和瓜等约130种。换言之，原始先民通过采集产生植物崇拜，通过狩猎产生动物崇拜。格罗塞、普列汉诺夫等美学家也提出人类艺术经历了由动物装饰到植物装饰过渡的事实，并上升到文化史与社会发展史的高度，视其为"文化史上最大的进步"①。

---

① 普列汉诺夫. 论艺术（没有地址的信）[M]. 曹葆华，译. 北京：生活·读书·新知三联书店，1973.

　　大约从春秋时期起，许多植物就有了明确的象征意义。有诗句咏唱植物，例如《诗经·大雅·绵》有"绵绵瓜瓞"[①]的句子。绵绵指延续不断，瓞是小瓜，瓜类藤蔓连绵种子多，古人视之为子孙绵延、家道兴旺的象征。《楚辞》提到的植物有兰、菊、桔、蕙，并有"颂桔""颂梅"。《山海经》记载了许多植物神话，有些植物使人不患疾病，有的可以忘忧，有的能使人变美。《山海经》还记载了含有吉祥寓意的树木，如建木、若木、扶木、扶桑、不死树、寻木、三珠树、三桑和丹木等。《庄子·逍遥游》记录有一种大椿树，此树"八千岁为春，八千岁为秋"，是一种神奇之树[②]。蓍草被视为带有灵性的吉祥草，也有崇拜蓍草的习俗。如《春秋繁露·奉本第三十四》卷九记载，"蓍百茎而共一本"，《大传》载"蓍之为言蓍也。百年一本生百茎，此草木之寿，亦知吉凶者"[③]。

　　在长期祭祀中，有一些植物有了神性，古人相信"树木是有生命的精灵，能够行云降雨，能使阳光普照，六畜兴旺"，"神树能保国家丰收"[④]，相信特定的植物能够带来五谷丰登、安乐康泰，进而将祭祀的这些特定植物视为吉祥植物。

　　例如《南北朝文举要·河清颂》载："王者得礼之宜，则宗庙生祥木。"[⑤]立社、祭社存在封土为坛、立社种树之俗。约西周开始，社与树融为一体，树是社的标志。当地有什么树就奉为社神，常见的有松、柏和栗等。树曾为人们尊敬崇拜的象征物。社稷是国家的代称，原意为帝王诸侯祭祀的土地之神和谷神，稷为五谷之长，敬为农神。《白虎通·社稷》卷一上曰："王者所以有社稷何？为天下求福报功。人非土不立，非谷不食，土地广博，不可遍敬也，五谷众多，不可一一而祭也。故封土立社，示有土尊。"[⑥]《白虎通·社稷》卷一曰："社稷所以有树何？尊而识之也，使民望见即敬之，又所以表功也。"[⑦]民间设坛的社树被人们视为社的标志与社神化身，祭祀活动都在社树旁进行，久而久之，人们就认为社树能够给宗族带来吉

①　王秀梅. 诗经［M］. 北京：中华书局，2015.

②　周保平. 汉代吉祥画像研究［M］. 天津：天津人民出版社，2012.

③　［汉］董仲舒，［清］苏舆. 春秋繁露义证［M］. 钟哲，点校. 北京：中华书局，1992.

④　弗雷泽. 金枝［M］. 汪培基，徐育新，张泽石，译. 北京：商务印书馆，2013.

⑤　高步瀛. 南北朝文举要［M］. 北京：中华书局，1998.

⑥　［清］皮锡瑞. 驳五经异义疏证［M］. 北京：中华书局，2014.

⑦　［清］孙诒让. 周礼正义［M］. 汪少华，整理. 北京：中华书局，2015.

祥，社树也成为吉祥之树①。《太平御览》卷九百九十四引《王逸子》曰，"木有扶桑梧桐松柏，皆受气淳美，异于群类者也"。

汉代也是吉祥信仰兴盛时期。帝王、百姓无不在追逐吉祥。许多植物也与皇权和君德相关。如《拾遗记校注》前言曰："宣帝之世，有嘉谷玄稷之祥。"② 王莽辅政中，发现祥瑞700多件，祥瑞植物或禾长丈余，或一粟三米，或禾不种而自生，都说明明君出世是"天人感应"的结果。

一些植物代表一定的吉祥寓意与神话传说相关。有些是现实的植物，如灵芝、嘉禾、松柏、桂树和茱萸等；有些是想象出来的植物，如摇钱树、扶桑、平露和华苹等③。许多常见的植物也被赋予吉祥寓意。《论衡·初禀篇》曰："朱草之茎如针，紫芝之栽如豆，成为瑞矣。""紫达者，王者仁义行则常见。"④ 许多吉祥植物，如《宋书·符瑞志下》记载："延嬉，王者孝道行则至⑤"，皆福祥之草。受神仙思想影响，汉代许多植物与长生不老有关，如通天的神树建木。《淮南子·地形训》卷四："建木在都广，众帝所自上下。日中无景，呼而无响，盖天地之中也。"⑥《汉武帝内传》长生仙药有"太徽嘉禾""八石芝麻""松柏之膏""朱英""刍草"，"得服之，可以延年"⑦。《孝经援神契》曰："巨胜延年，威喜辟兵。"⑧ 巨胜是芝麻，威喜是茯苓，服用可以长生。汉代的吉祥植物主要通过植物的形态、价值、征兆、功用和特征等表达⑨，或为通天之桥梁，或为食之不老之仙草，或为驱鬼之灵木，皆表现古人对植物的崇拜，蕴含吉祥寓意。

3.2.2　传统建筑中花木美誉之吉

周代建立了"天命"观念，天命是人的道德与行为的投射，将其投射到天上就是"天人合一"的哲学观，即神与人是相通的，经过修炼成为不

---

① 周保平. 汉代吉祥画像研究［M］. 天津：天津人民出版社，2012.
② ［晋］王嘉，［梁］萧绮. 拾遗记校注［M］. 齐治平，校注. 北京：中华书局，1981.
③ 周保平. 汉代吉祥画像研究［M］. 天津：天津人民出版社，2012.
④ 禹汝楙，王春华，等整理. 洪范羽翼［M］. 南京：凤凰出版社，2019.
⑤ ［梁］沈约. 宋书［M］. 北京：中华书局，1974.
⑥ 周明. 山海经集释［M］. 成都：巴蜀书社，2019.
⑦ ［汉］班固. 汉武帝内传［M］. ［清］钱熙祚，校. 北京：中华书局，1985.
⑧ ［清］胡煦，程林，点校. 周易函书［M］. 北京：中华书局，2008.
⑨ 周保平. 汉代吉祥画像研究［M］. 天津：天津人民出版社，2012.

老仙人，进入天国，仙人可以飞升羽化。"上天有好生之德"一方面使人们爱惜生命，同时也需要生命的不断延续。这种好生之德与神仙之说，带来了"生生不息"的生命观并映射在传统建筑中。

新石器时期的陶器上刻画着植物纹图，相传成书于夏的《夏小正》识别了花木花期。春秋时期的《诗经》记载了花木的生态环境和用途并用诗歌表现其深刻浪漫的寓意。《孟子》《周礼》记载，周王室设立掌管苑囿的果树瓜蔬的官吏。秦汉时期，广植植物并将其作为宫殿名称，如秦兰池宫、汉竹宫、葡萄宫、扶荔宫等。古代典籍反映植物与人们的生活密切相关，这正是植物纹图作为传统建筑装饰出现的原因之一①。

古代匠人将全然呈现风云气象变换之道的植物之美、自然之美，将大自然的鬼斧神工所赋予植物的形态加以稳定和延续，通过精湛的技艺雕刻成吉祥和美的各类植物形态，活灵活现地展现在传统建筑中。可以说，传统建筑除了防御、居住功能外，还蕴含着趋利避害的植物意识。传统建筑中的吉祥植物纹图，将植物之性、植物之生命力、自然所赋予植物的人所未及的力量，都展现存储在传统建筑的时空中，并不断传递给人们，使人们对植物的认知日渐精进，浸透在人们的思维和审美之中。而且使人们在日常起居中，时刻接纳植物的吉祥讯息，与自然取得呼应，达到阴阳平衡，呈现出自然之道与自然之美。

食以养身、观之悦目的植物为人们所喜爱。吉祥十字中的代表植物有很多，植物纹图也广泛应用在传统建筑构件和装饰中。例如牡丹纹图繁花似锦、绚丽多姿、雍容典雅、富贵祥和，代表人们对美的憧憬，寓意国家繁荣昌盛、兴旺发达。民宅配花木庭树，配置海棠牡丹寓意"玉堂富贵"，还有松、竹、梅"岁寒三友"，梅、兰、竹、菊"四君子"等。萱草姿态优美，花开持续数十日，且每朵花只开一日，因此有"日花百合"之称，又称为忘忧、疗愁，姿态清逸，气味幽香，令人流连忘忧。万年青也是观赏之物，红果累累、生机勃勃、郁郁长青，为吉祥如意的象征。吉祥草，开花紫红，四季可观，俗信"花不易发，开则主喜"，亦祈祷花发如意，喜事连连。桂花，枝繁叶茂，岁有华实，与松树配置，有"丹葩间绿叶，锦绣相叠重"的壮美。松树高大，向上直升，气势轩昂，代表长青、长寿和风

---

① 张晓霞. 天赐荣华：中国古代植物装饰纹样发展史［M］. 上海：上海文化出版社，2010.

骨，具有超越植物本身的文化内涵。吉祥果为海棠、金橘，梧桐为吉祥树；月季为长春花，牡丹为富贵花，佛手为多福，桃为多寿，石榴为多子，合为"三多"，这些均为常用的吉祥花木。

还有因其文化寓意而超越了寻常之物、蕴含吉祥美好寓意的花卉果蔬，如梅花、芙蓉、荷花、菊花、石榴、水仙、蟠桃、月季、百合、兰花、桂花、芍药、柿子、灵芝、莲花和宝相花等。珍果类，如葡萄、栗子、南瓜、葫芦、柑橘、枣、栗、荔枝、橘、红豆、枸杞和佛手等。草药，如吉祥草、菖蒲、茱萸、山茶花等。吉祥之树，例如柏树、柳树、桂、椿、红豆、槐树、梧桐、杏树与合欢等。

纵观历史，原始社会出现植物崇拜，商、周、汉代植物纹图相对不多，隋唐时期植物纹图大量出现，形成装饰纹图的花草纹时期，唐代到北宋时期成为花草纹图的鼎盛时期，明清为"图必有意，意必吉祥"时期，传统建筑中的植物之吉祥表达了人心之吉。传统建筑中的植物纹图造型变幻多样、丰富多彩，不仅赋予传统建筑以植物的生机，而且拓展了植物内在生命力的无限空间，是一把打开吉祥文化和传统建筑相互结合的密钥。

以下选取吉祥十字中典型的寓意长寿的松树和寓意修身、养性、养神的松、竹和梅"岁寒三友"作为吉祥植物纹图在传统建筑中的表达予以具体阐述。

3.3 寿·吉祥文化中的松之吉

愿百龄兮眉寿，重千金之巧笑。

——虞世南《琵琶赋》

3.3.1 寿之吉

"人间五福寿为先"，中国文化的幸福观中"寿"最为发达。对寿的不懈追求具有生命崇拜的意义，寿不仅是个体的生命延续，长寿直至成仙，还是血脉传续和生命传衍。在人们心目中，多子多福与祈求长寿分不开，人生成功幸福更多表现为颐养天年、人丁兴旺、子孙有为和光宗耀祖。

寿，本义为年长。《说文解字》中，"寿，久也。"《毛传》释文曰："寿，考也。"马瑞辰注曰："考，犹老也。"《庄子》："是不才之木也，无所可用，故能若是寿。"《管子》："夫一言而寿国，不听而国亡，若此者大圣之言也。"这里的寿都取事物长久之意，也有年长、年老的含义。《尔雅·释天》曰："寿星，角亢也。"角亢二宿，是二十八星中东方苍龙七宿中的头二宿。郭璞注释，寿星"数起角亢，列宿之长，故曰寿"。

寿字的使用从商代开始，人们将甲骨文中的 🐚（畴）字通用为"寿"字，"畴"由 S、◁、P 三部分组成，S 取自田垄，当时种庄稼都是随地形就势，田垄弯弯曲曲，有长久、长生的意思，寓意生生不息。◁ 与 P 有的解释为禾稍，有的解释成牛蹄，由此可知，寿字的造字本义是指生命不断延续，长生长久。

《尚书·洪范》中的"五福"之一为寿，"康宁、考终命"是寿的同义，"富"是粮食富足、衣食无忧，"攸好德"是好者德，能达成人事的和谐，这是长寿的必要条件①。人们认为寿和福一样，以长寿为幸福的观念商代即有记述，吉祥文化中的寿更多取其长寿之意。《老子校诂》曰："死而不亡者，寿也。"②《庄子·天道》曰："长于上古而不为寿。"③ 注："寿者，期之远耳。"《诗经·雅·小雅·天保》中曰："天保定尔，以莫不兴。如山如皋，如冈如陵，如川之方至，以莫不增……如月之恒，如日之升。如南山之寿，不骞不崩，如松柏之茂，无不尔或承。"④ 祝寿时常讲的"寿比南山"即出自此。《十三经注疏·楚茨》中曰："神嗜饮食，使君寿考。"⑤ 刘向《楚宝·庄辛》记载，楚王曾问："君子之富奈何？"对曰："亲戚爱之，众人喜之，不肖者事之，皆欲其寿乐而不伤于患。"⑥《战国策·秦策三》曰："万物各得其所，生命寿长，终其年而不夭伤。"⑦ 曹操也曾感叹"对酒当歌，人生几何"。

可见，长寿是人们对生命无限奥秘不断追寻的亘古梦想，由此也形成传统吉祥文化中事象繁杂、寓意深厚的寿的各种艺术表达，如祝寿礼俗、

① 沈利华，钱玉莲. 中国吉祥文化 [M]. 呼和浩特：内蒙古人民出版社，2005.
② 许嘉璐. 老子校诂 [M]. 李春晓、翁美凤，校. 杭州：浙江古籍出版社，2020.
③ 方勇. 庄子 [M]. 北京：中华书局，2015.
④ 王秀梅. 诗经 [M]. 北京：中华书局，2015.
⑤ ［清］阮元. 十三经注疏 [M]. 北京：中华书局，2009.
⑥ ［明］周圣楷，［清］邓头鹤，增辑，楚宝 [M]. 廖承良，等校. 长沙：岳麓书社，2016.
⑦ 缪文远，缪伟，罗永莲. 战国策 [M]. 北京：中华书局，2012.

祝寿物和祝寿图等。

古代对老人很倚重，即重用老人，老人有丰富的人生经验，转化为智慧可以安国兴邦，道德高尚的老人有"人和"的能力。就祝寿的吉祥礼俗而言，《史记·项羽本纪》记载，"沛公奉卮酒为寿"①，说明汉代就有祝寿习俗②。东汉明帝开始在太学举行敬老礼典。地方和民间通过饮酒来表现敬老之礼。清代"万寿节"京师和各直隶省要设道场诵经祝寿，各族官员列队"望阙行礼"，民间也非常重视祝寿礼俗。有些民居把老寿星刻画在门窗上祈寿。"上寿百岁，中寿八十，下寿六十"。还有演戏祝寿，如《郭子仪祝寿》《百岁挂帅》等。

祈寿吉祥物非常丰富，如万古长青的松柏，千年寿命的灵龟，《淮南子·说林训》中"鹤寿千岁"③的仙禽，色彩缤纷的绶带鸟，天人合作代表永恒的寿石，寓意长寿的寿桃、萱草和灵芝等都寄寓了长寿吉祥的内容。桃子则多因《西游记》的故事而成为长寿的象征。自古也有用桃木象征长寿的思想，还有如寿幛、寿联、寿画、寿面、寿糕和寿酒等寓意吉祥的物件。

台湾古镇鹿港名刹龙山寺，紫烟燃烧的"寿"字形线香，青炉香烟慢慢缭绕而上，好似高举双手、两足踏地的祈福人形，最后结成一个祝愿万寿无疆的"寿"字。融入虚空的香烟祝词，保佑人们长寿幸福延年。

祝寿吉祥词更加丰富，如百龄眉寿、长命百岁、长命富贵、长生不老、德门咸庆、福海寿山、福寿安宁、龟年鹤寿、河清人寿（语出自清代顾贞观《金缕曲》"但愿得，河清人寿"，意思是天下人长寿）、南山献颂（语出李白《春日行》"小臣拜献南山寿，阶下方古重鸿名"）、期颐之寿（出自南朝梁萧子显《南齐书·褚炫传》，祝愿长寿之意）、千岁之桃（传说西王母种的桃，3000年一熟，桃作为祝寿之物祈愿长寿）、乔松之寿（出自西汉刘向《战国策》"君何不以此时归相印，让贤者授之，必有伯夷之廉；长为应侯，世世称孤，而有乔松之寿。孰与以祸终哉"，意思是祝愿人长命百岁）、寿比南山（出自《诗经·小雅·天保》"如月之恒，如日之升。如南山之寿，不骞不崩"）、寿元无量（人的寿命没有限度，祝福长寿）、松柏

---

① ［汉］司马迁；［南朝宋］裴骃，集解；［唐］司马贞，索隐；［唐］张守节，正义. 史记 [M]. 北京：中华书局，1982.

② 沈利华，钱玉莲. 中国吉祥文化 [M]. 呼和浩特：内蒙古人民出版社，2005.

③ 陈广忠. 淮南子 [M]. 北京：中华书局，2012.

长春（出自《论语》"岁寒然后知松柏之后凋也"）、松鹤凤舞、天保九如（语出《诗经·小雅·天保》"天保定尔，以莫不兴。如山如皋，如冈如陵，如川之至，以莫不增……如月之恒，如日之升。如南山之寿，不骞不崩，如松柏之茂，无不尔或承"，意思用九个"如"颂祝福寿绵长）、万寿无疆、祝效华封（像华地封人一样祝福别人长寿多子）等。

长寿的吉祥纹图非常多，例如寿字有 300 多种字形变化，非常丰富，单独的寿字作吉祥纹图，如长寿和圆寿，组合纹图，如"松鹤延年""万福万寿""双鹤捧寿""松柏长青"等。秦汉时期有"千秋万岁"瓦当，明代有"双龙福寿"漆雕、"百花献寿"织锦，清代有"金寿吉祥""九龙献寿""灵仙祝寿""鹤发松姿""鹤骨松筋""乔松之寿""松柏寒盟""松柏之茂""松柏之寿""松柏之志""松筠之节""松萝共倚""松茂竹苞""松乔之寿""松形鹤骨""松枝挂剑""岁寒松柏""岁寒知松柏""衣宽带松""玉洁松贞""贞松劲柏"等非常多样、各具特色的表达长寿的吉祥纹图。在丰富多彩的寿文化中，常以"寿比南山不老松"祝福和寓意长寿，以下逐一对传统建筑中的长寿之松雕饰予以解析。

3.3.2　松之寿的吉祥内涵

松柏在汉代有"神木"之称。《西京赋》曰："神木灵草，朱实离离。"[①]注："神木，松柏灵寿之属。"松柏等树木名称的文字在殷商时期甲骨文中已出现。《经课续编》中记载："陟彼景山，松柏丸丸。是断是迁，方斫是虔。"[②]《诗经·国风·卫风·竹竿》写道："淇水滺滺，桧楫松舟"[③]。地理名著《山海经》中《西山经》载"钱来之山，其上多松……"，《北山经》载"潘侯之山，其上多松、柏"等。

春秋时期对松柏的生态习性已有较系统的记载。例如《国语·晋语八》载"拱木不生危，松柏不生埤"[④]。《论语集释·子路上》曰"高山峻原，不生草木。松柏之地，其土不肥"[⑤]。唐朝时期，如"松杉出郭外，雨电下嵩

---

① ［清］舒其绅等；［清］严长明，等纂. 西安府志［M］. 何炳武，等校. 西安：三秦出版社，2011.

② ［清］俞樾；陈景超，校. 经课续编［M］. 杭州：浙江古籍出版社，2017.

③ 王秀梅. 诗经［M］. 北京：中华书局，2015.

④ 俞志慧. 国语韦昭注辨正［M］. 北京：中华书局，2009.

⑤ 程树德；程俊英、蒋见元，校. 论语集释［M］. 北京：中华书局，1990.

阴"（《缑氏韦明府厅》）；"樗栲兮相阴覆""榛梗之森梢"（《讼木魅》）。《韩昌黎集·条山苍》曰"条山苍，河水黄，浪波沄沄去，松柏在山冈"。有关松树的记载从商周开始，到春秋战国直至明清达到鼎盛。

千姿百态的松树历来受到人们的喜爱并造就了深厚的松文化。出名的如迎客松、倒挂松、棋枰松、蒲团松、卧龙松、龙爪松和连理松等。松更多地被称为吉祥之树，其吉祥内涵主要如下：

其一，寓意长寿。松是世界上最长寿的树，寿享万年，四季常青而冬不凋，用来祝寿考、喻长生。《庄子》曰："是不材之木也，无所可用，故能若是之寿。"《管子》记载："夫一言而寿国，不听而国亡，若此者，大圣之言也。"这里的寿都取松长久之意。因而，松也是"长青之木"，乃"百木之长"。如清人陈淏子所辑《花镜》中云："松为百木之长……节永年，皮粗如龙麟，叶细如马鬃，遇霜雪而不凋，历千年而不殒。"[①] 古人凭借想象认为人要长生不老，需从长生不老的物体中摄取精华。松柏生命力旺盛，寿命长，因而将其作为长寿象征。同时，宋王安石在《字说》中云："松为百木之长，犹公也，故字从公。"（公是古之爵位名称，是公、侯、伯、子、男五等中第一等）"柏犹伯也，故字从白。"松为"公"，柏为"伯"，于公、侯、伯、子、男五爵中，松居首，柏居三，皆有位焉。古人拆"松"字为十八公，元代冯子振曾撰《十八公赋》。松与公联系，不仅寓意长寿、长生、俊美，也有高官厚禄的象征。

松也被视为仙物，常与鹤组合。在古人心目中，鹤是出世之物，高洁清雅，有飘然仙气。而仙物自然长生不死，将两仙物合而为一，寓意高洁长寿、松鹤延年。尤其以清代僧人虚谷之作最为著名。他画的松鹤图，奇峭隽雅，生动冷逸，意境清简萧森，体现出对福寿康宁的美好期盼、松鹤延年之高雅情趣，散发出潇洒出尘的飘逸情怀，如"松龄岁长春"，"翠柏苍松耐寒岁，人如松柏岁常新"，"寿比南山松不老"等。"松鹤图""松鹤同龄"表示延年益寿、长青不老的吉祥意义，松树和菊花组合表示"松菊延年"，松柏组合"松柏同春"表示延年益寿等。

其二，高大挺拔的崇高之美。李商隐在《高松》中有"高松出众木，伴我向天涯"之句。在古代绘画作品中，凡有山有水的地方，大多"有山

---

① ［清］陈淏子. 花镜［M］. 北京：中华书局，1956.

必有松，无松不画山"，松树几乎成为中国古典绘画作品的"百树之王"。而且，不管是松树在山野、庭院，或是人在松下，松作为画面主体常处于显著而突出的位置，显出高大雄伟的崇高之美。唐代诗人白居易在《和松树》中曰："亭亭山上松，一一生朝阳。森耸上参天，柯条百尺长。……岁暮满山雪，松色郁青苍。彼如君子心，乘操贯冰霜。"

其三，凌霜傲雪的坚贞之美。历代文人雅士吟松，例如陶渊明曰，"怀此贞秀姿，卓为霜下杰"。千里冰封，万里雪飘，万花纷谢，草木凋零，唯有松树，枝叶青翠茂密不改，卓然挺立依旧。松树坚贞秀美的风姿和卓然挺立的形象非常鲜明地呈现。

松树的吉祥内涵中以寿最为典型，用松之寿寓意人之寿，表达人们对长寿的不断追寻，由此也形成诸多以松为主题的吉祥纹图大量出现在传统建筑的构件和装饰中。

3.4　传统建筑中松之寿的传播类型

国人以"寿"为五福中最重，产生了生命的建筑观，这几乎是中国传统建筑环境观念的唯一源头。

——汉宝德

"寿"，是命不夭折且福寿绵长。传统文化中极尽人生大望的现世之美，归根结底表现为对生之快乐的生命欲求。长寿是永恒的幸福主题，不断寻求超脱而执着于现世，不懈追求生命的长久恒寿。

吉宅早成、长安长乐，古代能工巧匠创造出纷繁多样的表达传统建筑之寿的吉祥构件和装饰，不仅有结构功用，而且以艺术与信仰的气息融入生活，透露着纳吉迎祥的吉祥文化内涵。

松树纹图因其造型多样、寓意长寿、风骨高洁，而在传统建筑门窗、隔扇、雀替和内檐装修等处应用较多。松树纹图有时单独使用，更多的是与其他植物、动物、人物、器物和图符组合表达长寿之吉。

（一）松树纹图单独使用·富贵益寿

单独松树纹图多在传统建筑的花罩、雀替等处出现。例如北京故宫的翊坤宫，其为明清时期嫔妃的居所，内廷西六宫之一。建于明永乐十八年

（1420 年）始称万安宫，嘉靖十四年（1535 年）改为翊坤宫。清代曾多次修缮，原为二进院。清晚期将翊坤宫后殿改成穿堂殿即体和殿，东西耳房各改一间为通道，使翊坤宫与储秀宫相连，形成四进院的格局。

翊坤宫正殿面阔 5 间，黄琉璃瓦歇山顶，前后出廊。檐下施斗栱，梁枋饰苏式彩画。门为万字锦底、五福捧寿裙板隔扇门，窗为步步锦支摘窗并饰万字团寿纹。明间正中设地平宝座、屏风、香几和宫扇，上悬挂慈禧御笔"有容德大"匾。西侧用花梨木透雕藤萝松缠枝落地罩（图 3-1），为清代宫廷内檐罩，透雕松树与枝干作骨干，枝叶相互缠绕，构成二方、四方连续纹图满铺整个花罩，透雕的藤蔓缠绕其上，立体松针雕刻布局疏密有致，充满着富贵益寿的气息。哈尔滨阿城清真寺有松纹的雀替，中南海仪鸾殿的后卷内柱与檐柱间，东进为松树藤萝几腿罩，养生殿的梅花圆光罩（图 3-2）等。

图 3-1　翊坤宫藤萝松缠枝落地罩　　　**图 3-2　养生殿梅花圆光罩**

（二）松树与植物组合纹图·益寿长春

松树纹图与其他植物组合突出长寿寓意在传统建筑内檐装修的花罩和室外的影壁等处应用较多。

例如河北承德避暑山庄乐寿堂松槐纹镂空雕落地罩（图 3-3）。松槐枝干纵横交错、苍劲有力，寓意延年益寿。山西省晋中乔家大院会芳门楼的松竹垂花挂落（图 3-4），以松、竹和祥云构成，采用镂雕、深浮雕雕刻工艺技法，挂落两侧排布松树，枝老叶茂、疏密得当、形态高雅、灵气四溢，呈现稳重端庄之美，象征延年益寿、平安吉祥和幸福安康。颐和园排云殿东顺山殿明间西缝万仙祝寿栏杆罩，用众多水仙表达万仙祝寿，排云殿博古架隔断雕饰，用灵芝、水仙、竹、桃组合表达"灵仙祝寿"亦如此。

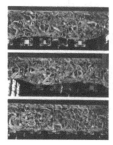

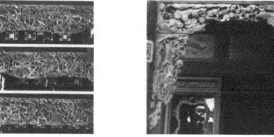

图 3-3　松槐纹镂空雕落地罩　　　　　图 3-4　乔家大院会芳门楼挂落

（三）松树与动物组合纹图·福寿无量

古人以鹤为仙禽，寓意长寿。《淮南子·说林训》中有"鹤寿千岁"[①]。乾隆也曾写过"亭台总是长生殿，鹤鹿皆成不老仙"。同时，古人认为服松脂可登仙，登仙后可化鹤，即所谓"千岁之鹤，依千年之松"。松鹤为长寿之物，常用松鹤组合比喻长寿之人，也寓意长生不老、飞升登仙。

松鹤组合在传统建筑的雀替、墀头、屋脊、裙板、隔扇、花罩、影壁等位置多有应用，寓意松鹤延年、松鹤长春。例如江苏兴化郑板桥故居，砖雕雀替以青松白鹿为纹饰，寓意长寿进禄。沈阳般若寺雀替（图 3-5），将仙鹤、松树组成"松鹤延年"。

山西省祁县乔家大院的"松鹿"墀头，古朴飘逸、苍劲质朴的松树和回首环顾的鹿，互相映衬，极具神韵。鹿代表福禄和长寿，松鹿组合是寿上加寿、福寿无量的吉祥寓意。扬州明清时期建筑的装饰雕刻图样作品大多不施彩敷金，一概保留材料的本色。砖雕的黑灰，木雕的暗褚，石雕的白青灰，都充分展现了质朴的材料之美。如扬州个园厅堂前的格扇门裙板雕刻姿态各异的仙鹤和松树，寓意松鹤延年（图 3-6）。

广府地区传统建筑屋脊上有松鹤组合，松树枝条茂盛、翠绿，仙鹤齐聚，展翅嬉闹，寓意福寿绵延。广东番禺余荫山房深柳堂是装饰最华丽的厅堂，有精彩的"松鹤延年"落地罩，寓意"延年益寿，富贵吉祥"。广州陈家祠堂"松鹊图"砖雕，以松和喜鹊组合，寓意长寿吉祥。还有山西省万荣县李家大院私塾院对面的"松鹤延年"影壁，又称松鹤长春。鄂东民居的焦氏宗祠也有"松鹤延年"的门装饰。又如浙江东阳横店松树纹透雕

[①]　陈广忠. 淮南子［M］. 北京：中华书局，2012.

落地花罩，扬州史公祠桂花厅落地花罩等均以松鹤为主题，寓意长寿。

图 3-5　沈阳般若寺雀替

图 3-6　松鹤延年隔扇门

（四）松树与动植物组合纹图·六合同春

松与动物、植物组合表达福寿无量，多出现在传统建筑内檐飞罩、雀替等各类构件中。例如河南开封山陕甘会馆的东厢房"六合同春图"木雕雀替，由仙鹤、鹿、凤凰、吉祥鸟、松树和梧桐树组成。仙鹤是长寿祥瑞之物；鹿谐音"禄"，象征俸禄，寓意富贵吉祥；凤凰为百鸟之王；吉祥鸟象征吉祥；松树与梧桐树为传说中的灵树。"鹿"与"六"谐音，"鹤"与"合"谐音，"六合"指上下天地、东西南北四方。此雀替将仙鹤、鹿、祥云、梧桐、松树、梅花等形象与内檐装修的花罩整体造型结合紧密，不仅具有划分空间的作用，而且构图精妙，寓意福寿吉祥。

北京美术馆后街四合院正房的圆光罩，用鹤、鹿、竹表达万仙祝寿。还有用吉祥文字表达吉祥寓意，如用寿字与日月组合表达"寿同日月"，用寿字和龙组合表达"双龙捧寿"，用寿字和凤组合表达"双凤捧寿"，用文字表达"益寿长春"。还有传统建筑名称使人联想到长寿，如苏州网师园"看松读画轩"玻璃格心落地罩等。传统建筑中松之寿的主要吉祥文化表达如表 3-1 所示。

表 3-1　传统建筑中松之寿的主要吉祥文化表达

纹图类型	组合内容	主要设置的位置	吉祥寓意
松树纹图单独使用	松树	花罩、雀替等	长寿富贵
松树和植物组合纹图	竹、梅花、水仙、寿桃等	隔扇、花罩、帘架、雀替、墀头等	延年益寿
松树和动物组合纹图	鹤、鹿、吉祥鸟、凤等	隔扇、裙板、花罩等	福寿无量
松树与动植物组合纹图	鹤、鹿、吉祥鸟、凤、梧桐等	屋脊、花罩等	万仙祝寿

可见，传统建筑中形态各异的松纹图组合，不仅在造型上与建筑结构构件取得和谐一致，而且皆有长寿吉祥的美好寓意，使传统建筑在松之寿

雕刻与人之吉上达到高度融合。

3.5　传统建筑中松之寿的传播路径

传统建筑中松纹图根据其所装饰的不同传统建筑类型、不同构件的位置、面积和大小等，在表现形态和空间造型上也有差异。而其在传统建筑内檐装修的花罩中出现数量多且特征突出，以下逐以花罩为例解析松之寿在传统建筑中的传播路径。

3.5.1　传统建筑内檐装修中的花罩

若不是我们先民历代智慧的积累，我们凭空是不容易想象出那么多的办法的，就是在国外，也没有看到这么多的内檐装修方式，说这是世界文化的精华，也并非是过誉之词。

——刘致平

传统建筑通过装饰表现不同的建筑性格，从不同装饰陈设显示使用功能，即传统建筑并不完全依靠其本身空间造型，而主要依不同构件、装饰陈设来传达建筑性格并营造其特有的吉祥内涵与文化气质。

传统建筑在室内装饰方面有很大的成就，原因在于传统建筑本身存在着令它们能够得到充分发展的条件。传统建筑是世界上最早运用框架结构的建筑体系，使用范围之广、应用实践之长久是任何其他建筑所不能比拟的。在框架结构体系中，任何作为空间分隔的构件都不与房屋本身的结构力学发生关系，因为室内装饰与结构关系不大，材料的选择、形式和构造都得到很大自由，这都是产生多种类型隔断的先决条件[①]。即传统建筑结构体系解放了装饰，使其获得最大限度的表达。

传统建筑自建筑技术和艺术初步成熟以来，室内装饰和建筑设计就相互独立处理。建筑设计与结构结合产生标准化和规格化的平面。注重结构平面，而内部使用功能不作区分。室内空间在具体使用时必须再进行组织和分隔来满足不同的使用需求，即建筑平面的标准化使得建筑室内需依据

---

① 李允鉌. 华夏意匠：中国古典建筑设计原理分析 ［M］. 天津：天津大学出版社，2005.

使用需求再组织空间分隔和变换。因而，传统建筑室内不同功能和形制的房间主要体现在室内陈设和空间分隔上，这就给传统建筑内檐装修和室内陈设提供了大量的创作机会。

传统建筑室内空间组织与分隔是在一个既定的建筑平面进行，需要不断地千方百计地使其能够满足各种需求，在这样的条件下，必然创造出极多、极成功的空间分隔和组织方式，积累了其他建筑体系所不及的无比丰富的创作经验。

传统建筑装修以檐柱为界，分为外檐装修和内檐装修。外檐装修主要是门、窗、栏杆、挂落等。内檐装修不易随时见到，多见于宫殿、庙坛等皇家建筑及达官王侯的住宅、园林中，内檐装修主要包括围屏、花罩、隔断、天花、龛、仙楼和室内小戏台①。

中国最早的室内空间的分隔方式是使用活动的帷帐、帘幕和屏风，没有固定分隔②。历史上，罩随帷帐兴起，为了适应帷帐的张挂而造出辅助装置，其后用"模仿"帷帐装饰替代帷帐。在宋《营造法式》中没有谈到罩及构造。形式上，罩依附于梁柱，用于室内两柱之间的枋下或外廊檐柱之间的枋下，罩紧贴梁柱先做出骨架的横向的槛框，横向的槛插于结构柱上者为挂空槛，贴于梁下为上槛，竖向的"框"，依附于柱子也称"抱框"。一般挂空槛高度在距离地面3米左右，最低2.5米，最高4米，挂空槛以下有各种不同形式的罩或花芽。宋代室内空间分隔称为截间，将开间分截开来。随后，按罩的形式用浮雕、通雕手法，以硬木雕刻几何纹图、动植物、人物等题材。花罩又可分为落地罩、栏杆罩、几腿罩、飞罩、天然罩、几何形罩、毗卢罩（毗卢帽）和炕罩。

罩是一种艺术最成熟的室内设计元素，可架设在传统建筑的开间方向，也可架设在建筑的进深方向的两柱之间。通过它表示不同性质的空间区分，同时又保持空间连通。一般利用通透的木雕纹图的花罩在高度和宽度上适当缩小流通空间，形成类似"门洞"形式的视觉效果，使人觉得通过它便进入了另外一个不同的空间。即在传统建筑室内空间需要分隔的地方略加封闭，产生一种两个空间分隔开但又畅通延展的传播效果，将空间变得灵

---

① 郭黛姮. 华堂溢采：中国古典建筑内檐装修艺术［M］. 上海：上海科学技术出版社，2003：前言.

② 李允鉌. 华夏意匠：中国古典建筑设计原理分析［M］. 天津：天津大学出版社，2005.

活多样、适应不同的功能需求。传统建筑室内通过装饰构件，从梁架到柱到地面使两柱之间呈现全封闭和半封闭，其存在形式可以分为以下五种：

（1）全封闭式。柱间有木壁板、裙墙槛窗和碧纱橱等。空间不做固定分隔，兼具采光通风作用，例如隔扇，就是需要空间通透，把格门全部开启，窗式隔断是裙板以下部分固定，上部槛窗可开关。这种形式的隔断和外檐装饰门窗一致，尺度小巧，隔扇式的隔断所分隔成的房间在清代称为"碧纱橱"，因格心上半部是糊纱而来，在心理和视觉上的空间都封闭，所以也易给人柳暗花明又一村的惊喜。（2）半分隔式。在柱间设置八方罩、瓶形罩、博古架和圆光罩，将两个空间塑造成既分隔又开敞流通的室内空间，达到心理空间分隔，视线通透，和建筑室内外空间贯通，是有趣实用的半分隔形式。如豫园玉华堂棂花隔心雕花裙板、夹堂板纱隔夹透雕通芽落地罩，不仅分隔出不同的使用空间，采光通风都好，而且坐在落地罩里，里面和外面空间的人心理上皆有一种庇护；还有颐和园乐寿堂的各种隔断（图 3-7）亦如此。（3）渗透式。两个空间之间有板墙类的分隔，但又开了窗，分隔开的空间可相互观望，例如苏州平山堂的玻璃槛窗。（4）虚拟式。如落地罩、栏杆罩、几腿罩、飞罩和天然罩等，对两个空间有分隔，但绝大部分敞开，使用时依据功能需要可分可合。例如北京紫禁城漱芳斋前进当心间迎面所施垂花头式天然罩（图 3-8），位于前后殿间过厅的起点，其划分显示出两个空间不同功能的转换。北海漪澜堂用清一色的飞罩置于后金柱间，使前后两个空间既可连通使用，也可以前后分别使用。两个空间通过不同的隔断和家具陈设体现不同的主次差异[1]。（5）半围和式。如八字围屏类，例如避暑山庄某殿堂宝座后的五扇围屏（图 3-9）。

传统建筑室内各类型的罩的特点是通和透。通，是在室内不妨碍通行，往来自由。透，是对室内空间不作全封闭和分隔，室内室外视线、采光通风都不受阻碍。可见，罩创造了自由灵活、连续流动的传统建筑室内空间，在满足人们对某一空间所企盼的审美理需求上有其独到之处[2]。

---

① 郭黛姮. 华堂溢采：中国古典建筑内檐装修艺术［M］. 上海：上海科学技术出版社，2003.

② 郭黛姮. 华堂溢采：中国古典建筑内檐装修艺术［M］. 上海：上海科学技术出版社，2003.

图 3-7 颐和园乐寿堂的　　图 3-8 漱芳斋天然罩　　图 3-9 避暑山庄某殿堂
　　　　各种隔断　　　　　　　　　　　　　　　　　　　　　　八字围屏

3.5.2　松之罩塑造"一缝"空间

传统建筑室内各类型的罩，具有多功能适应性、尺度可塑性和审美情趣广泛性，因而对常见的严肃、对称空间形态是一种突破，将传统建筑室内空间营造成"流动空间"。

传统建筑平面柱网的排列方式是建筑平面的重要部分，也就是《营造法式》中的分槽制。《营造法式》中一共画了四张殿阁式木构架的地盘图（平面图）：分心斗底槽、单槽、双槽和金箱斗底槽。分槽是在两个柱子之间所采取的空间处理方式，即传统建筑进深柱子的一缝，面宽柱子的一缝，建筑平面的一缝。传统建筑室内分隔方式就是建筑空间的中的"一缝"。分槽是殿阁式建筑特有的做法，使平面空间显得非常规整。而厅堂式建筑则相对灵活多变。

传统建筑利用不同形式的罩作为"一缝"塑造不同的空间形态来满足不同功能需求。传统建筑室内有多种复合功能，例如议事、会客、休息、用膳、典礼、抚琴、读书和书画等，随愿运筹。传统建筑室内按照不同使用功能，利用全分隔、半分隔、虚拟分隔等方式对室内空间按需分隔，也有几种分隔方式并用，形成建筑整体室内空间的核心与周围明确的主从关系。传统建筑空间有不同的使用功能，即单一和有机复合空间，前者是内向、安静、肃穆、沉稳、隐蔽、清晰的空间形态，后者是外向、连续、流通、渗透、穿插、模糊的动态空间，显示色彩纷呈。例如苏州留园林泉耆硕馆分隔鸳鸯厅前后空间，将太师壁、圆光罩、纱隔置于一缝之上，当心间为太师壁，两次间为圆光罩，两梢间为纱隔，空间有阻隔又通透，有虚有实，相互结合得非常绝妙。

民间建筑规模小，一般厅堂内无前后进变化，只有一进，但室内空间也力求变化。例如北京鼓楼东大街 255 号四合院正房当心间作仙楼，东缝作碧纱橱完全隔绝，西缝用栏杆罩半隔的虚拟式分隔，在需要大空间时碧纱橱可灵活拆卸。还有北京中南海的仪鸾殿两卷殿，面阔五间，进深五间，殿内装饰 35 槽，其中除 10 槽为 6 隔床、4 组板帐之外，其余 25 槽皆带有各种精致雕饰，分布于各个开间缝和进深的前卷金柱和内柱、后卷金柱和内柱各缝[①]。

罩的名称也以吉祥福寿为主，例如仪鸾殿两卷殿明间前卷金柱间缝的灵仙祝寿花飞罩，前卷金檐柱东西缝的万花同仙天然落地罩，前卷内柱间的八百长春洋式栏杆罩，后卷柱间的松鹤同仙飞罩，后卷内柱与檐柱间东进的松树藤萝几腿罩，后卷内柱与檐柱间西进的芝兰同春几腿罩。东次间前卷金柱间的寿同日月四抹玻璃碧纱橱八扇，前卷东缝檐、金柱间的葡孙万代四抹玻璃碧纱橱，前卷内柱间的西洋式飞罩，后卷内柱间的万福延年花木板槛墙，后卷金柱、内柱间的喜同万年天然落地罩。西次间，在前卷金柱子间的鹤鹿同春四抹玻璃碧纱橱一槽八扇，前卷西缝檐柱金柱间的吉庆有余槛墙，后卷内柱间的益寿长春花木板槛墙，后卷西缝后金柱与内柱间的欢天喜地天然落地罩一槽。东梢间的前卷内柱间的多宝格分中，平安富贵玻璃隔扇门一槽，后卷金柱间的四时吉庆洋式落地罩一槽，后卷寝宫绿竹长春天然落地床罩一槽，随毗卢帽，中嵌玉雕寿字。西梢间的前卷内柱多宝格分中，万年长春玻璃隔扇门一槽，后卷金柱间竹报平安洋式落地罩一槽，后卷寝宫内福寿万年天然落地床罩一槽，随毗卢帽，中嵌玉雕寿字[②]。

整体建筑空间遇到梢间均安排封闭小空间，布置床作为寝宫，在前后卷东西次间位置相应的六间三面围合式空间，作为带床小空间的补充空间或称为前室。在复合空间中心部位则向四面通透开敞。当中三开间每缝从前之后，从左至右，多采用虚实相间的手法，两梢间以实为主，当心间以虚为主，配以精细华丽的透雕，前卷当心间使用一槽飞罩，两槽天然落地罩取得空灵通透的视觉效果。即用四个角的实空间衬托中间的虚空间，中

---

① 郭黛姮. 华堂溢采：中国古典建筑内檐装修艺术［M］. 上海：上海科学技术出版社，2003.

② 郭黛姮. 华堂溢采：中国古典建筑内檐装修艺术［M］. 上海：上海科学技术出版社，2003.

部为空间骨架，透过中间扩展、延伸、渗透到大殿的每个空间，显示出此空间在使用上的重要性。正中的灵仙祝寿飞罩以虚拟方式分隔空间，其后八百长春栏杆罩在当心间进深部位增加空间层次，后卷的松鹤同仙飞罩为整体殿宇增加深远之感①。

圆明园万春园内的澄心堂，嘉庆时作为皇室成员进膳之处，由主殿和东西套殿组合而成。主殿分为前殿、后殿开间五间，进深方向形成前后不等的六间。主殿处理中，围绕主空间，以各种分隔方式隔出 14 个小空间，作为门厅、过厅、设有床榻的寝宫和休息议事之所等，这些小空间不仅满足复杂功能需求，而且衬托出空间的尺度，利用不同装饰主题增强对主殿空间氛围的渲染。例如两梢间在前金柱的栏杆罩、圆光罩和中柱通过寝宫的花罩均采用"寿"的吉祥装饰，中进深东西两次间分别装饰"子孙万代"寓意的几腿罩。后殿皆为"榴开百子""万代长春"的吉祥纹图，突出空间的吉祥寓意，别具特色②。

颐和园的仁寿殿是帝王举行仪式的重要殿宇（图 3-10、图 3-11），建筑面阔九间，进深五间，周围有回廊，其室内仅面阔七间，进深三间。当心间中进深位置设置宝座，宝座后为玻璃寿字矮围屏，后内柱间设置壁板，两根前内柱完全取消，形成一个以宝座为中心的回字形主空间。在九开间大殿中，仅在两端梢间设置装修，前进深为灯笼框横楣几腿罩，中进深为松鹤延年栏杆罩，后进深为群墙槛窗。室内设计突出大殿中部宝座，对两梢间空间划分简洁，有园林殿堂的氛围。殿堂为政务典礼之用，但参与人数不多，次数有限，空间处理得体。建筑的功能性质决定开间进深数字，结合实际使用频率，设置回廊，装饰简洁。③

颐和园中德和园的颐乐殿，面阔七间，带前后廊的建筑，是帝王看戏剧表演的场所。当心间靠后设碧纱橱作为屏壁，壁前设置观戏宝座和矮围屏，两次间前檐窗下设床作为观看戏剧之用。当心间东西缝设置几腿罩，两次间东西皆设置栏杆罩（图 3-12）。当中三间形成凹字形空间，为看戏位

---

① 郭黛姮. 华堂溢采：中国古典建筑内檐装修艺术［M］. 上海：上海科学技术出版社，2003.

② 郭黛姮. 华堂溢采：中国古典建筑内檐装修艺术［M］. 上海：上海科学技术出版社，2003.

③ 郭黛姮. 华堂溢采：中国古典建筑内檐装修艺术［M］. 上海：上海科学技术出版社，2003.

置，东部供多人活动使用，西部只为帝王王后个人使用。全殿题材以"祝寿"为主，碧纱橱（图 3-13）、几腿罩皆雕刻松、桃、竹等，意为灵仙祝寿。炕罩则在落地罩上雕万字、桃、蝙蝠，名为万福万寿。这些均为某些帝王、王后如慈禧居住场所的特定题材[1]。

图 3-10　仁寿殿

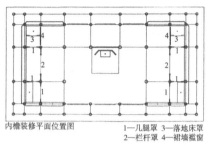

内檐装修平面位置图

1—几腿罩　3—落地床罩
2—栏杆罩　4—裙墙槛窗

图 3-11　仁寿殿内檐装修位置图

图 3-12　颐和园颐乐殿西次间西缝栏杆罩

图 3-13　颐和园颐乐殿西梢间东缝碧纱橱

可见，蕴含长寿寓意的松之花罩在传统建筑空间组织了非常丰富灵活的室内一缝空间。其特点首先表明传统建筑性质和使用功能，松主题的花罩一般在门堂、寝宫内使用。通过与生命、富贵、长寿息息相关的传统建筑空间来表达，多见于北京颐和园排云殿、仁寿殿和乐寿堂的花罩等。同时，也表达传统建筑主人的审美偏好。例如慈禧偏爱福寿吉祥，其居所的储秀宫、翊坤宫等室内花罩等以松、桃、竹、梅雕饰居多。

① 郭黛姮. 华堂溢采：中国古典建筑内檐装修艺术 ［M］. 上海：上海科学技术出版社，2003.

正如李约瑟曾说，"中国传统哲学是一种有机论的唯物主义……所有存在物的和谐协调并非处于它们之外的某一更高的权威的命令，而是处于这一事实：它们都是等级分明的整体的组成部分，这种整体等级构成一幅广大无限、有机联系的图景，服从自身内在的支配"。宫廷建筑室内空间呈现的就是这主从分明又有机联系的图景。

3.5.3 松之罩适人之意·率性自由的装饰精神

日本建筑史学家伊东忠太认为，中国人喜欢用图案象征对宗教的信仰。似乎所设计的纹图，不但从渴望中产生美的作品，而且，其动机起于特定的目的，热烈渴求能获得如同那些图案中所象征的幸福，此种强烈的现象，其他地区尚未见过①。

国人乐观的思想、自由率直的装饰理念是传统建筑装饰艺术的可贵品质，其将人们的梦想、期待和情感转化到传统建筑结构与装饰上。传统建筑中以松之寿为主题的室内花罩就是体现这种率性自由装饰精神和特点的典型。首先表现在以松之寿为主题的组合，无论花草藤蔓、水纹云气，都可不受自然形态的束缚而总结出"花无正果、热闹为先"的创作原则。花罩中的松树枝条缠绕，形态随罩的不同样式变化，皆为蕴含长寿象征意义的各种组合展示。松、竹、梅这几种植物日常不会种植在一起，但是在传统建筑构件中却将其各自的特性雕刻在一起，共同寓意君子之性，营造不同的视觉和心理效果。

同时，以松为主题的花罩常有神话的元素，传播长寿的吉祥寓意。即"无一物无来处"，几乎每一处传统建筑构件都附会某一传说故事，相同意象不同形式也蕴含不同寓意。如落地罩常雕取材于神话和仙话故事的山琼阁仙人和仙鹤。这些与神话相关的装饰一方面反映出屋主人崇神拜天、求仙访道的意识，另一方面又使传统建筑显得富丽生动而令人神往。

可见，在传统建筑内檐装修中，将无形的长寿信息以实物的松之形态传播和展示出来，松之寿坦诚地展示了人对长寿的夙愿。松的生命象征意义长久地雕刻在传统建筑的花罩中，松赋予花罩以生命，携带生命力的信息传递给传统建筑也使其成为有生命的建筑。

---

① 伊东忠太. 中国古建筑装饰 [M]. 刘云俊，等译. 北京：中国建筑工业出版社，2006.

用松之寿适人之意，通过飞罩塑造松之寿的"一缝"空间更护佑人之寿。走进花罩的空间，似乎走进了长寿的殿堂，吉祥与长寿紧密萦绕在人们周围。穿过各种几何罩、圆光罩、八方罩、瓶形罩、长方窗罩和炕罩，进入花罩所营造的多彩动态室内空间，就好像进入长寿吉祥的无限时空，将长命百岁的吉祥之寿与美扎根在人们心里，世代相传，这是中国传统建筑的文化特质所在。

人心祈求长寿，长寿是吉，松树作为吉祥长寿的媒介，反映了人对寿文化的祈求，也是人心趋吉的意义所在。传统建筑用松之寿的吉祥纹图不仅体现心之所愿，还滋补人心之苦，这种吉祥文化是人心理空间中对寿的缺失的弥补方式，用心之爱、心之美，乐观坚强地对抗生活中的不如意。

3.6　养·吉祥文化中"岁寒三友"之吉

对身体与生命的执着表现在哲学上是"养"。春秋战国时期，诸子蜂起，儒家讨论保健，道家相信从自然中获取延长人的寿命、增强体质的奥秘，将方术发展为中国古代最具影响力的长生术。追求肉身长生不老的生命小宇宙与天地自然相融，达到天人合一的"道"的境界。

3.6.1　养之吉

> 冰雪林中著此身，不同桃李混芳尘。
>
> 忽然一夜清香发，散作乾坤万里春。
>
> ——王冕《白梅》

吉祥十字中的养，即修养，修身、养性和养神。学养偏重精神，人须具有相应的伦理、道德、礼仪等方面的修养。修养中表达礼义忠孝、伦理纲常之养的寓意有很多，例如"岁寒三友""四君子""竹林七贤"等。其中"岁寒三友"中的松、竹、梅象征高洁，"四君子"中的梅、兰、竹、菊象征文人的清雅，多取植物特殊的生长习性、古书典籍中的事例和戏曲故事来表达意义。中国古代养文化的内核是对人格理想的追求和赞美。松、竹、梅的品格特性显示的内在美和形态美鼓舞人们对自己的品德、学识、人格、修养、理想和情操做提升。千百年历史长河中松竹梅的崇高品格特性与人对松竹梅的人文观念相互渗透、相互融合，造就了深厚的养文化。"岁寒三友"是托物言志表达养之吉的代表。

3.6.2 "岁寒三友"之养的吉祥内涵

《论语·季氏篇第十六》中提到"三友"，"孔子曰：'益者三友，损者三友，友直、友谅、友多闻，益矣。友偏辟、友善柔、友便佞，损矣'"①。"岁寒三友"出自宋代林景熙《王云梅舍记》中曰："即其居累土为山，种梅百本，与乔松修篁为岁寒友。"②

孔子在《论语》中最早指出松柏的品格，赞松树"岁寒，然后知松柏之后凋也"。其周游列国遇到缺粮断饮的困境时说"内省而不穷于道，临难而不失其德，天寒既至，霜雪即降，吾是以知松柏之茂也"，首次将松柏的品格特征与人不畏艰辛困苦的品格修养明确联系起来，造就华夏民族松文化的审美内涵。在民间便有"岁寒知松柏，患难见人心"的说法。

竹，"物之有筋节者""不刚不柔"，象征清高有节，同时竹子生生不息，也有平安长寿的寓意。在诗文中松与竹比喻坚贞。例如《诗经》云："如竹苞矣，如松茂矣。"南齐王融《和南海王殿下咏秋胡妻诗》诗云："日月共为照，松筠俱以贞。"梅，明清以来最喜闻乐见的传统吉祥纹图之一，御寒傲雪。梅瓣为五片，民间又借其表示五福。

养之吉常用的题材是绘制松、竹、梅的"岁寒三友"，如清高宗《御制诗》记载，南宋马远已经绘制《岁寒三友图》，《渔樵闲话》记载"那松柏翠竹，皆比岁寒君子，到深秋之后，百花皆谢，惟有松竹梅花，岁寒三友"。以下逐一解释。

（一）梅花·坚贞之性

梅花是中国十大名花之首③。开于百花之先，素有花魁之称，是坚强高洁和春天的使者，"万花敢向雪中出，一树独先天下春"。

梅花也是中国本土花卉，培植起于商代，距今已有 3 000 多年历史。有许多地区尚保有千年老梅树。梅花文化在中国源远流长。梅花初生蕊为元，

---

① 陈晓芬，徐儒宗. 论语 [M]. 北京：中华书局，2015.

② ［宋］林景熙；［元］章祖程，注；陈增杰，笺注. 林景熙集补注 [M]. 杭州：浙江古籍出版社，2012.

③ 陈俊愉，等. 中国十大名花 [M]. 上海：上海文化出版社，1989.

开花为亨，结子为利，成熟为贞。其独特习性成为古人咏梅赞梅的源泉。先秦《诗经·四月》中有咏梅诗"山有嘉卉，侯栗侯梅"。《诗经·终南》中云"终南何有？有条有梅"。《诗经·鸤鸠》曰："鸤鸠在桑，其子在梅。"《书经·说命》曰："若作和羹，尔惟盐梅。"国人对梅花的认知已从实用性逐渐上升到精神层面的喜爱。

赏梅，大致在汉初兴起，《西京杂记》云："汉初修上林苑，远方各献名果异树，有朱梅、胭脂梅。"南北朝时期，赏梅和咏梅盛行。"梅于是时始以花闻天下"，文人咏梅甚多。唐宋时期是梅文化的繁盛期。如唐太宗李世民在《于太原召侍臣赐宴守岁》中云："送寒馀雪尽，迎岁早梅新。"李白在《宫中行乐词八首》中云："寒雪梅中尽，春风柳上归。"

宋代，文人清高孤傲的精神借梅花得以表征，使梅花成为一种文化象征。赏梅重四贵，梅花的韵味，贵稀不贵繁，贵老不贵嫩，贵瘦不贵肥，贵含不贵开。梅花诗、梅文、梅画和梅书也纷纷问世。北宋诗人林和靖爱梅成癖，隐居杭州孤山，植梅放鹤，号称"梅妻鹤子"，《山园小梅》中"疏影横斜水清浅，暗香浮动月黄昏"为咏梅神韵之作。

南宋时期，喜梅、植梅和赏梅成为社会风尚。晁补之写"开时似雪，谢时似雪，花中奇绝。香非在蕊，香非在萼，骨中香彻"[①] 的诗句来夸赞梅花清韵芳香，冰肌玉骨。元代王冕爱梅、咏梅、画梅成癖，在九里山植梅千株，其《墨梅》诗与画皆远近闻名。

诗以梅香，画以梅贵。中国绘画史上也不乏梅花佳作。例如宋徽宗的《喜鹊登梅图》、无名氏的《梅竹禽鸟图》、无名氏的《百花图》、杨无咎的《四梅图》、赵梦坚的《松竹梅岁寒三友图》、王冕的《墨梅图》、徐禹功的《雪梅图》、王岩叟的《梅花图》、颜辉的《梅花月光图》、马远的《夕阳梅花图》、吴太素的《梅花松枝》、陈璐的《梅花月光图》、沈铨的《松梅双鹤图》以及潘天寿称之为"古艳绝伦"的吴昌硕所作的《梅花图》等。

《花镜》载，"梅为天下尤物……琼肌玉骨，物外佳人，群芳领袖"。梅花也代表着坚强、高雅和坚忍不拔。梅花高风亮节，是二十四番花信之首，冰寒料峭中疏影清雅，暗香秀美。梅符合文人铁骨冰心的精神品质。"冰中育蕾，雪中开花"，梅是文人借物感怀、缘物抒情的依托。唐代韩愈称"梅

---

① 李起敏，白岚玲. 历朝花鸟咏物诗［M］. 北京：华夏出版社，1999.

花不肯傍春光，子向深冬著艳阳"，宋王安石赞"墙角数枝梅，凌寒独自开"，南宋辛弃疾曰"瘦棱棱地天然白，冷清清地许多香"，"更无花态度，全是雪精神"等。丰厚的历史、文学、诗词、绘画艺术给梅以独特的养之吉的内涵。

（二）竹子·高洁之性

李约瑟（Joseph Needham）曾说中国是"竹子文明国度"，陈寅恪认为中国文化是"竹的文化"。竹文化是中国传统文化的重要组成部分。竹，四时常绿，本固质坚、劲节挺拔，象征华夏民族之气节，以诗书画代代相传，历久弥新，形成独具中国特色的竹文化。

孔子曾教育弟子，要像竹子一样立志坚贞、劲节挺拔，赋予竹高尚的道德内涵。《诗经》《楚辞》均有咏竹诗篇的记载。历代文人视赏竹、咏竹为高雅风尚。魏晋时期，文人作以竹子为题材的诗文更为兴盛。唐代王维曰："独坐幽篁里，弹琴复长啸。深林人不知，明月来相照。"宋苏轼的诗句给予竹子高风亮节的内在品质，震撼着人们的心灵。

竹不仅仅因为不畏严寒的品性让人敬仰，空心有节的特性更为无数文人墨客所仰慕歌咏。先秦诗歌《淇奥》已将竹象征比拟君子品格。南北朝刘孝先在《咏竹》中云："竹生空野外，梢云耸百寻。无人赏高节，徒自抱贞心。"通过描绘竹偏僻的生长环境和挺拔而高耸的外形特征，表达诗人怀才不遇和坚持自我追求、不同流合污的决心。

清代"扬州八怪"之一的郑板桥一生种竹、画竹、咏竹，以竹言志，以竹写百姓疾苦，留下"衙斋卧听萧萧竹，疑是民间疾苦声"，"咬定青山不放松，立根原在破岩中。千磨万击还坚劲，任尔东西南北风"等咏竹名句。晋代嵇康、阮籍等人相聚竹林赋诗，人称"竹林七贤"。李白、孔巢等人隐居徂徕山，酣歌纵酒，号"竹溪六逸"。宋代苏东坡偏爱竹，每居一处必以竹相伴，在《于潜僧绿筠轩》中留下美好诗句："宁可食无肉，不可居无竹。无肉令人瘦，无竹令人俗。人瘦尚可肥，士俗不可医。旁人笑此言，似高还似痴。若对此君仍大嚼，世间那有扬州鹤？"

宋代之后，以竹为题材的吉祥纹图也深受人们的喜爱并广泛应用，例如"岁寒三友""五清图"（绘制松竹梅月水）等。

3.7　传统建筑中"岁寒三友"之养的传播类型

无雕不成屋，有刻斯为贵。

3.7.1　传统建筑中梅之养的传播类型

（一）梅花纹图单独使用·总领群芳

梅花在传统建筑特别是宫殿、寺庙建筑的内檐装修中运用较多，例如北京故宫养心殿建于明嘉靖时期，位于内廷乾清宫西侧，自雍正皇帝居住养心殿后，清代有八位皇帝先后都居住在养心殿，一直作为清代皇帝的寝宫，至乾隆年间改造、添建，成为一组集召见群臣、处理政务、读书及居住功能为一体的多功能建筑群。其中，养心殿的圆光罩为整体浮雕的梅纹图，装饰面积大。以左侧枝干为主，向右延伸串联整个画面，梅花和枝条形态逼真立体、主次分明、疏密有致。养心殿后殿东次间的梅花栏杆罩也别具特色（图 3-14）。

北京大佛寺黄米胡同 7 号正房，是较为罕见的栏杆和通花牙雕刻的题材，为清一色的使用梅花的例子。其中栏杆罩是在挂空槛下设两根间柱，将挂空槛以下分为三间，一般当中间宽（占全间二分之一）两边窄，两边各做一片矮栏杆罩式。例如紫禁城体元殿、颐和园德和园颐乐殿等。还有将间柱子做成树干形状，栏杆组成整块梅花板的，如广东东莞可园厅堂入口通雕梅花飞罩，苏州吴县雕花楼天香阁灯笼垂花和梅花挂落等。

避暑山庄某殿的横披作透雕梅花、兰草也甚为鲜见（图 3-15）。横披设置在隔扇或槛窗上部，一般位于较高的住宅厅堂、斋、轩、庭园建筑中，横披依据开间分成三扇、五扇、七扇。其形式像两边挂起来的帷帐，减少净跨宽度的称为落地罩、地帐，取意两边拉开的帷帐。简单的做法是两边安装隔扇，在隔扇顶装一条横披，横披与隔扇转角的地方装上花牙子装饰，以打破方形门洞的形式。在隔扇与挂空槛交角处多做花牙（花牙子）作为装饰。南方园林厅堂多用通花牙，采用槛条拼成挂落，通花牙上横披变窄，使罩更显玲珑剔透。隔扇在江南称纱隔，隔心和裙板形制与碧纱橱相同，常与通花牙采用相同花纹装饰。

图 3-14 养心殿东次间梅花栏杆罩 图 3-15 避暑山庄某殿的横披作透雕梅花、兰草

除了传统建筑内檐装修一般多用梅花之外，北京宁寿宫花园符望阁前的叠山主峰之上的碧螺亭（图 3-16），更是一座极为罕见的以梅花为主题的亭式建筑。其建于清乾隆三十七年（1772 年），整座建筑从平面结构到立面造型、从局部到整体皆以梅花为题材，整座亭是用梅花簇拥而成，具有天然意趣，因而又称碧螺梅花亭。

亭的天花是一朵大梅花（图 3-17），栏杆、挂落使用冰裂纹与梅花组合雕饰，亭的平面结构呈梅花形，五瓣花形须弥座，五柱五脊，每层五条垂脊，分五个坡面，亦仿梅之意，重檐攒尖顶，上层覆翡翠绿琉璃瓦，下层覆孔雀蓝琉璃瓦，上下层均以紫晶色琉璃瓦剪边，上安束腰蓝底白色冰梅宝顶（图 3-18）。亭柱之间围成弧形的白石栏板上雕刻各种精美梅花纹图。柱檐下安装透雕折枝梅花纹图倒挂楣子。亭内顶棚为贴雕精细的梅花纹图天花。上下檐额枋彩画为点金加彩折枝梅花纹苏式彩画。亭前檐下悬挂乾隆御笔"碧螺"匾。碧螺亭整体形体别致、色彩丰富协调，别具一格。

（二）梅花与其他动植物组合纹图·喜上梅（眉）梢

北京故宫养心殿垂帘听政宝座后，透雕喜上梅（眉）梢的几腿罩就是典型（图 3-19）。几腿罩是在进深较大的建筑中，两抱框相距甚远，便于其间加两条间柱形成三间，每间在挂落槛下作通花牙。由于间柱形象如同几案，故名几腿罩，还有翊坤宫的透雕喜鹊登梅落地罩（图 3-20），梅花雕刻精妙绝伦，燕喜堂的框梅花蝴蝶隔扇精雕细刻，非常逼真。

山西晋中市常家庄园静园的"岁寒君子松梅图"影壁，以竹和梅体现"岁寒君子"的风度与精神，另外松、梅都是长寿之树，又寓意长生不老、富贵延年。梅花和凤鸟纹图组合的窗隔也在传统建筑花罩中有较多应用，传统建筑中梅之养的主要吉祥文化表达如表 3-2 所示。

图 3-16　碧螺亭

图 3-17　碧螺亭天花板

图 3-18　碧螺亭宝顶

图 3-19　故宫养心殿喜上梅（眉）梢的几腿罩

图 3-20　翊坤宫花梨木透雕喜鹊登梅落地罩

表 3-2　传统建筑中梅之养的主要吉祥文化表达

纹图类型	组合内容	主要设置的位置	吉祥寓意
梅花纹图单独使用	梅花	花罩、檐墙、门、扇、亭等	总领群芳
梅花与植物组合纹图	兰、竹、菊、松等	裙板、绦环板、花罩等	君子比德
梅花与动物组合纹图	蝴蝶、喜鹊、凤鸟等	窗棂、角柱、墀头、隔扇、抱鼓石、柱础等	喜上眉梢

传统建筑中的梅之花罩经过美的意匠，让人们可赏梅之优美形态，又可嗅梅之幽香清雅，沁人心脾。

3.7.2 传统建筑中竹之养的传播类型

北地虽云艰种竹，条风拂亦度筠香。

漫訾兴在淇澳矣，人是高闲料不妨。

——乾隆《竹香馆》

（一）竹纹图单独使用·竹静含香

北京宁寿宫花园是"宫中苑"之精品，而竹香馆则是宁寿宫花园以竹造园的精华所在（图3-21），建于清乾隆三十七年（1772年）。竹香馆分上下两层，主楼三间，两侧耳楼各一间，耳楼两端拦截斜廊。竹香馆窗棂上修饰着竹纹，抱厦的栏板刻有风吹竹纹，建竹香馆并种修竹以寄托乾隆本人"竹"之情结，整体建筑风格缀满他的南方情怀。同时，从乾隆、嘉庆专门题咏此地之竹的诗句"竹本宜园亭，非所云宫禁。不可无此意，数竿植嘉荫。诘曲诡石间，取疏弗取甚"，"石径玲珑接曲廊，几枝修竹静含香"来看，"竹香馆"也曾是翠竹摇曳、竹影纷披的景象。还有宁寿宫花园禊赏亭石雕竹纹栏杆，故宫倦勤斋彩绘斑竹纹八方窗口和斑竹纹圆窗，颐和轩紫檀贴雕竹纹涤环板等。

浣红跨绿桥廊和瑜园船厅里有竹子纹图落地罩（图3-22），落地罩是由隔扇、横披、花牙构成的罩式。竹子纹图秀丽挺拔，姿态潇洒却如铮铮傲骨。还有家训里提及的"勿骄勿奢，福之兆也"。采用竹子图案也是警示后人要做到如竹子一般高风亮节、不贪不念。园内的罩装饰用仙鹤、松树和冰裂纹也同样象征高洁的品格。广东顺德清晖园图书斋入口竹纹圆光罩（图3-23）等也属此类。

图 3-21　竹香馆　　　　图 3-22　瑜园船厅竹子　　图 3-23　顺德清晖园碧溪
　　　　　　　　　　　　　　　　　　落地罩　　　　　　　　　草堂圆光罩

（三）竹子与其他动植物组合纹图·清雅幽静

翠筠满小庭，静香送窗内。

竹之纹图有时作为主体纹图以单株、多株形式出现，自然伸展，或变形为构件的形状，有时作为辅助纹图仅局部呈现些许竹叶和竹节纹图。竹有时与梅、松组成"岁寒三友"，与梅、兰、菊组成"四君子"，或与奇石、花卉组合成场景性的各类纹图等。

例如北京故宫养心殿落地罩裙板处的竹与仙桃纹图组合使用，多根竹竿平行排列，竹叶和仙桃作为点缀错落有致，其形态接近于真实立体的竹子形态。储秀宫翠竹涤环板、翠竹寿石裙板隔扇也非常典雅精致。

故宫钟粹宫透雕竹纹凤鸟几腿罩（图 3-24），当心间隔扇、扇门的裙板，以竹子作浅浮雕，隔扇的格心、横披之窗扇，皆以竹子为装饰。还有如颐和园乐寿堂西梢间绿竹长春炕罩（图 3-25），罩上部的毗卢帽，这是一种更小空间分隔的罩。"炕罩""床罩"[①] 在炕上一般用落地罩和几腿罩，如益寿斋透雕竹纹炕罩，宁寿宫花园褉赏亭的石雕竹纹栏杆等（图 3-26）。传统建筑中竹之养的主要吉祥文化表达如表 3-3 所示。

图 3-24　故宫钟粹宫透雕竹 图 3-25　颐和园乐寿堂透雕竹纹 图 3-26　宁寿宫花园褉赏
纹凤鸟几腿罩　　　　　通牙绿竹长春炕罩　　　　亭石雕竹纹栏杆

表 3-3　传统建筑中竹之养的主要吉祥文化表达

纹图类型	组合内容	主要设置的位置	吉祥内涵
竹子纹图单独使用	竹子	落地罩、几腿罩、炕罩等	竹静含香
竹子与其他植物动物纹图组合	梅、兰、桃、寿石、凤鸟等	裙板、隔扇、圆光罩等	美满幸福

① 郭黛姮. 华堂溢采：中国古典建筑内檐装修艺术［M］. 上海：上海科学技术出版社，2003.

3.7.3 传统建筑中"岁寒三友"之养的传播类型

北京故宫的宁寿宫花园"三友轩"取"岁寒三友"之意，是"岁寒三友"之养的传播典型（图 3-27）。轩明间隔扇 4 扇，中间两扇为门，檐下挂匾"三友轩"，两次间为灯笼锦支摘窗。轩内以松、竹、梅"岁寒三友"为装修题材，与轩外的植物相统一，形成内外呼应，还有松竹梅的窗（图 3-28）突出建筑主题。尤为夺目的是紫檀透雕"岁寒三友"松竹梅圆光罩（图 3-29）。

传统建筑内檐装修中的圆光罩是各种带有几何纹图的洞口罩的总称，在整间槛框之间以透雕花板充满，在花板中留出门洞和窗洞。依照留门窗形状可以分为几种，当中开可圆可方的门洞①。圆形的叫"圆光罩"。用竹子做成圆环，整个隔断布满雕花，罩上竹叶以玉片镶嵌，圆洞门之圆弧做成竹竿围绕的形式，旁边有松、梅树干，造型别致，格调清新，构思巧妙。做工考究。东为 3 扇支摘窗，与乐寿堂隔窗相望。后檐皆为支摘窗，窗外为假山。西次间西墙辟窗，以紫檀透雕松、竹、梅纹为窗棂，疏密相间，雕刻精细，玲珑剔透，富于装饰。透过西窗，可观赏窗外玲珑的假山与翠竹青松。

图 3-27 三友轩　　　图 3-28 松竹梅窗　　图 3-29 松竹梅圆光罩

北京故宫乐道堂的几腿罩也是梅、松、竹纹作为组合纹图应用，画面狭长，面积较大。松针、梅花和竹叶由一根弯曲的枝干串联，所有竹叶和松针的造型基本一致，而梅花有盛开的梅花花瓣造型和花苞造型两种，手法主要为三种植物交叉组合，以梅花和松针纹图为主，竹叶纹图为辅，疏

① 李允鉌. 华夏意匠：中国古典建筑设计原理分析［M］. 天津：天津大学出版社，2005.

密有致。同治十二年（1873 年）天地一家春时绘制的梅花、玉兰纹图的瓶形罩、承禧殿的松竹梅栏杆罩等（图 3-30）也属此类。

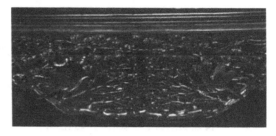

图 3-30　故宫承禧殿松竹梅栏杆罩　　**图 3-31　清代银杏木立体雕刻飞罩**

江苏苏州拙政园留听阁内的清代银杏木立体雕刻松、竹、梅、鹊飞罩（图 3-31），雕刻技艺高超，将"岁寒三友"和"喜鹊登梅"糅和在一起，是园林飞罩中不可多得的精品。山西王家大院东院小偏门额枋仿国画长卷图轴雕以松竹梅兰寿石，树林间又雕梅花鹿，互相盼顾，颇有情趣。山西李家大院的"梅树缠枝图"墀头，雕刻梅花，与枝干布局疏密有致。乔家大院"梅兰竹菊"，分别是由四个雕刻有梅、兰、竹、菊的墀头组成。岳麓书院泮池石栏为方形，每块石栏板装饰纹图有梅、兰、竹、松、葡萄纹等吉祥纹图。山西冀家大院门扇上有松、竹、梅木雕，角柱石有梅树石雕。松树四季常青，象征吉祥长寿；竹身有节而腹中空，宁折而不弯；梅花傲雪凌霜，坚韧不拔，象征高洁的品性和追求气节、磨练心性的情结。山西常家庄园静园的"岁寒君子松梅图"影壁，以竹子和梅花体现"岁寒君子"的风度与精神。传统建筑中"岁寒三友"之养的重要吉祥文化表达如表 3-4 所示。

表 3-4　传统建筑中"岁寒三友"之养的主要吉祥文化表达

纹图类型	组合内容	主要设置的位置	吉祥寓意
"岁寒三友"纹图单独使用	松、竹、梅	花罩、花窗、影壁等	君子之道
"岁寒三友"与植物组合纹图	桃、兰、菊、松等	花罩、栏杆、隔扇等	幽芳逸致
"岁寒三友"与动物及其他组合纹图	鹤、鹿、鹊、凤、寿石等	花罩、墀头、影壁等	常青不老

可见，松、竹、梅组合的"岁寒三友"纹图较多出现在传统建筑的宫廷、寝宫、书房和厅堂类建筑的内檐装修中，精雕细刻的圆光罩、炕罩、几腿罩体现"岁寒三友"的吉之养心、养身和养神。

3.8 传统建筑中"岁寒三友"之养的传播路径

用建筑物的一面实墙规限出来的一个空间只不过是一个没有性格的空间，通过重视中国方式，就可以在一个空间中注入建筑艺术意义的精神，表现节奏和肌理。

——埃德蒙·培根

3.8.1 传统建筑内檐装修中的花罩

传统建筑的内檐装修中"岁寒三友"的花罩装饰较多，例如北京颐和园排云殿，位于颐和园万寿山前的建筑中心部位（图 3-32、图 3-33），原为乾隆为其母后六十大寿而建的大报恩延寿寺，慈禧重建后更名为排云殿，"排云"取自晋代郭璞《游仙诗》"神仙排云出，但见金银台"。建筑整体装饰使用题材均含有"福寿""富贵"的吉祥寓意。

图 3-32　颐和园排云殿

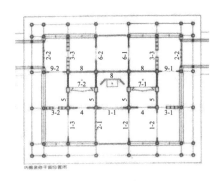

注：1-1：透雕云龙嵌玉寿几腿罩；1-2：灵仙祝寿灯笼几腿罩；1-3：满堂富贵几腿罩；2-1：四合如意玻璃圈口碧纱橱；2-2：万福万寿碧纱橱；3-1：万仙祝寿两面多宝格；3-2：岁寒三友两面多宝格；3-3：汉纹式两面多宝格；4：上扇冰纹梅，下扇玻璃方窗分装两侧，中留门口；5：上扇冰纹梅，下扇玻璃方窗；6-1：万福同仙栏杆罩；6-2：八百长春栏杆罩；7-1：万福万寿卷草纹圈口隔扇落地床罩，上安透雕云龙嵌玉寿字毗卢帽；7-2：福寿同仙圈口隔扇落地床罩，上安透雕云龙嵌玉寿字毗卢帽；8：大方玻璃槛窗；9-1：寿山福海灯笼框横眉；9-2：四合如意玻璃圈口落地罩

图 3-33　颐和园排云殿内檐装修平面位置图

建筑面宽五开间，每一条轴线都设置装修，共有 25 槽之多。在明间中进深设置宝座，周围呈对称布置。将室内的正中心即宝座空间与左右两间寝室形成三面封闭式，产生一个核心，周围环绕这个核心形成互相又通又隔的复合空间。几槽多宝格设置形成了流通空间的转折点和功能分区的标志物。在中央核心周围形成的空间既向外渗透，通往东西朵殿，透过玻璃向殿外院落渗透，又可向核心部位延伸。整体建筑室内呈现空间连续、流通、伸展和渗透的相互结合[①]。

前进深的五开间中，例如在明间、次间东缝用灵仙祝寿灯笼框几腿罩，明间、西缝设置一槽四合如意玻璃圈口碧纱橱。在金柱纵向轴线上设置五槽装饰，当心间为透雕二龙捧寿中嵌玉制寿几腿罩，两次间为半封闭装饰手法，东次间作"上扇冰纹梅，下扇玻璃方窗分装两侧，中留门口"，上有"横楣三扇"。东西梢间与此不同，呈对称布局，东梢间作"万仙祝寿两面多宝格"，上带仙楼，设置寿字朝天小栏杆，即"万仙祝寿花飞罩"，西梢间为多宝格形式，雕饰题材为松竹梅。

圆明园清夏堂后殿是一座面阔开七、进深两间、带前后廊式的建筑。建筑不大却使用了 23 槽内装修，每两柱间皆有装饰且均采用不对称布局手法。前进自东向西七间，分隔成三间、两间、两间的形式，后进自东向西分隔成一间、三间、两间、一间的形式，前后进之间几乎是一开一封组合，自东向西排列为"开、合、开、合、开、开、合"的空间格局，如后檐床前的松竹梅几腿罩深藏不露，只有进入东尽间才可看到。

紫禁城储秀宫是慈禧长居之所。储秀宫前殿也属此类型，为慈禧五十寿辰之时重新装饰，布局似对称又非对称。例如为了议事待客在两次间设前檐床，面对前檐床于后金柱间东次间设绿竹长春天然罩，在西梢间设梅花献瑞飞罩。

颐和园宜芸馆，前进深五开间，后进深三开间，室内用前后隔绝划分。前进深两梢间为主要寝室，东梢间左四扇四合如意碧纱橱居中，西梢间东侧以大方玻璃居中，窗两旁隔开两扇隔扇门。当心间两缝不对称，东侧作松鹤延年栏杆罩，西缝作万寿字灯笼框落地罩，中柱缝当心间设木板裙墙、

---

① 郭黛姮. 华堂溢采：中国古典建筑内檐装修艺术［M］. 上海：上海科学技术出版社，2003.

万寿字槛窗六扇，前置屏风及宝座。两次间皆作五福捧寿碧纱橱，东梢间后檐安床及冰梅纹、桃纹几腿床罩。前檐床设置万寿几腿床罩。后进深三间布局对称，但题材有变化，当心间东缝为竹纹栏杆罩，西缝为兰草纹栏杆罩①。

颐和园涵虚堂，前进深五间，中进深和后进深皆三间，周围带围廊，但室内空间划分完全打破凸字形外轮廓。前进深后进深明间、次间以栏杆罩、落地罩划分，空间连通。东西梢间以碧纱橱隔开，东侧十二扇为贵寿无极灯笼框式，西侧十二扇为万福流云圈口福寿裙板式。当心间为子孙万代圈口方玻璃下带群墙太师壁，两旁为万福流云碧纱橱，西次间为竹纹兰草灯笼框碧纱橱。三者把前后进深隔开，后进的空间深藏不露，一旦打开碧纱橱，后进漂亮的东次间冰纹圆光罩与西次间的松竹梅天然罩，连同后檐窗外之湖光山色一并尽收眼底，这正是匠师的意匠所在②。

苏州留园林泉耆硕之馆也采用空间开合相间形式，意趣盎然，建筑平面布局对称，内部装饰题材有松竹梅"岁寒三友"纹图几腿罩、梅花碧纱橱、冰梅纹圆光罩等，自由且灵活。

3.8.2 "岁寒三友"营造传统建筑的养之吉

天地合而良木生，金木行而意蕴现。

吉祥文化之养，重在其性，取物之性。用生生不息的植物之性以养心、养身、养神，不论在整体建筑还是构件，都突出勃勃生机与生命的滋养。

"岁寒三友"纹图取松、竹、梅之性构成吉祥寓意。梅竹清气袭人、凌霜傲雪、寒暑不改，寓意"双清"，借松竹梅的自然之形态与特性，取"幽芳逸致"之共识，可涤人之秽肠而澄莹其神骨，寄托调神、修性、养心的吉祥追求。

在文人园林中"岁寒三友"通过托物言志，表达清高雅洁、超凡脱俗的追求。宫廷建筑中并非完全如此。如乾隆曾写道："春到梅花合殿香"，"为报阳和到重九"，"红梅翠竹天然画，妙理清机不尽吟"，乾隆欣赏四君

---

① 郭黛姮. 华堂溢采：中国古典建筑内檐装修艺术［M］. 上海：上海科学技术出版社，2003.

② 郭黛姮. 华堂溢采：中国古典建筑内檐装修艺术［M］. 上海：上海科学技术出版社，2003.

子的清幽安逸，但并非文人雅士的审美。乾隆归政后在宁寿宫闲度余生，从"闲寻绮思花千丽，静想高岑六养清"的闲情逸致[①]诗句中即可看出。

"岁寒三友"纹图也是传统民居常见装饰题材，只不过表达的含义略有不同。例如蔡氏古民居牌楼的装饰，用松竹梅与吉祥动物的组合来表达吉祥喜气的寓意，视其为人间乐趣。

同时，传统建筑空间布局形成一系列的景象的组织安排，由此按次序将意念传达给欣赏者，这并不完全是物的创作，而是由"形"转化为"神"的过程。传统建筑表达并不限于单座建筑形象，更重要的是从起承转合的连续空间布局中达到情绪升华。即传统建筑并非只希望达到建筑的"境界"，而是希望通过穿越一系列起承转合空间的缜密组织安排而形成连续的"境界"，从而达到以形传神的效果。

传统建筑结构与装饰完美组合。传统建筑室内充满幸福和美的百寿屏、花罩等，都是工匠在建筑构件形式之上巧思妙想雕刻出来表达长寿、修心等美好寓意的立体纹图，这些纹图赋予建筑材料以灵动的生命，映射出独具特色的传统建筑风格。

3.9 小结

雕刻在传统建筑构件中的松、竹和梅赋予传统建筑以生命，赋予构件所护佑的人以寿之吉和调养心性的象征意义，也使被装饰的建筑有了植物之性，成为生动的建筑，这是中国传统建筑的文化特质。

植物在现实与梦幻中交织缠绕，给予人们超越现实的力量，传统建筑用植物纹图滋补人们心理的缺憾，用吉祥的植物达到和谐美满，营建植物的吉祥时空。

雕梁画栋上具有生命力的、精美的松树、竹子、梅花纹图使得传统建筑本身具有吉祥意味和装饰精神。松、竹、梅对应的吉祥纹图承载了人们祈求福寿、高洁的信念、理想和情感。把松树的长寿、竹子的刚正、梅花的清幽直观地存储在建筑上，把人内心求吉的愿望展示出来，建筑有了松

---

① 郭黛姮. 华堂溢采：中国古典建筑内檐装修艺术［M］. 上海：上海科学技术出版社，2003.

树、竹子和梅花之意，有了植物的生机盎然，建筑与植物相通相连，达到万物互联。

寿和养的信息储藏在传统建筑的构件中，散发在传统建筑空间中，使得走入传统建筑的人能够看到、嗅到、体会到流淌在传统建筑时空里的寿之吉，联想到寿和养所体现的吉祥文化内涵，沉浸在吉祥信息之中，感受着历史长河中人们对生命的执着热爱、对品格的不懈追求、对天地的尊重敬仰。走进传统建筑，就穿越了漫长的历史时空，领略朝代更迭的变换中始终不变的吉祥和美。传统建筑之美不仅仅是造型之美，还蕴含人心趋吉之美，并将其直接安放在传统建筑屋檐、梁柱、台基空间之中，存储在传统建筑中的吉祥形象中，并以约定俗成、家喻户晓的吉祥信息昭告天下。

未来千变万化，但始终如一的是内心对生活、对人、对事的乐观与率性。懂得生活就懂得传统建筑存在的意义，热爱生活的人，必然懂得生活的意义。传统建筑对植物之性延绵不断的表达，升华了人们对生生不息之美的期盼，千年不变，未来亦不变。

第4章 传统建筑中的吉祥动物

美的东西显示自然界的秘密法则，美的东西如果不能自我显示，就永远得不到揭示。当自然界开始向人类揭示其秘密的时候，人类需要找到最佳的解释者，用艺术解释自然之美。

——歌德

4.1 动物之吉

吉祥动物源于原始社会自然崇拜中的动物崇拜。在自然精灵基础上产生众多自然神，是一个经历万物有灵、自然精灵到自然神的信仰过程[①]。即动物崇拜产生于原始社会狩猎活动，动物是人生存所必需的，而人又能战胜这些动物，这是早期图腾文化产生的基础。

正如恩格斯所说："人在自己的发展中得到了其他实体的支持，但这些实体不是高级的实体，不是天使，而是低级实体，是动物，由此产生了动物崇拜。"[②] 弗雷泽认为，原始人普遍认为动物和人一样具有灵魂和才智，对动物同样尊重，对于对他们有用的或形体、力量和凶猛程度非常可怕的动物的灵魂，格外敬重。[③] 可以说，动物崇拜是在图腾崇拜和自然崇拜基础上形成的。

---

① 沈利华，钱玉莲. 中国吉祥文化 ［M］. 呼和浩特：内蒙古人民出版社，2005.
② 马克思恩格斯全集：第 27 卷 ［M］. 北京：人民出版社，1972.
③ 弗雷泽. 金枝 ［M］. 汪培基，徐育新，张泽石，译. 北京：商务印书馆，2013.

古人相信自然的灾异之变是阴阳失衡所致，故错行止之。万物互通、诸事交感、凶吉有兆、福祸有征。祥瑞动物有辟邪驱灾、保佑平安的功用，是降魔的吉祥物，作为吉祥的表征，其演变成中国传统文化中最具象征意义的吉祥动物，也表达了人们对驱邪镇灾、吉祥瑞意的渴望。

商周时期，人们对变幻莫测生活环境的恐惧及对美好生活的梦想促使其借助自身以外更加强大的力量来庇佑自己，动物的形态和鸣叫唤起某种象征吉祥的喜悦情绪，动物纹图就是人们借此得到其庇佑的意象之一。

刘敦愿先生认为，中国古代青铜器装饰艺术中的动物纹样大都有特定的宗教神话含义[①]。张光直先生认为商周青铜器的动物是巫觋沟通天地的主要媒介[②]，是通神和天地之灵器，其上雕刻的饕餮、龙、凤、虎、夔、鱼、龟、鸟等动物纹饰是人与祖先及天地沟通的神灵。不但礼器上刻画动物，占卜也用动物骨骼，祭祀用动物作牺牲。这一时期，动物由图腾的意义变为神灵的意义，许多动物作为祭祀的牺牲成为与神灵对话、与天地建立联系的神物，并有了吉祥寓意。

殷商、西周时期，青铜器装饰纹图最常见的有弦纹、乳丁纹、云雷纹、环带纹、鳞纹和窃曲纹等，其他青铜玉器中出现较多的祥瑞动物纹图有鹤、牛、兔、马、蝉和鹦鹉等。西周青铜器上有夔龙纹和夔凤纹，夔龙纹为带状龙纹，或以两龙纹相对，中间的火轮纹，类似双龙戏珠。夔凤纹，形似长尾禽鸟，姿态优美且带神秘色彩，形象神气十足，对后期吉祥纹图产生重要影响。

春秋战国时期，《诗经》中出现在黄河中下游和长江以北地区的各种动物如龙、麒、象、熊、虎、马、兔、凤、鱼等112种。秦汉之际释经的词书《尔雅》在"释虫""释鱼""释鸟""释畜"中记述动物百余种。《山海经》中提到的有明确吉祥寓意的动物有凤凰、鸾鸟、狡、当康、延维、九尾狐、应龙、乘黄、玄龟和三足龟等。

战国初期的曾侯乙墓，内棺绘制动物895个，其中龙549个，蛇204个，鸟110个，鸟首兽24个，鹿、凤、鱼及鼠形兽2个。1965年，湖北江陵望山一号战国楚墓出土一件"彩绘木雕漆座屏"，浮雕刻鹿、凤、雀、

---

① 刘敦愿. 美术考古与古代文明［M］. 北京：人民美术出版社，2007.

② 张光直. 美术、神话与祭祀［M］. 郭净，陈星，译. 沈阳：辽宁教育出版社，1988.

蛇、鲑等祥瑞动物 51 只，是一件杰出的吉祥动物佳作①。

秦汉时期的祯祥瑞应增多，预卜吉凶盛行，并确立天、地、人、草木、鸟兽、山陵、渊泉、八方包揽万物的吉祥象征体系。阴阳五行及道家神仙思想影响，使许多动物成为灾祥的象征，大量动物成为吉祥图符。

东汉王充在其论著《论衡·讲瑞篇》中介绍界定祥瑞动物的方法，其一看其自身特征，其二看它与外部的关系。他认为，大凡祥瑞必有奇形怪状的外貌，祥瑞不是凡间俗物。还根据特定的语境判断是否为吉祥。如在祥瑞图中的多为吉祥动物，文字榜题也能标明，如"福德羊""朱鸟""玄武"这些动物为祥瑞。还有如刻画在汉画像石墓门顶部的动物多为辟凶趋吉的祥物，墓室（祠堂）画像石刻的动物多为神物，刻画在传统建筑上的朱雀、猴、鱼多为吉祥动物。②

汉代，动物通过生物习性特征和谐音等寓意吉祥，张学增在《南阳吉祥汉画浅析》中列出象征、寓意、谐音、比拟、表号、文字等六种汉代动物吉祥的表现手法。如虎威猛勇武，能镇祟辟邪、保佑平安，"鱼"与"余""裕"通，寓意富贵有余。

汉代的四灵四神既是传说中守卫四方的神灵，又是驱赶邪恶、护卫人升仙的祥瑞。汉铜镜铭文常有"左龙右虎辟不祥，朱雀玄武顺阴阳"的句子，四灵在汉代已有辟邪降瑞的普遍意义。汉代流行五行，四灵加上了麒麟，组成五灵。《十三经注疏·春秋序》曰："麟、凤与龟、龙、白虎五者，神灵之鸟兽，王者之嘉瑞也。"③汉代的动物明确表达了人们的情感、需求和期盼。

南北朝时期，吉祥动物纹图较多，动物纹图中的玉鸟被视为吉祥鸟。麒麟纹成为龙首、两角、狮尾的造型。还有神兽天禄、辟邪，形似虎，也有天赐福禄的吉祥寓意。

隋唐时期，吉祥动物纹图日趋世俗化。两宋时期广泛用于建筑、铜器、漆器、彩画中。明清以来，吉祥图纹发展迅速，样式丰富多彩，在建筑中更不乏龙、凤、龟、麟、鹿、鹤、狮等吉祥动物的形象④。

① 湖北省文化局工作队. 湖北江陵三座楚墓出土大批重要文物［J］. 文物，1966（5）：33-55.

② 周保平. 汉代吉祥画像研究［M］. 天津：天津人民出版社，2012.

③ ［清］阮元. 十三经注疏［M］. 北京：中华书局，2009.

④ 左汉中. 笔随阁花雨：民间美术文集［M］. 长沙：湖南美术出版社，2005.

一般而言，吉祥动物大致分三类，一是现实中存在的吉祥动物，如虎、牛、鱼、豹、象、鹿、猴、羊、狮、鹤、鸡、鸳鸯、孔雀、鸿雁、喜鹊、燕子、鸾鸟、蝴蝶、蟾蜍、蝙蝠和蜘蛛等；二是以现实动物为原型变化的吉祥动物，如九尾狐、三足鸟、比翼鸟、比肩兽、天马等；三是虚拟想象的吉祥动物，如龙、凤、麒麟、辟邪、天禄等神兽。其因特异的造型、奇特的习性、实用价值、而成为吉祥的象征，可为人们带来祈盼的福祉①。

在众多纹图中，多含有吉祥、祈福之意，如鱼龙纹图、鱼羊纹图都蕴含"吉祥有余"之意，双鹿寓意"爵禄"之意，二龙穿璧寓意祥瑞，马纹、羊纹等都寓意吉祥。动植物经常组合在一起表达福寿、多子、富贵的吉祥寓意，两只狮子，谐音"事事如意"；狮子配绶带，谐音"好事不断"；公鸡谐音"功""吉"，与牡丹组合寓意"功名富贵"；石头上立公鸡寓意"室上大吉"；还有"鹤鹿同春""三阳开泰""万象更新""太平有象""寿居耄耋""龟寿千秋""龟鹤齐龄"等。

可见，吉祥动物是一种特殊的存在形式，是人心理上对抗与亲和、避害与祈利、紧张与放松辩证统一的媒介。物各有灵，物各有主，吉祥动物与人之间存在互通与交感。有些逐渐成为人们的福星，显示纳吉迎祥的寓意。各种形象生动、精美绝伦、脍炙人口、家喻户晓的龙、凤、麒麟、狮、虎、龟、鹿等吉祥动物纹图，作为福善、嘉庆的文化象征和充满情感艺术的符号，像一束光，在神兽图像中虔诚地寄托着人们避凶趋吉、追求平安的诉愿和期许。换言之，吉祥动物以独具东方特色的文化内涵呈现其独特的形象，承载与人们生活密切相关的国泰民安、丰衣足食等美好的理想，化为一个个吉祥如意、辟邪纳福的动物造型而世代相传。

4.2　传统建筑中的吉祥动物

传统建筑构件和装饰中的吉祥动物是华夏特有的祈吉求福观念的体现，不仅在于其本身形象的形式美，而且其能够表达一定的思想内涵②。在传统建筑构件和装饰中可以找到经久不衰且友善和富于美感的动物形象，如四

①　陶思炎. 中国祥物［M］. 上海：东方出版中心，2012.
②　楼庆西. 中国古建筑二十讲［M］. 北京：生活·读书·新知三联书店，2001.

神兽、龙凤、狮子、麒麟、鹿、鹤和鸳鸯等。象征辟邪祈福的祥禽瑞兽和各类组合，如"龙凤朝阳""狮子滚绣球""五福捧寿""凤穿牡丹""喜鹊登梅""丹凤朝阳"等雕饰，必设施于结构处才显出其价值。

正如日本学者伊东忠太所说，人们创造出各种出乎意料的动物形象用作装饰，如龙、凤、麒麟、龟、狮、虎、蝙蝠、马、双鱼、虬、螭、蝉、蝶等用于雕刻、绘画、建筑、工艺品等，做成种种装饰花样。花样大体依其物、依其形、依其时、依其位置而选择，大的花纹奇伟，小花纹极其精致，各尽其妙[①]。

传统建筑的屋顶分硬山式屋顶、歇山式屋顶、悬山式屋顶和庑殿式屋顶，无论哪一种屋顶样式，都要解决屋面之间结合处的覆盖和装饰问题以保证建筑防风遮雨的功能，于是出现屋面的正脊、垂脊、戗脊等。古代匠师在解决结构功能的同时更注意对其的艺术处理，由简单的式样逐渐发展成多样的吉祥脊饰。

民居建筑的屋脊一般由正脊和垂脊两部分组成，为两坡一脊。正脊装有筒瓦及装饰造型，垂脊有垂兽及装饰造型。以正脊的装饰最为重要和突出，垂脊次之，有的民居正脊下有悬鱼装饰，和正脊形成一体，有的民居垂脊下有翼角装饰。祥云纹常常与其他祥瑞纹图结合，如麒麟纹与祥云纹组合成"麒麟祥瑞"纹图，用于屋脊和门楼装饰，寓意"吉祥富贵"，如苏州潘世恩故居与苏州曹沧洲祠的屋脊脊首，为脚踩祥云的麒麟纹图。

屋顶正脊两端是几条脊交会之处，在结构上需要大钉拴住，保护大穿钉的瓦件或琉璃件要比其他地方大。正吻是管着脊部木架和脊外瓦盖的一个总关键。传统建筑正脊的正吻和垂脊的走兽也曾是结构部分。对于正脊而言，有鸱尾脊、蚩吻脊、龙吻脊、甘蔗脊、哺鸡脊、哺龙脊、纹头脊等。鸱尾脊、蚩吻脊象征吞火除灾、安宁吉祥。龙吻脊、双龙脊表示瑞气降临，也见之于山脊。甘蔗脊寓意"节节高"，预兆家境日好。哺鸡脊是鸡头造型，借"鸡"与"吉"谐音，表示纳吉迎祥。纹头脊形式多样且以方纹头、圆纹头区分。（"方纹头"以回纹兜通边，表示天长地久、绵延不断；"圆纹头"则为各种实物造型，如果子、灵草、云头等多种。有石榴纹头、桃子纹头、佛手纹头、灵芝纹头、万年青纹头、云图纹头等祥物装饰）

---

① 伊东忠太. 中国建筑史［M］. 陈清泉，译补. 长沙：湖南大学出版社，2014.

垂脊"镇兽"是苏式古建水戗上泥塑兽形的吉祥装饰。在歇山式厅堂中，向外飞出的水戗尖叫做"钩头"，在"钩头"上置以钩头筒瓦，筒瓦后置泥塑座狮，即钩头狮、领头狮。在钩头狮后再置以单数走狮或座狮，民间历来将狮子作为"瑞兽"，视其为辟邪护福的祥瑞之物，皖南民居屋脊上制作的牙脊装饰也是护宅镇物，追求以阳辟阴①。

传统建筑在正脊、戗脊、字碑等处装饰琉璃、瓦件、砖砌、泥塑等构件的祥瑞花卉、仙人、瑞兽、暗八仙等，以突出吉宅祥瑞寓意。先秦的脊饰主要是鸟形。汉代的脊饰主要是凤凰和鸟雀。龙作为脊饰最早在春秋时期的吴国，因"吴在辰，其位龙也"。后范蠡建越城，在"西北立龙飞凤翼之楼，以象天门"，金代建筑出现龙吻脊饰，明清普遍见于宫殿、陵墓和寺庙等建筑，象征国泰民安②。

传统建筑脊饰还有文字脊，表达吉祥。在民宅有"凤凰"二字，古人视凤凰为神鸟，称其"出于东方君子之国，见则天下安宁"。汉画像砖石也有凤凰栖屋的纹图，民间有"凤凰不落无宝地"之说。

传统建筑的天花用于实用防火装饰，室内顶棚绘制水草象征水井压火。传统建筑的悬山、歇山顶的山尖设置博风板，装饰悬鱼和惹草也意为压火。五行中金生水，因而建筑多用铜柱、铜泄水漕溜、铜门楣、铜铰链等金属构件象征压火。

传统建筑的瓦当装饰始于西周，东周王城瓦当饕餮纹具有多重象征意义。饕餮是原始祭祀礼仪符号，象征神秘、恐怖、威吓，具有超人的威慑力量和肯定自身、协上下、承天体的祯祥意义。例如神话类瓦当凤鸟太阳瓦当，反映对凤神与太阳的崇拜，龙凤纹图的瓦当具有吉祥的象征意义。西汉用文字颂祝吉祥的文字瓦当，如"延年益寿""千秋万岁""与天无极""亿年无疆""万物咸成""永受嘉福"等。位于瓦沟檐口的滴水，用以排泄雨水。瓦当滴水纹样蕴含镇凶与祈吉的双重作用，如瓦当以虎头纹图避凶，滴水则以福寿纹纳吉，往往图纹并举，用以镇宅，取意吉祥，体现建筑的厌胜③。即建筑空间是宇宙的模拟，屋顶是天盖的象征，瓦当屋檐就是天穹之边，可登天通神，瓦当图形或太阳符号或兽面，可纳吉辟阴，除凶镇宅。瓦

---

① 陶思炎. 中国镇物［M］. 上海：东方出版中心，2012.

② 沈利华，钱玉莲. 中国吉祥文化［M］. 呼和浩特：内蒙古人民出版社，2005.

③ 沈利华，钱玉莲. 中国吉祥文化［M］. 呼和浩特：内蒙古人民出版社，2005.

当、墙体上的手印砖，不仅是建筑构件，还是屋外的避邪镇物，以阻挡鬼祟。

传统建筑中的吉祥镇物，又称禳镇物、辟邪物、厌胜物，除凶纳吉，入世乐生。民居多为"居有所安"，用镇物与祥物以退避凶殃、纳吉迎祥，营造吉宅瑞屋的气氛。镇物作为传承性器物文化，以有形的器物在心理上助人们面对各种灾害、危险、凶殃和祸患，以克服困惑与惶恐。镇物作为心化的器物或物化的精神，是人们对趋吉避祸心态所做的艺术回应。

中国园林建筑门前的石雕门当，形似大鼓、声似雷霆以除妖，大门内的土地庙，护佑宅室人口平安。檐下斜撑的狮子木雕等，或吞火怪，或阻邪，或驱鬼祟，都具有除凶镇灾的吉祥文化功能，以艺术装饰维护园宅的平静和安宁。

魏晋南北朝时期，南京地区南朝陵墓的石辟邪、墓表简洁有力，概括性强，比例精当，造型凝练优美。还有兽环，也叫门环，鲁班用螺的头形做成门环，寓意紧闭保险，后人做成虎、螭、龟、蛇等各种形象，借以镇宅辟邪，保护平安。还有铺装用砖瓦、碎石、卵石、碎瓷片、碎缸片组成各种动物纹图，也象征吉祥寓意。

可见，传统建筑中各类吉祥动物作为充满精神力量、美学情感、情感寄托和象征意义的媒介，化解在传统建筑的构件和装饰精神中，表达传统建筑装饰独特的艺术风韵，借助构件、装饰、配物、家具陈设、器物摆饰等表达人们长乐未央、入世乐生的情怀。

以下逐选取承载生命意识、伦理情怀和审美意趣的传统建筑中的典型的吉祥动物凤凰、鹿和蝙蝠，解释凤之吉、鹿之吉和蝠之吉，让镌刻在传统建筑中的吉祥动物营建人们对吉庆祥瑞的向往。

4.3　安·吉祥文化中的凤之吉

天物之瑞应，人间之吉安。

4.3.1　凤之安

安，即平安。"宀"表示房屋，引申为覆盖，与建筑有关的多以"宀"象征屋顶之形，如家、宇、宙、宫、室等。堂字之上部，表示屋顶复杂的装饰。"女"字，表示妇女由外而来，入室为安。

安的吉祥内涵非常丰富，国泰民安、安居乐业、家庭安全、无祸无灾皆为安。保安的神很多，如月光遍照菩萨和一家之主灶王爷，张道陵天师，钟馗，桃都山上的神荼、郁垒二兄弟，唐初武将秦琼、尉迟恭。还有狮子把门，神虎镇宅，神判和神鹰，四季平安，"九世安居"（用九只鹌鹑在菊花下表示）等①。

《后汉书·光武帝纪下》载："今天下清宁，灵物乃降。"② 而凤凰的出现，即是天下太平、家国平安瑞应之兆的典型。《山海经·南三经》中记载凤凰是有道德的瑞鸟："丹穴之山，其上多金玉，丹水出焉，而南流注于渤海。有鸟焉，其状如鸡，五采而文，名曰凤凰，首文曰德，翼文曰义，背文曰礼，膺文曰仁，腹文曰信。是鸟也，饮食自然，自歌自舞，见则天下安宁。"③

《异物志》中提到："其鸟五色成文，丹喙赤头，头上有冠，鸣曰天下太平，王者有道则见。"因此后人认为，五色鸟一旦出现，就是凤凰，象征祥瑞。《汉书》《三国志》以及《晋书》中均有记载。

凤，又称凤凰。《礼记·礼运》记载："麟凤龟龙，谓之四灵。"④ 与龙、麟、龟合称中国四大瑞兽，是众多祥禽瑞兽中最显赫的瑞鸟。凤为群鸟之首，是羽禽中最为美丽高贵的，传说其飞翔时百鸟相随，即"百鸟朝凤"，是祥瑞的象征。

《说文》云："凤，神鸟也。"凤鸟亦称朱雀、玄鸟、鸾鸟、皇鸟等。《论衡·讲瑞篇》云："凤皇，鸟之圣者也。"⑤ 风的甲骨文字和凤的甲骨文相同，即代表具有风的无所不在和灵性力量的意思。"凰"即"皇"字，为至高至上之意。《说文解字》中对"凰"的解读为："乐舞。以羽自翳其首。祀星辰也。翳犹覆也。周礼舞师云：教皇舞。帅而舞旱暵之事。注：郑司农云，舞，蒙羽舞。书或为皇，或为义。乐师云：有皇舞。注：故书皇作。郑司农云，舞者、以羽冒覆头上，衣饰翡翠之羽。读为皇，书亦或为皇。按大郑从故书作。后郑则从今书作皇。云襐五采羽如凤皇色，持以舞。许

① 张道一. 吉祥文化论［M］. 重庆：重庆大学出版社，2011.

② ［南朝宋］范晔，［唐］李贤，等注. 后汉书［M］. 中华书局编辑部，校. 北京：中华书局，1965.

③ 方韬注. 山海经［M］. 北京：中华书局，2011.

④ ［汉］郑玄. 礼记注［M］. 北京：中华书局，2021.

⑤ 北京大学历史系《论衡》注释小组. 论衡注释［M］. 北京：中华书局，2018.

同大郑，惟不云衣饰翡翠羽，又不同经文舞旱暵之事，而云祀星辰耳。盖本贾侍中周官解故。礼注文今考定。从羽，王声，读若皇。胡光切。十部。按此等字小篆皆未必有之，专释古经古文也。"

《秋胡行》曰："尧任舜禹，当复何为？百兽率舞，凤皇来仪。"① 古人认为凤凰乃百鸟之王，非吉地不落，非宝地不栖，凤凰所在之地，必有祥瑞护顶。《正蒙初义·太和篇》曰："箫韶九成，凤凰来仪。"② 《册府元龟·帝王部·符瑞》引天老与黄帝对话，天老曰："臣闻之，国安，其主好文，则凤凰居之；国乱，其主好武，则凤凰去之。"③ 即凤落之处，必增瑞，凤在国安，凤去国乱。传说舜帝和周文王时代凤凰都曾出现过，表明天下太平，预示时代兴盛，帝业成功。

古代帝王视凤凰为国运昌盛、天下太平的象征。同时，凤凰也是王道仁政的象征。《十三经注疏·尚书正义·君奭》云："凤见龙至，为成功之验。"④ 《七纬·补遗第十三·礼纬》载："君乘土而王，其政太平，则凤集于林苑。"⑤ 因此，"凤凰衔书"为帝王受命立业的瑞应。《和春深二十首》其六曰："火离为凤皇，衔书游文王之都，故武王受凤书之纪。"⑥

凤凰也是贤德之人的代称，无论男女，凡是贤德之人都可以称为凤凰。"凤鸣朝阳"比喻贤才遇时而起。接近皇帝、掌管机要的宫中禁苑中书省称为"凤凰池"。治国的人才汇聚之所称为"凤穴"，得之不易的稀世之才称为"凤毛麟角"等。如《绎史·太古第十·有虞纪》记载："舜父夜卧，梦见一凤凰，自名为鸡，口衔米以食己，言鸡为子孙，视之，乃凤凰。"⑦ 舜帝被看做是凤凰的化身。凤凰意象代指贤德之人这一寓意在宋代之前比较明显；明清时期，凤凰意象就成为女性的代名词，喻指贤人的意思逐渐淡化。

周代铜器上刻有凤纹图，视凤为超凡脱俗力量的灵媒。同时，汉代的明器和画像砖表明，古代有在建筑上安置凤鸟形象的习俗。《绎史·太古第

① 黄节. 汉魏乐府风笺 [M]. 北京：中华书局，2008.

② ［清］王植，邱利平，校. 正蒙初义 [M]. 北京：中华书局，2021.

③ ［宋］王钦若，周勋初，等校. 册府元龟 [M]. 南京：凤凰出版社，2006.

④ ［清］阮元. 十三经注疏 [M]. 北京：中华书局，2009.

⑤ ［清］赵在翰. 七纬 [M]. 钟肇鹏，萧文郁，校. 北京：中华书局，2012.

⑥ ［唐］白居易. 白居易诗集校注 [M]. 谢思炜，校. 北京：中华书局，2006.

⑦ ［清］马骕. 绎史 [M]. 王利器，整理. 北京：中华书局，2002.

九·陶唐纪》载:"尧在位七十年,……献重明之鸟,一名'双睛'……状如鸡,鸣似凤……其未至之时,国人或刻木,或铸金,为此鸟之状,置于门户之间。"[①] 同时,整座建筑形象与凤鸟联系起来,人处于凤鸟保护之下,不仅给予建筑以特殊神圣的意义,并且使居住在建筑中的人和凤合二为一。

可见,凤凰是想象之神物,虽不为人所见,但成为瑞鸟并被赋予美好的品格。凤凰也就牢固而长久地成为表达安之吉的神禽灵兽的理想代表。

4.3.2　凤凰纹图的历史

凤纹,又称凤凰纹,是由古代象征吉祥的凤凰抽象而来,以其美好的寓意和悠久的历史在传统吉祥文化中占有重要地位。

庞进先生通过对高庙遗址出土凤凰纹的研究认为,凤崇拜起源于新石器时代早期,凤作为可与天地万物沟通的媒介,成为鸟类图腾崇拜。

商周时期,有"箫韶九成,凤凰来仪"的记载,此时的凤凰纹图以庄严凝重的形象为主,多以美好形象出现,凤鸟呈现秃鹰与孔雀的形貌。

春秋时期,凤凰的造型展现雄健豪放的特点,如昂首挺立、大步跨越、展翅高飞,重点表现凤的力量感,刻画更写实,纹饰更自由。战国时期,秦的凤鸟纹瓦当多用夔凤凰纹图表现,汉代朱雀纹瓦当的凤鸟形象显现出昂首挺胸、大气饱满的英豪之气。

秦汉时期,装饰性和生动性将凤凰纹图引领到发展新高峰。凤凰纹图具有灵活性和形式的张力。同时,受百家争鸣的社会影响,加之汉人崇凤,此时期的凤凰纹图也具有一定的社会意义,例如河南灵宝东汉墓出土的三层陶望楼以及张湾东汉二号墓出土的绿釉陶望楼,顶部正脊及四条垂脊的尽端皆有凤鸟装饰。作为现存最完整的汉阙,四川雅安市城东的高颐阙是东汉太守高颐的墓阙,阙顶正脊刻有展翅欲飞的凤鸟纹图。

六朝时期,凤鸟纹图延续汉代以来的风格,追求线条美,多与忍冬纹、莲花纹结合,形象趋于华贵。魏晋时期,随着佛教的传入,凤凰纹图多与植物花卉结合,造型以轻巧飘逸为主。

隋代,凤鸟形象多以高冠、长尾似孔雀和展翅欲飞的姿态出现,翅膀呈弧形上翘,一般用密布细纹装饰,冠羽刻画随意,脖颈纤细蜿蜒,周身

---

① [宋]陈元靓. 岁时广记 [M]. 北京:中华书局,2020.

常伴有花草纹样。

唐朝时期，凤凰纹样拥有更多的表现形式，也更贴近生活。唐代的凤凰造型将周代纹样的严谨、战国的舒展、汉代的明快、魏晋的飘逸融为一体，使凤鸟纹图更加丰满灵动。

宋元时期，凤凰纹图则侧重情感表达和寓意寄托，形象清秀瑰丽，多与如意云纹、花草纹相结合，凤首的顶羽随动势飘向脑后，显现出鹰的形态。元代时期，部分凤鸟纹饰将凤首翎羽表现成带有波浪式锯齿的效果，尾部亦如此，以柔美的线条表达这一时期仁人志士的高雅情趣。

明清时期，凤凰纹图发展至巅峰时期，更多与至高无上的皇权结合。此时的凤凰纹图以"首如锦鸡，头如藤云，翅如仙鹤"的形象和寓意出现，如"凤凰团纹""礼冠凤冠"等都是较为集中的体现。

凤凰崇拜历史源远流长，并逐渐产生诸多美好的吉祥寓意。其纹图造型和文化内涵也实实在在地反映在人们的生活之中。可以说凤凰作为吉祥的象征自古便有"凤凰来仪""丹凤朝阳""凤凰于飞""龙凤呈祥""百鸟朝凤""凤穿牡丹""凤舞九天"之说，并逐渐形成家喻户晓的传统吉祥纹图[①]。

4.4　传统建筑中凤之安的传播类型

河、洛是我国两条大河，即黄河与洛水。"河出图，洛出书。"古时候被认为是一种祥瑞征兆[②]。古人将"凤鸟至、河图出"看作世道清明、太平有象之征。《易·系辞》："河出图，洛出书，圣人则之。"

"凤凰来仪"是天下安宁的最好体现。麟体信厚，凤知治乱，龟兆凶吉，龙能变化。历朝历代将其化为威严与权力的象征。凤即代表天之瑞应，安之大吉，其形象常雕绘在帝王宫殿和寺庙殿堂中。

（一）凤凰纹图单独使用·凤凰来仪

在传统建筑中凤凰纹图单独出现在宫廷类建筑的梁、脊饰、戗檐、瓦

---

① 陶思炎. 中国祥物 [M]. 上海：东方出版中心，2012.

② 沈利华，钱玉莲. 中国吉祥文化 [M]. 呼和浩特：内蒙古人民出版社，2005.

当、滴水、雀替、窗、藻井、栏杆等位置。例如贵阳弘福寺的脊饰，具有西南地方特色的鸱尾和翼角，凌空高翘的鱼、凤凰和龙装饰，别具一格。岳阳楼屋顶翘角琉璃构件的凤凰装饰，潮州安济王庙嵌瓷凤凰脊饰（图4-1），山西临汾市襄汾县连村门楼柱枋头的凤凰装饰等都是典型代表（图4-2）。潮州青龙古寺门厅檩托栌墩两侧伸出凤顶莲花，将屋檐层层托起，凤凰展翅欲飞，胸与尾刻画细致，下部为卷轴祥云浮雕，华丽非凡。

图4-1　潮州安济王庙的脊饰　　　　图4-2　襄汾县连村门楼柱枋头装饰

湘西南高椅侗族古村落中传统建筑上的窗棂有凤纹。梁上雕刻的卷草凤凰纹呈左右对称的形式，端庄大气。凤凰的头部与尖且细长的鹤嘴相结合，眼睛细长，头部有精致飘逸的凤冠，嘴里叼着花草，姿态轻盈。畲族人的立体凤纹雕刻，造型也是惟妙惟肖。

凤凰楼的彩凤天花也十分精美，在方块内绘制飞舞的彩凤，构图为中心构图，画面中心是沥粉贴金的凤凰，凤头均朝东，与凤凰楼的名字呼应，凤凰周围装饰如意云纹，并以绘制金圈衔着红蓝黄绿四色火焰渐变为完整图形。四个岔角装饰三宝珠吉祥草的图案，展现出凤舞的灵动感。凤凰纹图在传统建筑的门楼、门头、戗檐和门墩儿等上也有出现，例如清东陵慈禧陵的"龙凤呈祥"石雕和福建武夷山的"丹凤朝阳"砖雕等。

（二）凤凰与植物组合纹图·牡丹引凤

凤凰、花卉和祥云组合多出现在传统建筑内檐装修和建筑结构构件中。例如故宫钟粹宫透雕竹纹凤鸟几腿罩（图4-3），北京帽儿胡同37号婉容故居的凤鸟卷草天然罩，北海漪澜堂云龙纹飞罩等，采用浮雕、透雕等手法以表现出凤凰古拙、玲珑、清静和雅洁的艺术效果。

广东余荫山房中的"牡丹引凤"飞罩，雕刻的牡丹国色天香、富丽华贵，金漆的凤凰姿态优美，盘旋在牡丹花丛中，"牡丹引凤"寄托了人们祈盼富贵吉祥的美好愿望。园中将具有吉祥寓意的图案运用于罩的装饰中，这样的吉祥纹图表达出园主人对富贵安乐、吉祥平安美好生活的愿景。

呼兰清真寺、营口楞严寺、沈阳太清宫的雀替上也有凤凰纹图装饰，凤凰展翅翩翩飞舞，周身或有祥云围绕，或飞于牡丹旁，呈"凤戏牡丹"。

传统建筑的斜撑有凤凰造型，斜撑是为承托出挑过大的屋檐，在檐下增加斜撑来提供支撑。在结构上斜撑承托屋顶，可以将屋顶的重量传递到檐柱上。在造型上，斜撑连接屋檐与檐柱，在木板上雕刻花草、瑞兽、人物等纹图。例如永州新田县李千二村李氏祠堂的斜撑装饰就十分丰富（图4-4），采用高超的圆雕技法，雕刻的兰花绽放在梁下寓意高雅圣洁，牡丹与凤凰缠绕，称"牡丹引凤"，兰花与牡丹、凤凰相映生辉，使得整体斜撑造型逼真、精美细致、虚实相结，审美意趣高雅，视为祥瑞富贵的象征。

图 4-3　钟粹宫透雕竹纹凤鸟几腿罩

图 4-4　永州市李千二村李氏宗祠斜撑

（三）凤凰与动物组合纹图·龙凤呈祥

龙与凤的组合在传统建筑装饰中最为多见。龙是中华神兽中历史最久、形象最奇、应用最广、文化含量最高的神话动物。《说文》中述："龙，鳞虫之长，能幽能明，能细能巨，能短能长。春分而登天，秋分而潜渊。"[①]龙不是现实之物，而是人根据想象幻化出来的有灵动物，赋予其神秘和吉祥之意，并希望在对龙的崇拜中获得庇护和福泽。

龙能化人化物，从云行雨，代表民族、皇权，这是对龙最大的肯定，也是其他动物难以企及的。龙作为最高权力与地位的象征，反映皇权至上

---

① 周振甫. 周易释注 ［M］. 北京：中华书局，2013.

的审美,帝王将自己比作真龙天子,体现皇家九五至尊的威严,龙也是天下太平的象征。古人把龙分为四种,其一是天龙,代表天的力量,其二是神龙,起到兴云布雨的作用,其三是地龙,代表地上的泉水和水源,其四是护藏龙,保护天下的宝物。

传统建筑装饰突出龙的实例最早见于五代开凿的敦煌石窟藻井,后宋、西夏的石窟藻井中也屡见使用,明清之后,龙的主题在宫廷建筑中使用最为频繁。

凤多出现在厅堂、嫔妃住所等传统宫廷建筑中,如仪鸾殿等。龙凤组合在宫殿建筑中是最主要和使用量最大的装饰主体,如台基、梁枋、天花、藻井等都是装饰重点。

龙凤在传统建筑中的石雕上也有体现,例如北京故宫丹陛石上的龙凤雕刻,乾清宫和坤宁宫之间的交泰殿,殿名取自《易经》,含"天地交合、康泰美满"之意,墙上的浮雕为"龙凤呈祥"(图4-5)。

图4-5 交泰殿龙凤呈祥　　图4-6 净土寺大殿天宫楼阁　　图4-7 善化寺大雄宝殿藻井

龙凤组合在传统建筑的天花中最为多见。例如金代山西应县净土寺大殿一组极其精致的天花,由八边形藻井、六边形藻井、四边形藻井组合而成。当心间八边形藻井最复杂,顶心明镜施以金龙戏珠浮雕装饰。次间八边形藻井上下两层方井间有天宫楼阁,天宫楼阁中绘制凤凰,八角井内用七铺作双杪双上昂重栱计心造,这是辽金建筑适宜上昂斗栱的孤例。边形藻井前后各有一个六边形藻井,顶部有双龙绕莲花旋转的彩画,在一殿内用如此多样且富于变化的藻井,在现存古代建筑中绝无仅有(图4-6)。

金元时期传统建筑藻井有的做成双层锥体,下部半截八棱锥与上部半截圆锥结合。例如山西大同善化寺大雄宝殿藻井,藻井顶部明镜较大,周围施以彩画莲瓣,中心绘制二龙戏珠,四角的角蝉绘制云纹和飞凤,纹图繁多、精美绝伦（图 4-7）。[①]

　　沈阳故宫大政殿室内有珍贵的降龙藻井及梯形井口天花彩画，此藻井分两层，上层是圆形藻井心密式小斗栱，顶部木雕金龙盘旋飞舞，龙头俯视大政殿内，展现威严之感，周围有莲花装饰，美轮美奂。下层由八根绘制降龙的内柱组合而成，梯形天花上绘制着独特的文字天花，可见天花上红底金字的福禄寿喜与梵文吉祥文字的组合，四周以莲瓣装饰，天花最下层绘制着十六方的双龙和双凤团花，四角以祥云装饰，梁枋上有飞凤与坐龙，辅以旋花装饰，柱上通体金漆，彩绘降龙与祥云还有花朵纹，天花彩画整体主要使用了红、蓝、绿、金等色彩绘制。此外，紫禁城太和殿当心殿、独乐寺观音阁当心殿的龙凤藻井都非常精美。除此之外，婺源㴉口萧江大宗祠五凤楼正中"丹凤朝阳"额枋，采用对称结构，两凤凰展翅回首相望，一昂一俯，四周有祥云雕刻，形态生动。传统建筑中凤之安的主要吉祥文化表达如表 4-1 所示。

表 4-1　传统建筑中凤之安的主要吉祥文化表达

纹图类型	组合内容	主要设置的位置	吉祥寓意
凤凰纹图单独使用	凤凰	藻井、瓦当、滴水、脊饰、斜撑等	有凤来仪
凤凰与动物组合纹图	龙等	梁枋、天花、窗棂等、台阶	龙凤呈祥
凤凰与植物组合纹图	竹、牡丹、莲花等	斜撑、飞罩、花罩等	天下安宁
凤凰与其他组合纹图	太阳、祥云等	额枋、雀替、天花、栏杆等	丹凤朝阳

4.5　传统建筑中凤之安的传播路径

居必常安，而后求乐。

4.5.1　传统建筑构件·天花

　　天花是传统建筑内檐装修所特有的，不仅起建筑结构作用，而且是体现安之吉的典型传统建筑构件。

　　清代将木结构建筑室内顶棚总称为天花，宋《营造法式》有平闇、平

---

① 郭黛姮. 华堂溢采：中国古典建筑内檐装修艺术［M］. 上海：上海科学技术出版社，2003.

綦和藻井等称谓，《工程做法》中才有"天花"之称。清代江南建筑做法《营造法原》中有轩、软天棚、棋盘格等称谓，但人们多以"天花"统称。

天花的使用功能在于隔断过高空间以保持室温和避免灰尘下落，天花分为藻井、平綦、井口天花、海墁天花、平闇和轩①。

藻井是最华丽的天花之一。藻是水生植物的总称，"藻井"源于建筑中"圆渊方井，反植荷蕖"的防火功能与寓意。《西京赋》释"藻井"，"藻井当栋中，交木如井，画以藻文"②，"井"加上藻文饰样，取"藻饰于井"之义，故称为"藻井"。藻井在中国建筑中是一种特殊的形制。藻井的形式源于罍式结构，是一种具有神圣尊贵意义的象征，一般用在殿堂明间的正中，如帝王御座、神佛像座之上等室内最重要的部位。

藻井的发展由简而繁，由结构形状演变为装饰的构造。明代之后，藻井的构造和形式大为发展，极尽精巧和富丽堂皇，顶心用以象征天窗的明镜增大，周围放置莲瓣，中间绘制云龙。

其主要类型包括斗四藻井，例如敦煌北朝石窟中仿木构建筑斗四藻井的形象；履斗形藻井，现仅存太原天龙山石窟、敦煌石窟等石雕仿木藻井；斗八藻井、小斗八藻井、复杂组合藻井，如山西应县净土寺大殿藻井、山西五台山金阁寺大殿藻井、河北开元寺毗卢殿藻井；简化八角斗八藻井，现仅存浙江宁波保国寺大殿藻井；无斗八双层锥体藻井，如金代山西应县净土寺大殿明间藻井（图4-8）。

龙井，是清工部《工程做法》中对清宫官式建筑中带有龙饰的藻井的称谓，此时期云龙发展为一团雕刻生动的蟠龙，蟠龙口中悬珠，自下仰视，犹如吊灯，以龙为顶心，也称为龙井。在紫禁城中龙井使用部位之广、样式之多无与伦比。各具特色的方井、八角井、十六角井、小八角井、圆井四层重叠在一起，每层都有龙纹装饰，有的饰以凤纹，如紫禁城太和殿龙井（图4-9）；明清的寺庙、宗祠、园林中异常活泼的藻井，如北京智化寺三宝殿藻井③。

---

① 郭黛姮. 华堂溢采：中国古典建筑内檐装修艺术［M］. 上海：上海科学技术出版社，2003.

② ［清］胡绍煐. 文选笺证［M］. 蒋立甫，校. 合肥：黄山书社，2007.

③ 郭黛姮. 华堂溢采：中国古典建筑内檐装修艺术［M］. 上海：上海科学技术出版社，2003.

天花，是用木肋格子和木板组成的天花。宋代小方格子的天花为平闇，大方格子的天花为平棊，清代后平闇很少应用。《营造法式》记载，在额、柱等外檐、内檐铺作之上承托平棊方，由平棊方承托带肋的木板，称为"背版"，其由多块拼合而成，背后用穿带将板整合为一，正面用肋纷呈长方、正方、菱形、三角形不同形式的格子，格子内贴木雕花饰，称为"贴络华纹"。其构成图案多为云纹、莲瓣等。

木构件建筑最早的是浙江宁波保国寺大殿的平棊，位于当心间的藻井两侧，长方形。山西大同华严寺壁藏天宫楼阁下有一小块毯纹木平棊，十分珍贵。金代建筑河北易县开元寺毗卢殿的平棊形式最丰富，由方格形、八角形、菱形、六边形等组成，多为简约几何形。

清代建筑中，漳州白礁慈济宫大殿是颇为古老的平棊，绘制有凤凰纹样的天花（图 4-10）。紫禁城乾隆花园碧螺亭的天花也有平棊的韵味，楠木做天花，每块天花上均有折枝梅花木片，异常素雅。

图 4-8　金代山西应县净土寺　　图 4-9　紫禁城太和殿　　图 4-10　漳州白礁慈济宫
　　　　大殿明间藻井　　　　　　　　室内龙井　　　　　　　　大殿凤凰平棊

现存的宋代蓟县独乐寺观音阁，天花格式变化多，到清代用清一色的正方形格子，方格子内的天花图案属于彩画的一种，最早是"藻绣""莲华"等水生植物，具有象征灭火的意义，到宋代发展为盘毬、斗八、叠胜和琐子等十三"品"[①]。

传统建筑室内用以遮蔽梁以上部分的构件，一般分为硬天花和软天花。硬天花以木条纵横相交成若干格，也称为井口开花，每格上覆盖木板，中

① 李允鉌. 华夏意匠：中国古典建筑设计原理分析［M］. 天津：天津大学出版社，2005.

心常绘龙、龙凤、吉祥花卉等纹图。软天花又称海墁天花，以木格蓖为骨架，满糊麻布和纸，上绘彩画或用编织物，是不露肋的平天花，亦称顶棚、承尘。

例如紫禁城殿堂就用海墁天花，表面绘制彩画。紫禁城慈宁宫花园的临溪亭的海墁天花，承乾宫〔明永乐十八年（1420 年）建成，承乾即顺承天意，承乾宫与翊坤宫对称分布于乾清宫和坤宁宫两侧，故有此名〕的海墁天花绘制为鸾凤井口天花，诚肃殿的海墁天花绘制瑞鹤井口天花，雨花阁内绘制海墁天花等。沈阳故宫大正殿的藻井，天花圆光是龙、凤和梵文，别具特色。最有特色的就是清宁宫，其为清入关前的帝后寝宫，内檐装修等级较高，室内施以平綦天花，居中双龙戏珠。天花圆光作龙凤纹样。其他四处寝宫，关雎宫、麟趾宫、衍庆宫、永福宫作海墁天花。还有一种天花，向上弯曲构成"单曲筒形栱"式的顶棚，叫做"卷棚"，亦称"轩"。卷棚式天花雅淡、轻快，反映文人意识，多半见于画室、画斋中，书卷味足。

4.5.2 凤之天花塑造传统建筑的安之吉

诚实地来装饰一个结构部分，而不肯勉强地来掩饰一个结构枢纽或关节，是中国建筑最长之处。

——林徽因

传统建筑的天花是合理之美的权衡之典范，是结构和装饰完美配合极成功的创作。不是上重下轻巍然欲倾，上大下小势不能支，孤耸高峙，细长突出等违背自然规律的状态，而是要呈现稳重、舒适、自然的外表，诚实地呈露全部及部分的功用，不掩饰造作，是理性规则的构架上坚固、实用和美好的自然呈现。

由于木材性能，中国传统建筑多半采用让所有结构和构造完全暴露出来的"彻上明造"。装饰在结构上有功用，更是率直的体现。[①] 即在满足结构要求前提下，几乎所有的中国建筑构件的形制都经过美学加工，结构与装饰是人工与天然趋势的调和，雕饰在必需的结构部分是锦上添花。但绝

---

① 李允鉌. 华夏意匠：中国古典建筑设计原理分析 ［M］. 天津：天津大学出版社，2005.

非浅显的色彩和雕饰，而是深藏在基本的、产生美观结构的原则里和国人的绝对了解控制雕饰的原理上[①]。既不失去基本结构功能的形状，又显现出极为丰富的装饰意味。

传统建筑每一个构件的形状、构造方式都经过千百年的考验，都倾向于将来自力学要求的几何图形的功能形状改变为一系列柔顺的曲线，改变呆板的感觉。曲直交替出现，刚中带柔，柔中有刚[②]。北京天坛祈年殿和皇穹宇的藻井，丰富的装饰与结构密切配合，每一部分都由力学和构造上的要求而来。

同时，传统建筑的天花位于室内最重要的部位，营造独有的建筑空间氛围。《营造法式》卷八称："凡藻井施之于殿内照壁屏风之前……平棊之内"，位置相当于宫殿中皇帝宝座上空、宫殿内佛像上空，是视觉中心，也是装饰的重点，这一点和传统建筑平面立面强调中心的营造观念保持一致。传统建筑居中布置具有沟通天地的价值[③]。通过色彩、体量、组合关系等手法使得建筑重要居中部位的天花成为最突出的部分，位置、大小体量均符合传统建筑本身的性质和功能需要。例如独乐寺观音阁当心殿的藻井、北京紫禁城太和殿的龙井，更是功能单一而体现极致的皇权威严与恢宏气势的典型。

而且，传统建筑在结构平面和立面强调在平面方向上的无限延展，弱化纵向的延伸。在相对封闭的室内殿堂顶部中点形成仰望天穹的无限空间，用高明的"无限"引导"有限"、化解了"有限"的约束，主要在于其所构成的一系列大小变化无穷的封闭空间，通过空间表现成就了空间的雄伟和表现力，达到本身追求的效果，也通过空间达到最高的天下安宁的境界的传播效果。

传统建筑中天花用完美的结构突破了空间的规限，在相对封闭的室内空间中表达了上升的建筑空间，用虽实尤虚的空间塑造方式，严谨合理地搭建出人与天贯通的建筑空间，并获得心理的高度认同与感应的传播效果，更为重要的是给整座建筑注入了精神、节奏和肌理。

天花也具有圆满、安详的人文意义和象征意义，是人生幸福期待的象

①　林徽因. 中国建筑常识［M］. 成都：天地出版社，2019.
②　李允鉌. 华夏意匠：中国古典建筑设计原理分析［M］. 天津：天津大学出版社，2005.
③　王鲁民. 中国古典建筑文化探源［M］. 上海：同济大学出版社，1997.

征。圆出现在建筑中，如明代的天坛，代表天，具有超越自然的力量，这是世俗的圆满文化终于落实在完美的空间与造型之上的体现①。传统建筑的天花塑造了有限室内空间的无限变化和升腾空间。让代表安之吉的龙凤在井口与宇宙关联，达到空间纵向上升，打破封闭和限制，似乎屋顶井口可直达天宫和九霄连通。

传统建筑天花上精美的"凤凰来仪""龙凤呈祥"等具有神力的吉祥纹图，使得传统建筑本身具有长治久安的吉祥意味和装饰精神。以凤为题材的安之吉依托在传统建筑的天花中，散发在建筑时空中，使得走入传统建筑的人能够感受到安之吉的气息，联想到安之吉所体现的文化内涵，使国泰民安的吉祥寓意更为长久地流传。

4.6 禄·吉祥文化中的鹿之吉

> 禄重如山彩凤鸣，禄随时泰祝长庚。
>
> 禄添万斛身康健，禄享千钟世太平。
>
> 禄俸齐天还永固，禄名似海更澄清。
>
> 禄思远继多瞻仰，禄爵无边万国荣。

4.6.1 鹿之禄

自古以来，鹿就被视为祈福求吉的吉祥物之一，又因"鹿"与"禄"谐音可互通，有"天赐福禄"之意，因此"天鹿"又名"天禄"，与"禄位"相关。

关于"天鹿"，《云笈七签》记载："聚窟洲在西海中，申未之地。地方三千里，北接昆仑二十六万里，去东岸二十四万里。上多真仙灵官，宫第比门，不可胜数。及有狮子辟邪，凿齿天鹿，长牙铜头，铁额之兽。"② 又《瑞应图》云："天鹿者，能瑞之兽，五色光晖，王者孝道则至。"③ 可见，天鹿是一种吉祥瑞兽。在汉代画像石中就有"仙人骑鹿""有翼鹿""羽人戏鹿""驾鹿车"等大量图像。

---

① 汉宝德. 中国建筑文化讲座 [M]. 北京：生活·读书·新知三联书店，2006.

② [宋] 张君房. 云笈七签 [M]. 李永晟，点校. 北京：中华书局，2003.

③ [宋] 吴淑. 事类赋汪 [M]. 冀勤，等点校. 北京：中华书局，1989.

汉代以来，鹿一直被视为善灵吉祥的象征①。《春秋运斗枢》云："瑶光散为鹿"②，瑶光为祥瑞之光，意为鹿是瑶光散开形成，为祥瑞之兆。人们喜爱瑞应仙鹿，以期"永享禄寿"。

鹿在古人心中是"信而应礼""恳诚发乎中"的"仁兽""瑞兽"，演变出多种不同的祥瑞象征。鹿与吉祥文化的关联较多表现为禄和以禄为主题的福寿吉祥内涵，主要有以下几个方面：

其一，加官晋爵的象征。禄，古代指官吏的俸给，也称"禄米"，官位叫"禄位"，禄米叫"禄食""禄润"，俸禄优厚的"禄丰"，"仕而受禄以养亲"即"禄养"，在古代求学之人会"拜鹿"。古代的粮仓也称为"囷鹿"，禄米就在其中。"禄"从字面来看，并非与官位相关，是一个假借字，原型是过滤物品的布袋，有享受和幸福之意③。以鹿喻爵位，暗指"禄"④，也指有爵位的人，有官禄的寓意。用鹿也寓意永享禄位。

唐宋之后，开始将"鹿"作为"禄"的谐音使用。"鹿"与"禄"谐音，取吉祥有福之意，所以以鹿又象征富裕。在吉祥纹图中，绘一百头鹿称"百禄"。因为"禄"象征福气、顺利和财富，所以，上至达官贵人下至平民百姓都非常喜欢这一吉祥如意的寓意。

科举考试后，"鹿"字象征功名，成为许多达官贵人的喜爱之词。科举制度没落后，"鹿"字的含义也发生了改变，开始与其形象关联。人们将鹿视为能够带来祥和、富贵、长寿的瑞兽，民间常把鹿和冠结合在一起表示"加官进禄"的寓意。

其二，长寿升仙的象征。古人认为鹿是充满灵性的长寿仙兽，作为众多瑞兽之一出现在神话传说中，古代传说中白鹿的寿命有千年，五百年后其毛发才会变得纯白，千年以上的鹿被称为苍鹿，而两千年以上的鹿被称为玄鹿，表达长寿的美好愿望。"鹿"和"福寿"二字组合在一起称为"福禄寿"。在传统的祝寿主题画作中，鹿常与寿星组合以祝长寿。

同时，鹿常作为仙人的坐骑一起出现在仙界，也被赋予能载人进入仙境的含义。战国时期，鹿可载人升仙的思想就已形成。例如《楚辞·哀时

① 周保平. 汉代吉祥画像研究 [M]. 天津：天津人民出版社，2012.
② ［清］赵在翰. 七纬 [M]. 钟肇鹏，萧文郁，校. 北京：中华书局，2012.
③ 张道一. 吉祥文化论 [M]. 重庆：重庆大学出版社，2011.
④ 郑春兰. 精彩汉字 [M]. 成都：四川辞书出版社，2018.

命》中有仙人"骑白鹿而容与"①之语。《春秋命历序》曰"皇神驾六飞鹿，值三百岁"，"有人黄头大腹，出天齐，号曰皇次。驾六飞麏，上下天地，与神合谋"等。

其三，德行祥瑞的象征。在儒家文化中，鹿是古代政治权力、帝王仁德的象征，鹿的隐现常被认为是帝王德政和上天意志的表征，尤其是白鹿，人们称之为"仙鹿"或"天鹿"，视之为祥瑞神奇的瑞兽。古人认为，"王若孝顺，必见白鹿；王若睿智，必利下，必见白鹿"。《孝经援神契》载："德至鸟兽，则白鹿见。"鹿是有德行的瑞兽，为人间带来福祉，代表了至善至德的吉祥寓意。其外表恬静谦和，崇尚团结和善，喜好群居，在品性上符合儒家道德文化中的"仁义礼智信"。

4.6.2　鹿纹图的历史演变

鹿纹图在原始时期多见于北方游牧地区，远古时期人类在岩壁上常刻绘动物纹样表示狩猎丰收。远古的岩画、狩猎图和舞蹈图中有表达吉祥寓意的，如在内蒙古地区的岩画上发现很多此类动物纹图。仰韶时期，鹿、鸟、鱼、蛙四种图腾纹样就已出现，原始时期的鹿纹图主要通过鹿的各种形态、动作特征来表现对自然的敬畏。

商周时期，鹿的形象多威猛、霸气。纹样形态多种多样，活泼灵动。商后期到春秋时期，在欧亚草原上出现了一种重要的古代文化遗迹——鹿石，在其之上常刻绘有图案化的鹿。因此，这种石碑被称为鹿石。春秋战国时期，鹿纹以自然写实开始萌发。秦朝的鹿纹瓦当数量最多也最出名，秦人的祖先早期就是在草原上过游牧生活，所以秦代鹿动物纹样瓦当受到喜爱。例如在雍城遗址发现的鹿纹瓦当，鹿仰首矗立，凝视前方，鹿角呈树枝状，四肢矫健有力，细腻传神，栩栩如生，不仅数量众多，而且几乎占所出土动物纹瓦当之半。瓦当中刻画的鹿，神态多变，有奔鹿、卧鹿、立鹿、母子鹿等 10 余种纹样。

秦汉时期，鹿具有助人升仙、预示祥瑞的象征。南北朝时期，壁画中有鹿纹样，例如敦煌石窟第 257 窟中的北魏壁画《鹿王本生》，该壁画为佛教故事画，画中九色鹿与其他人物在一起活动，栩栩如生。佛教中也将鹿

---

① 林家骊. 楚辞［M］. 北京：中华书局，2015.

刻画成释迦牟尼成佛前的本生。

唐朝时期，鹿纹图代表的长寿寓意更多。造型从写实的鹿角转变为灵芝形状的"珍珠盘"状角，鹿身大多较为肥大丰满，且多作卧鹿状，四肢蜷缩，弯曲角度较大。宋元时期，汉文化与草原文化相互融合，同时，道教兴盛，鹿在道教中多为仙人坐骑，如南极仙翁总是与鹿一同出现，寓意长寿。明清时期，鹿常与其他动植物、人物一起组合成寓意吉祥的纹图，不仅形式和寓意极为丰富，且样式更加完美。

4.7 传统建筑中鹿之禄的传播类型

鹿是禄瑞文化中占第一位的祥瑞之物，在传统建筑中多将鹿幻化为福禄的吉祥瑞物来表达求取功名、向往繁荣昌盛和长寿的吉祥内涵。

（一）鹿纹图单独使用·升仙祥瑞

鹿纹图多出现在瓦当中，战国时期出现诸如龙纹、凤纹、鹿纹、虎纹、鸟纹、雁纹和鱼蛇纹等动物瓦当。此类瓦当内容丰富、种类繁多、造型纹饰精美，称著于世且以祥瑞为主。秦国鹿纹瓦当数量最多，战国、秦、汉时期的鹿瓦当装饰纹图中皆有助人升仙、表达祥瑞的吉祥内容。

（二）鹿与植物和人物组合纹图·喜禄封侯

鹿为"纯灵之兽"，代表长寿，常与仙鹤和寿星组合，表示长寿福禄、繁荣昌盛。与寿星结合，表达"寿星骑鹿""鹿衔灵芝"等，亦常在古代宅院雕梁画栋中出现。例如无锡薛福成故居松鹿图漏窗（图 4-11），采用六边形几何构图，远处由松树、祥云、山石构成，展示无锡自然美好的风光，近处雕有两只神鹿，一只凝望松柏，一只回头望鹿，造型轻盈、神态生动，轻其形而重其神，整个画面构图饱满、疏密有致，意指福禄长寿。厦门宗祠常见的装饰内容是鹿、鹤、竹、松，竹寓意节节高升，鹿和竹组成纹图寓意"鹿竹同春""得禄平安"等。

吉林北山寺庙群玉皇阁有鹿与松树组合的松鹿雀替，湖北省丹江口市浪河镇黄龙村饶氏庄园正门北边石门墩"梅花鹿与竹子"石雕寓意官运亨通。鹿、竹和宝物类组合广泛出现在暖泉镇古村落建筑的木雕、石雕和砖雕中。

山西丁村民居有精美鹿纹雕刻。如建于清雍正九年（1731 年）的八号院民居，左厢房一侧刻有喜鹊、鹿与人物搭配构成的画面"喜禄封侯"。厅房、厢房较多使用斗栱作为装饰构件，并雕刻"老寿星骑鹿"等。山西灵石王家大院的六合同春砖雕，以梅花鹿为主题，辅以象征长寿的松树，四周环绕着博古纹，花瓶中插着四季的植物，表达求寿、求禄、求平安的祈愿。还有用鹿谐音"路"的"路路顺利"。两位文官，一手捧冠帽，一手捧白鹿，象征"加官进禄""名禄双收"等。在晋祠的建筑额枋木雕中也多有此类表达。

（三）鹿与其他动物组合纹图·福禄长青

在闽南沿海地区传统建筑装饰中，鹿纹图多雕刻于板门的两个门簪和门箱正面，一侧为鹿，另一侧为鹤，象征福气、财运和长寿。山西晋城团池村在门钹的两侧装饰有一对正方形或圆形的金属垫，上面装饰镂空的鹿纹图，栩栩如生。

湖北恩施大水井李氏庄园，院中柱础绘以"喜上眉梢"和"路路顺利"。"喜上眉梢"是中国传统吉祥纹图之一。古语有云"时人之家，闻鹊声皆以为喜兆，故谓喜鹊报喜"，"灵鹊兆喜"，所以早在唐宋时期就有此说法。并且古人以梅花谐音"眉"，所以"喜上眉梢"常见于建筑装饰纹样中，该柱础下方刻的是"路路顺利"（图4-12）。古人认为"鹿"也谐音"路"，而两只麋鹿就代表了"路（鹿）路（鹿）顺利"。

图4-11　无锡薛福成故居　　图4-12　恩施李氏庄园　　图4-13　岳阳楼三醉
　　　　松鹿图漏窗　　　　　　　　　柱础　　　　　　　　　　亭木雕扇门

山东栖霞市李氏庄园大门两边的廊心墙雕刻装饰尤为精美。廊心墙为砖起框，内嵌一整块青石雕刻。青石浮雕以蔓草和莲花、牡丹等做边饰，象征万代富贵，东面一块上面刻有一枝苍劲的梅花，松树下面一只口衔灵芝的鹿，寓意"松鹿常青""多禄长寿"。

陕西省榆林市姜氏庄园的建造极具精心，不仅体现在丰富的院落格局和建筑形态上，院落中多样的砖、木、石雕装饰和细部处理无一不体现建造者的用心和对美好生活的朴实祈愿。在中院通往上院的穿廊两侧各镶嵌一幅巨型砖雕图案，西侧砖雕为"松鹿图"，雄鹿立于松树之下，蓦然回首，其姿态昂扬，目光炯炯，背后隐隐浮现出远山的景色，右上角是出于东方并且正在冉冉升起的太阳，整幅画面构图协调，颇有吉祥意趣。

安徽黟县西递村的荆藩首相坊中有"鹿鹤同春"（谐音"六合同春"）砖雕图，整个砖雕构图排布疏密有致。画面左上方雕刻着一只飞翔状的蝙蝠趴在如意灵芝上，下方一头鹿昂首回头张望着，天真烂漫。中间鹤立寿石，回首探望，背景雕刻着生机盎然的松树。右侧一只鹿作奔跑状，生动传神。鹿身上的斑点雕刻细致，腿部肌肉处理得浑圆凸起，极具力量。

建于明末清初的河南巩义康百万庄园，栈房区西耳房的柱础，六棱柱形制，底层六棱柱仿木制壶门结构，上六棱柱基座，再上竹节六棱柱，顶层圆角方石，四面雕鹿等祥瑞动物。

湖南岳阳楼三醉亭有木雕扇门的鹿纹图（图 4-13）。北京美术馆东街 25 号四合院正房鹤鹿同春圆光罩，圆圈口周围配有大片透雕竹纹花板。苏州网师园用鹤、鹿纹铺地，鹤、鹿象征着忠诚、长寿、财富和运气等。

传统建筑中鹿之禄的主要吉祥文化表达如表 4-2 所示。

表 4-2　传统建筑中鹿之禄的主要吉祥文化表达

纹图类型	组合内容	主要设置的位置	吉祥寓意
鹿纹图单独使用	鹿	瓦当、雀替、门簪等	福禄长寿、德行祥瑞
鹿与植物、人物组合纹图	竹、松、桃、寿星等	雀替、牛腿等	鹿竹同春、福禄长青
鹿与其他动植物组合纹图	仙鹤、喜鹊、松等	雀替、柱础、窗、铺地等	六合同春、喜禄封侯

4.8　传统建筑中鹿之禄的传播路径

传统建筑构件与装饰变化多体现其特有的换骨变形之才妙，万事万物形态皆可用，且形象生动、高度概括，奇思妙想、灵活多变也给予传统建筑极为丰富的遐想空间。以下以鹿造型的撑栱为例解析。

4.8.1　传统建筑构件·撑栱

撑栱，也叫斜撑，是民宅建筑中的标志性构件。在北方地区叫"马腿"，江浙一带俗称"牛腿"，上半部矩形与下半部分三角形组合成直角梯形。

撑栱由斗栱演变而来，是在结构上，为承托出挑过大的屋檐，在檐柱外侧用以支撑挑檐檩或挑檐枋的斜撑构件。即斜撑承托屋顶并将屋顶的重量传递到檐柱上，主要起支撑建筑挑檐与檩之间承受力的作用，使外挑的屋檐达到遮风避雨的效果，又能将其重力传到檐柱，更加稳固。在造型上，撑栱连接屋檐与檐柱，在木板上雕刻花草、瑞兽和人物等图案，起到装饰檐下空间的功用。

例如建于明景泰年间的卢氏肃雍堂，汇聚了卢宅最精美的木雕。由于撑栱的体积增大，为雕饰提供了自由创作空间与便利。雕刻内容以狮子、鹿居多，因为"狮"与"事"谐音，取"事事如意""福禄长寿"的吉利寓意。

图 4-14　寺平村鹿纹样撑栱　　　　**图 4-15　高迁古民居撑栱**

始建于明代初期的金华市婺城区汤溪镇寺平村，厅堂众多，全村以七星伴月构建，原有厅堂 24 座，现保存较为完整的厅堂还有 8 座，建筑面积 6 000 平方米，古民宅 2.2 万多平方米。古时"七星伴月"的村落格局至今保存完整，对应七星的百顺堂、崇厚堂、立本堂、基顺堂等明清建筑，集中了村落建筑艺术精华，鹿造型的撑栱雕刻尤为精美，采用线雕、浮雕等技法，精美细致、造型逼真、虚实相结、生动形象，寓意吉祥福禄（图 4-14）。

浙东仙居县高迁古民居建筑群始建于元代，现存以清代民居建筑为主。余庆堂前院以卵石铺地，后院种植花草。前院为三合院式，正堂及左右两厢房均面阔三间，高二层，围绕院子设有檐廊。正中两边檐柱下雀替为狮子戏球，上一部分构件为情景戏剧人物，表情细节生动，东西两边雀替为一组雕刻精美生动的梅花鹿，雕工精细，极富特色，寓意福禄等（图 4-15）。

传统建筑构件鹿之撑栱，其秩序、线条、形式和材质给人以审美愉悦和福禄的文化启迪，满足了人们追求美好的深层心理需要。刻绘在撑栱构件上的鹿纹图化解了有限的结构构建空间约束，使人们看到无限的瑞兽意境并达到以鹿之形传禄之神。

4.8.2　鹿之撑栱营造传统建筑的禄之吉

装饰在传统建筑内外负有极重大的使命，有时足以置建筑之死命，各国建筑皆然，但中国建筑中亦有重大的作用。中国传统建筑轮廓简单，装饰能极变化之妙而救此者。

传统建筑装饰能赋予建筑以某种特性，或令人肃然起敬，或优美动人。[①] 极尽精巧的美妙吉祥装饰使传统建筑风格具有辨识性、协调性和空间转换功能。

首先，撑栱作为民宅建筑重要的构件之一，也是建筑形制标志之一、体现传统建筑不同等级和特征。传统建筑内容和形式是一种基本制度。"礼"的一部分内容是有关的规定和理论依据的记录。传统建筑制度也是政治制度。传统建筑的布局、形式、装饰都按"礼制"安排，反映礼制精神。例如宫廷、寺庙高等级建筑用斗栱，民居建筑不能用斗栱，而用撑栱替代，一方面起到结构力学支撑作用，另一方面建筑构件的使用也表明了建筑的等级。撑栱装饰的复杂程度与建筑等级也密切相关，如五开间的建筑撑栱比三开间的撑栱装饰更加精美复杂。通过重要结构装饰的题材和雕刻手法，将装饰造型与象征福禄的寓意结合，彰显屋主人的社会地位、经济实力和对吉祥福禄的追求。

---

① 佩夫斯纳. 现代设计的先驱者：从威廉·莫里斯到格罗皮乌斯［M］. 王申祜，译. 北京：中国建筑工业出版社，1987.

其次，传统建筑的撑栱造型体现结构与审美、用与美的高度协调。庄子曰："故视而可见者，形与色也。"用与美在中国词汇中的"美好"一样①，为传统建筑塑造美好形象，两者辩证统一。撑栱造型的线条、形式、色彩等给人以审美愉悦，即"物无美恶，过则为灾"，美的大部分精神蕴含在其权衡之中，如撑栱中鹿造型的繁简对比、面积大小分配、构件体积轻重权衡，与柱的雕刻繁杂程度对比，装饰远观粗略，近观却精细，能够体现出乎意料的妙味。换言之，"建筑是大工艺，工艺是小建筑"②，传统建筑的鹿之撑栱与建筑本身不可分割，传统建筑与装饰两者有共性和个性且非常协调。同时，传统建筑是坦然的结构平面和立面的组合，结构严谨、严丝合缝，建筑构件鹿造型的雕刻撑栱，则形态相对自由，两者产生视觉和心理层面的互补效果。

最后，撑栱作为传统建筑空间界定的装饰之一，通过暗示、提醒和象征方式营造传统建筑室内与室外、公共与私密的空间功能转换。例如鹿寓意禄，多出现在建筑的大门、凹寿、天井、厅堂等公共空间中，体现屋主人的社会地位、经济财力、道德理想和文化追求。前厅是入口和厅堂的过渡空间，后厅是后庭院和内宅的过渡，在传统建筑空间转折、墙面的交接、暗含公共与私密的界限等处的撑栱用鹿主题装饰表达空间功能转换。

同时，传统建筑装饰与仰俯自得的欣赏行为共同构成叙事阅读。通过三维观景方式增加丰富的体验和多重意境，多角度营造氛围，体现建筑的性格特征。例如行走在传统建筑空间中，首先映入眼帘是大门、门簪和门箱、柱础、抱鼓石等鹿的主题雕刻，如柱础的鹿纹图与路谐音，代表"路路通顺"。然后从地面到梁架，撑栱是传统建筑构件中最先吸引人注意的，特别是一些民宅柱子和柱础没有装饰的情况下，也是视线接触最多的传统建筑结构之一，将人对图像的视觉感知瞬间聚焦在对鹿的撑栱上并产生福禄意义的精神共鸣，形成和升华禄之吉的传统建筑空间主题和意义。借助传统建筑空间的布局秩序，塑造雕饰艺术的空间，结合其室内的不同鹿主题的陈设、吉祥器物、镇物，通过不同寓意的吉祥之鹿与动植物、人物、文字、器物搭配组合，共同表达传统建筑的禄之吉的叙事空间。

---

① 张道一. 造物的艺术论 [M]. 福州：福建美术出版社，1989.
② 张道一，唐家路. 中国古代建筑木雕 [M]. 南京：江苏美术出版社，2006.

换言之，一座传统建筑上直接关联禄之吉的构件是有限的，但传统建筑装饰不在于单个梁柱、斗栱、隔扇的雕刻精美，而在于有序组织所构成的一系列大小变化丰富的空间，构成整体传统建筑所表达的禄之吉。

禄之吉孕育传统建筑独特的福禄风韵，作为精神生活的信仰和信念渗透进物质生活，共同物化、型化为传统建筑。冯纪忠先生认为传统建筑是活的、有生命的，活在什么地方？表达在哪里？这与意境有关[①]。传统建筑的生生不息，活在以象寓理、以象寓意、以象寓情中，生成在匠人的精雕细刻中，渗透在传统建筑的每一个构件和装饰中，活在吉祥和美的祈愿中，穿越传统建筑的时空，汇聚在传统建筑祈吉纳福的文化长河之中。

4.9 福·吉祥文化中的蝠之吉

> 福星光耀世尊前，福纳弥深远更绵。
>
> 福德无疆同地久，福缘有庆与天连。
>
> 福田广种年年盛，福海洪深岁岁坚。
>
> 福满乾坤多福荫，福增无量永周全。
>
> ——吴承恩

福，无处不在。翘盼福音、五福临门、笑语盈盈，寄托了多少人的情思。千百年来，人们喜福、盼福、爱福。正如《韩非子·解老》中所曰，"全寿富贵之谓福"。

古人的幸福观受祈福纳吉的生存观念和子孙繁息的观念影响[②]，如果这两方面都实现就是有福了，对福高度概括形成"五福"。如《礼记·祭统》谓，"福者，备也；备者，百顺之名也。无所不顺者，谓之备"。即富贵、长寿、安宁、吉庆、如意等全备完美之意。

福最初与祭祀相关，"礻"旁表示一个祭坛，上放祭品；"畐"的雏形是樽之类的大口酒器，下面还有一双手举着畐将酒倒在祭坛上，表示对天神和祖先的祝福。

---

① 冯纪忠. 意境与空间：论规划与设计 [M]. 北京：东方出版社，2010.
② 刘锡诚. 象征：对一种民间文化模式的考察 [M]. 北京：学苑出版社，2002.

"福"作为吉祥纹图表达极为多样丰富。如传统建筑的影壁中间雕刻的大福字，数以百计的福字组合为"百福图"，以及福神、天官赐福、佛手和牡丹寓福等。而其中以蝙蝠纹图表现"福"最为常见且类别繁多。蝙蝠与各种吉祥神仙人物、鸟兽动物、树木花草等组合寓意福，且与禄、寿、喜、财结合构成人生追求的各个方面。例如"五福捧寿""福寿双全""平安五福自天来""祈福求祥""双福""五福和合"等。徽州民居木雕以蝙蝠为主题的组合应用非常普遍。如蝙蝠倒挂，预示家中财福双全，宅中喜事连连，和和睦睦、财运兴旺、身体康健，即是"福到"。

同时，古人认为，在自然之象的背后隐藏着未被深刻认知的气机与生态，千姿百态、丰富多彩、各得其所、自由自在，"万物并育而不相害"。故伏羲运思之妙，正在于"仰观于天，俯察于地"，"近取诸身、远取诸物"。在这样的思维和自然观念中，生命活动与山川自然、天地万物、江河运行之机相呼应、沟通，为天地运化之妙境。对未来与自然都保存敬畏之心，将恐慌和戒惧转变为友情与敬意，不仅体现厚德载物的天地精神，也体现在祈求平安、寓意吉祥的纹图之中。敬畏并非像文人画中那般独与天地精神相往来的孤傲荒寒之美，而是处处显示着日常生活的祥和情趣。

也正是在这样的文化环境下，古人对蝙蝠十分友好，蝙蝠虽是黑夜出行的动物，但人们并未将其视为邪恶之物，而是始终对其保持敬畏，不去打扰或是侵犯它们的栖息环境，更将其变通为有"福"之用，"推天道以明人事"，对蝙蝠形象进行艺术概括、夸张、联想和美化，并融入祈福求吉的愿望，最终使之演变成为各种各样的福之吉的纹图，即吉祥思维下的妙笔生福。

4.9.1　蝠之福

蝙蝠，民间又称"飞鼠"，被视为祥瑞之物，前爪后爪各为四趾和五趾，单数双数为一体，喻为阴阳相伴，含祈福辟邪之意。同时，子鼠为水，水为财，因"蝠"与"福"谐音，以"蝠"表示福气。因而，在中国传统中，蝙蝠纹图从古至今美意之多、运用之广，历经变迁而久盛不衰。国人的幸福观，在以蝙蝠为主题的装饰中得到集中而生动的表现和演绎，通过灵活多变的组合方式，创造出丰富多彩的吉祥纹图。其吉祥内涵主要包括以下两个层面：

首先，象征福寿，人们通过灵活多变的组合方式，创造出丰富多彩的福之吉祥纹图。如蝙蝠展翅飞翔、从天而降的场景寓意"进福";蝙蝠倒挂枝头寓意"福到";两只蝙蝠相对而立寓意"双福""好事成双""双福临门";蝙蝠与马组合寓意"马上来福";童子仰望空中的蝙蝠寓意"翘盼福音";蝙蝠、"寿"字、如意组合寓意"福寿如意";五只蝙蝠从天而降,童子捕入花瓶,寓意"平安五福自天来";蝙蝠与桂花的组合寓意"福增贵子";五只蝙蝠围绕"寿"字寓意"五福捧寿""五福拱寿""五福临门";蝙蝠图案里加蝙蝠寓意"福中有福";还有"祈福求祥""钟馗引福""五福和合"等非常丰富的福之纹图。

同时,蝙蝠在传说中被认为是一种长寿的动物,因而蝙蝠也成为长寿的符号之一。五福之中以寿为先,古人常以蝙蝠、桃、双钱、寿字纹或者一个长须飘飘的寿仙老人组合寓意"福寿双全",蝙蝠寓福,桃象征长寿,"钱"与"全"谐音,故寓意"福寿双全""福寿如意"。"五福捧寿"纹样当中的五福以蝙蝠来表达,对于长寿意蕴的表达还有"福寿双全""多福多寿""福寿吉庆""福寿绵长"等。

其次,象征福禄。在《孝经援神契》中有如下记载:"……形绝类鼠,肉翅与足相连,夜捉蚊蚋食之,俗言老鼠所化也",故蝙蝠又名"仙鼠"。其形象奇特、怪异。将"蝙蝠"作为富贵之"富"来取义。"蝠"谐音"福"字,同时也谐音"富"字,古人视富为福。《释名·释言语》说:"福,富也。"《礼记·郊特牲》说:"富也者,福也。"《尚书·洪范》将富列为"五福"之首。

对于富裕生活的渴望是人们最基本的祈盼,由蝙蝠纹和象征"天圆地方"的铜钱组成"福在眼前"的纹图较为常见。与官禄相伴而来的是财富与权贵,用鹿与蝙蝠组合,代表"福禄双全""福禄寿禧""福禄双收""福贵双收"之意;桂花之"桂"字与富贵之"贵"字谐音,和蝙蝠组合,寓意"福增贵子";还有带喜庆意义的"福寿吉庆""福缘善庆"等。

可见,蝙蝠纹图的形态、功能、文化内涵和价值远超其本身,成为人们祈福除殃、求福镇邪的表达方式,充满着人们对美好生活的祈福。

4.9.2 蝙蝠纹图的历史

蝙蝠作为纹图最早见于新石器时代的红山文化玉器,此蝙蝠整体成瓦状,正面凸起,整体造型似圆雕体,以减地法区分出躯体和双翅,中间为躯干部分。商代和周代,青铜器上的蝙蝠纹图装饰风格统一且具有神秘色彩。秦汉时期，造型单纯质朴。例如西汉出土文物蝙蝠形柿蒂座连弧纹镜，镜主纹由原柿蒂座扩大并演变为蝙蝠形，蝙蝠形柿蒂纹镜中间有四尖角及简单的半圆块，镜上镌刻有"长相思，毋相忘，常富贵，乐未央"的铭文。

魏晋南北朝时期，蝙蝠纹图在传承中吸收西方纹饰的特征，呈现胡汉之风的时代特色。卷草纹应用于蝙蝠头部、躯干、双翼部位做花纹装饰。

隋唐时期，蝙蝠纹图整体风格从雄浑大气、抽象写意逐渐转变为清秀俊美、生动写实。孟超然《亦园亭全集·瓜棚避暑录》曰："虫之属最可厌莫如蝙蝠，而今之织绣图画皆用之，以与'福'同音也。"清蒋士铨《费生天彭画（耄耋图）赠百泉》云："世人爱吉祥，画师工颂祷。谐声而取譬，隐语夏夏造。蝠鹿与蜂猴，戟磬及花鸟。""蝠""鹿""蜂""猴"组合即谐音取义"福禄封侯"。

宋代时期，花鸟画的兴盛增强了蝙蝠纹图的绘画性和写实性。士大夫文化的兴起，使纹样在清新雅致的造型中蕴藏理性和诗意。平民文化的渐进又使纹样增添了生活情趣，反映民众吉祥祈愿的纹图增多，蝙蝠多结合花卉纹组合形成满幅装饰。

明代时期，民俗文化日渐繁荣，蝙蝠纹图多与植物组合，构成吉祥寓意。例如明朝的《柏柿如意图》，钟馗手上拿着如意，旁边有一小鬼侍立举着盘子，盘内盛有柏叶、两个柿子，空中盘旋着一只蝙蝠，这是当时常用的具有吉祥寓意的内容组合。

清代时期，在对从民间、宫廷、民族和外来纹图的借鉴中，蝙蝠纹图构图日趋华丽、造型丰富、构思巧妙、富于想象，通过借喻、谐音、象征等多种手法，达到"图必有意，意必吉祥"的极盛情景。

4.10 传统建筑中蝠之福的传播类型

一切景语皆情语。

——王国维

蝠之"福"的吉祥纹图在传统建筑构件中具有最为集中、生动的表现和演绎，体现出人们对福的美好追求和向往。明清时期，从宫廷到民间，与蝙蝠有关的传统建筑构件应用广泛，而"万福之地"——和珅的恭王府更是将蝙蝠之福的吉祥寓意发挥得淋漓尽致的典范。

北京什刹海西侧的恭王府，为乾隆内阁大学士和珅宅第。恭王府分为府邸和花园两部分，以福文化为主题的恭王府花园，又称"萃锦园"，有人叫它"万福之地"，雕梁画栋，富丽堂皇，精致秀美。

在恭王府的花园里，处处都是"蝠"，园中有近万只形态各异的蝙蝠形象或式样贯穿始终，众多水池、假山乃至部分建筑平面形式都呈蝙蝠状。在传统建筑彩画、窗棂、穿枋上都大量运用蝙蝠纹图，匾额、封火墙、隔扇等建筑结构处也有翩然欲飞的蝙蝠纹饰，雀替和椽头皆描绘蝙蝠展翅飞翔、从天而降的场景，卷曲自如。从游廊彩绘、窗格、栏杆、门框到各种瓷器、漆器、石雕、家具、刺绣等，包括常与之搭配出现的桃、鹿、寿、万字等元素，营造了趋于极致的"万福之地"。

园中有蝠池、蝠山和蝠厅，假山以及部分建筑的造型都呈蝙蝠形状。"蝠池"是用青石砌成的蝙蝠形水池（图 4-16），又因形状像元宝，也被称为"元宝池"。水池的周围种满了榆树，其果、叶形似铜钱，每到春夏之交，"榆钱儿"落满蝠池，谐音"福钱满盈"，"福"和"财"共佑屋主人吉祥富贵。花园最北端是蝙蝠形状的建筑——蝠厅，又称蝠殿、蝠房子。建筑为五间正厅，前后三间抱厦。两侧耳房，四面出廊，形制多变，如蝙蝠两翼。耳房比正厅略靠前，形成曲折对称、类似蝙蝠造型的建筑平面，故名蝠厅（图 4-17）。整体园林建筑环境幽静秀美，充满福贵气息。

图 4-16　恭王府蝠池

图 4-17　恭王府蝠厅

（一）蝙蝠纹图单独使用·福盖满天

恭王府花园中处处使用蝙蝠造型的雕刻与彩绘。在没有天花的建筑中，栋梁有彩画，各架椽子多用蓝绿色，椽头彩画给椽子增加无量趣味和生气①。花园建筑上下椽头部分装饰以"卍"字纹和蝙蝠的纹图，寓意"福寿万代""万世延福"。同时，梁枋上绘制许多蝙蝠振翅飞翔和从天而降的场景，取"进福"之意，寄寓"纳福迎祥""福盖满天"之意（图 4-18）。还有花园建筑的挂落，透雕蝙蝠纹图，寓意"万福"（图 4-19）。

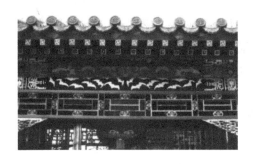

图 4-18　恭王府建筑的梁枋　　　　图 4-19　恭王府建筑的挂落

（二）蝙蝠的组合纹图·妙笔生福

恭王府花园建筑的梁枋两箍头之间的枋心绘制苏式彩画包袱的"五福捧寿"（图 4-20），在蝙蝠吉祥纹图中堪称经典。绘五只飞翔的蝙蝠环绕内绘彩云，借云喻天，象征"天降鸿福"，中间一只蝙蝠口含寿桃从天而降，寓意"福寿双全"，寿桃下方绘制一座金山寓意南山，山下绘制海水意指东海，暗喻"寿山福海"，即寿比南山、福如东海的美意。以五只蝙蝠来表达五福，用寿桃表达长寿，四只从不同方向飞来的蝙蝠寓意"四面来福"，整个画面组合成"五福捧寿"的吉祥纹图。

传统建筑镂空雀替中有"流云万福"纹图，青绿云纹与两只蝙蝠绘制在一起，其中一只蝙蝠口含一个"卍"字符。还有恭王府后罩楼"福庆有余"花窗（图 4-21）和蝙蝠花窗（图 4-22）等，都堪称传统建筑构件中蝙蝠之福纹图的经典。

在传统建筑中还有很多其他的蝙蝠纹图应用，包括拙政园中的"五福拜寿铺地纹"在内的多个建筑装饰及构件都体现了这一点。园景中以卵石铺设的吉祥纹图，如"五福捧寿""平安富贵""必定如意""福在眼前"等

①　梁思成. 清式营造则例［M］. 北京：清华大学出版社，2006.

图 4-20　恭王府建筑梁枋　图 4-21　恭王府后罩楼福庆　图 4-22　恭王府后罩楼
　　彩画包袱　　　　　　　　　有余花窗　　　　　　　　蝙蝠花窗

呼应并衬托着园中的建筑与花木，在渲染吉祥气氛的同时又成为不同景观建筑的有机连接与自然过渡[①]。储秀宫臣工书画蝙蝠岔角隔心、蝙蝠寿字涤环板裙板隔扇，山西省万荣县李家大院"五福临门"照壁，南粤地区传统建筑陈家祠、余荫山房、宝墨园等的砖雕屋顶、石雕围栏等均运用大量蝙蝠纹图。

　　蝙蝠作为古代吉祥动物之一，其纹图以意象为主、符号隐喻为辅，展现对生命的热爱与追求。通过丰富的想象和大胆的变形移情手法，将原先并不美的形象变得翅卷祥云、风度翩翩。借其意象来祈福纳祥，显示出极富魅力的传统文化，不仅有旺盛的艺术生命力，也彰显了超然与诗意。传统建筑中蝠之福的主要吉祥文化表达如表 4-3 所示。

表 4-3　传统建筑中蝠之福的主要吉祥文化表达

纹图类型	组合内容	主要设置的位置	吉祥寓意
蝙蝠纹图单独使用	蝙蝠	梁枋、屋脊、门窗、栏杆、照壁、铺地	福盖满天福降善吉
蝙蝠与植物组合纹图	桂、松柏、牡丹、荷、海棠、葫芦等	彩画、挂落等	五福和合
蝙蝠与动物及人物组合纹图	龟、狮子、鹤、鹿、老虎、蜘蛛、蝴蝶、喜鹊、鱼、财神、福神、禄神、喜神等	彩画、椽头、脊饰、照壁、花窗等	万世延福纳福迎祥
蝙蝠与器物及其他组合纹图	铜钱、元宝、如意、宝相花、玉簪、玉扇缠枝纹、卷草纹、回纹、山、海、云等	雀替、铺地、栏杆、屋檐、隔扇等	流云万福福寿如意

　　① 陶思炎. 中国园林景观建筑中的民俗观 [J]. 东南大学学报（哲学社会科学版），2012，14（5）：83-86.

4.11 传统建筑中蝠之福的传播路径

传统建筑的花窗是建筑中自由灵活、巧妙多变的构件之一，不仅造型玲珑，而且包含吉祥寓意，下面逐以蝙蝠纹图的花窗为例解析。

4.11.1 传统建筑构件·花窗

传统建筑采用框架结构使其整体呈现玲珑的外表，不需要坚厚的负重墙。因而，门窗不受结构限制，柱子之间完全安装透光的细木作的门窗户牖，开合灵活[①]。换言之，花窗无需考虑结构承重，其装饰艺术的表现自由灵活、轻盈巧妙和丰富多变。

就窗的样式而言，日本只有方形、圆形和花形，中国窗样式非常丰富，有超出想象之外的各种变化，方形、圆形、椭圆形、木瓜形、花形、扇形、瓢形、重松盖形、心脏形、横披形、多角形、壶形等。窗棂有无数变化，日本普通方形、斜线数十种，中国的万字形系、花形系、冰纹系和文字系非常多[②]。

清李渔《扬州画舫录》卷十七就记载："凡楠柏木桶扇……花头有卧蚕、夔龙、流云、寿字、槅字、工字、岔角、云团、四合云、汉连环、玉玦、如意、方胜、叠落、蝴蝶、梅花、水仙、海棠、石榴、香草、巧叶、西番莲、吉祥草诸式。"木隔窗有复合式的吉祥纹样，如隔心为和合二仙，背饰为夔龙、秋菊、喜鹊、梅花、竹、石，或"福"字与四个蝙蝠合成五福图等。李渔《一家言·居室器玩部》云"窗棂以明透为先"，即花窗满足采光通风功能，而且寄托情感。砖石气窗、漏窗与木隔窗类似，常见的吉祥纹样有五福捧寿、钱纹、万字纹和艺字纹等。

例如恭王府的后罩楼最具标志性的"福庆有余"砖雕花窗，利用"蝠、磬、鱼"组合成纹图。"福从天降"是一只巨大的蝙蝠含着一扇窗框自天而降。其上为倒悬飞旋的蝙蝠，嘴中含有形状为古乐器磬的窗户，窗正中悬吊两条鲇鱼，"鲇鱼"谐音"年余"，取"福庆有余，年年有余"之意。窗

---

① 林徽因. 中国建筑常识［M］. 成都：天地出版社，2019.
② 伊东忠太. 中国建筑史［M］. 陈清泉，译补. 长沙：湖南大学出版社，2014.

花内雕刻的两只蝙蝠相对而立，寓意"好事成双""双福临门"。

可见，蝙蝠组合的花窗在结构基础上利用谐音妙笔生福，对蝙蝠样式进行巧妙转换，把福之吉的寓意发挥得淋漓尽致。

蝙蝠造型的各类组合花窗也有点景、造景和借景的功能，在传统建筑中透过雕刻有吉祥纹图的花窗看到屋外景致。在空间分隔中，让视线透过不同蝙蝠形状的窗看到不同的框景，同时结合地形起伏和平面曲折，减缓人们行进的速度，心理上也得到了移步异景的变换和舒畅，形成移步换景、虚实对应、疏透轻巧的视觉和心理美感。而且，从福庆有余的吉祥纹图空隙中看到美好，看到福气，感受到吉祥。

变化多样、造型丰富的蝙蝠造型花窗，是传达宅主人的生活志趣的重要媒介，映射了其内心和精神世界，营造了"境生象外"的生动视觉艺术。透过封闭的传统建筑外墙，打开福从天降的窗口，期盼福寿美好长久萦绕在传统建筑文化时空之中。

4.11.2　蝠之福营造传统建筑的福之吉

蝙蝠作为福的吉祥传播媒介营造人们的幸福生活，表现内容和形式有以下几个特点：

其一，由蝠之形到福之神的升华。蝙蝠作为祥瑞动物蕴含趋吉纳祥之意，各种蝙蝠造型、图案和符号及福字在传统建筑中综合表达福之吉祥。例如，在恭王府中通过福字、福画、福形、福意构成层次丰富、统一和谐的福空间文化。就福之字而言，在恭王府中的"福厅"题字就是典型；福之画，在传统建筑的梁枋上，通过苏式彩画包袱中的"五福捧寿"彩画表达；福之形，在恭王府的福池、镂空雀替中的"流云万福"，椽头中"福寿万代"和屋檐枋心中的"纳福迎祥"精美的雕梁画栋组合传播福之意，扩展传统建筑福之吉的文化尺度。

其二，因福设蝠，在传统建筑构件中的和谐表达。在传统建筑构造上任何突出的部分，无一不运用艺术加工使之成为带有优美曲线的形状。传统建筑构件艺术处理既可以给构件以美感，又可以在构件连接处或端部等难处理的部位达到藏拙而显示结构美的效果，丰富构件造型又避免单调。蝙蝠造型依传统建筑构件的形状、大小、时间、位置而灵活选择，大的造型奇伟，小的精致，既有原型，又有简化和美化，各尽其妙。在雀替上采用镂空雕刻蝙蝠，不仅满足结构力学的承重功能，还蕴含流云万福的吉祥寓意，体现了从福之形到福之神的转换。

其三，传统建筑中的蝙蝠造型和纹样体现社群性。人心趋吉求福，因而，福是吉祥文化之中人们祈求相对较多的。"福"比较抽象，吉祥文化中"蝙蝠"谐音"变富""福气"，通过谐音将蕴含多重吉祥含义的福具象化、可视化、直观化，使其成为容易理解和接受的形象，将抽象之福变为具象之福，将不容易简单说明的意象变为家喻户晓、代代相传的吉祥动物形象。因而，蝙蝠也是出现频率相对较高的一种现实中的吉祥动物。同时，传统建筑中的蝙蝠装饰，也逐渐成为"一定社会所共有的，不是个人的尤物，不是小家庭、小团体的创造，而是一定地区、一定族群中被普遍认同并易于识解的"。① 只要人们看到蝠就联想到福，且耳熟能详、妇孺皆知。

传统建筑中蝙蝠造型和纹图也体现和谐性。在传统建筑中蝙蝠造型有写实与抽象两种不同表达途径。例如具象的表达主要在商周秦汉时期，蝙蝠的纹图取其形，传统建筑的窗户、雀替、梁枋等装饰对蝙蝠外形特征加以简练概括，并逐渐使人们形成视觉和心理上约定俗成的对福的审美，形成从具象蝙蝠图案纹样到抽象蝙蝠图符的广泛应用。

蝙蝠纹图主要有对称式和均衡式两类。对称式是蝙蝠纹样常用的构图形式，有中心对称式和轴对称式两种，前者是以圆心为中心，向外做层层发散的对称造型，具有力量的稳定平衡感。后者特点是以中轴线把圆分成两个或四个对称的纹图。"双福"就是完全对称的构图形式。"喜气盈门"纹图是由两只上下对称的蝙蝠及两只左右对称的喜蛛组合而成，喜蛛背部的寿字、蝙蝠的翅膀及外围的波浪纹圈都呈对称，整齐有序。"福寿绵长"纹图是从上至下为寿字纹、蝙蝠、盘长纹，三者纵向排开，营造均衡稳定的秩序感。均衡式构图是异量异形的呼应均衡，相近或相等的外形、大小、数量的排列，形式多变，结构自由，没有严格的对称轴，通常以"S"形或旋涡形的曲线来分割装饰区，但整体较为和谐。总体而言，传统建筑中蝠之福的装饰与建筑对称布局保持一致，在处理蝙蝠吉祥纹图造型时采取对称和均衡方法，体现均衡开合、饱满律动、虚实相生、质朴本色的特征。通过蝙蝠造型对称的安排实现视觉的愉悦。

---

① 陶思炎. 中国祥物［M］. 上海：东方出版中心，2012.

传统建筑中蝙蝠纹图通过象征、谐音等隐喻和一语双关的形式表达，既不直截了当地显示和提及，又使人们很容易就了解其中的寓意和趣味。可以说，历经千年积淀、发展和衍变，国人用丰富的想象和大胆的变形移情手法，通过吉祥思维的奇思妙想、妙笔生福，把原来并不美的蝙蝠转换成为吉祥、健康、幸福的象征之一，使人们感受到传统建筑中蕴含的福之吉。

4.12　小结

我们每天都在同自己和他人接触，做出凶与吉、爱与憎、继与毁的判断和抉择。

动物灵兽纹图历经千年的演变、发展，代代相传，内化于人们的日常生活，穿越历史时空，停驻在传统建筑美轮美奂的雕梁画栋之中。

动物以其天性，活灵活现地展示安之吉、禄之吉和福之吉。凤是天上之物，是神圣威严、不可侵犯的权力象征，在传统建筑构件中用体现人心的安的凤贴合天意的瑞应，达到天人共盼的国泰平安。通过鹿和蝙蝠的形象，表达人们对吉祥福禄的追求，运用简化直接可视的吉祥动物形象表达人们内心的愿意。

换言之，吉祥动物作为福善、嘉庆的象征，是生活中不可或缺的充满意志力量的文化象征符号，凤凰之安、鹿之禄、蝙蝠之福的吉祥文化，反映人们对安宁幸福与美满的追求、对成功与欢乐的期盼。雕刻在传统建筑时空中的精致吉祥动物成为动态吉祥信息的承载和诉说匠人哲思与建筑文化语言的媒介，在不可触摸的时空中传播着传统建筑文化的精神气质。

那么，到了 2030 年、2050 年，传统建筑中的吉祥动物纹图装饰是否还有一席之地？

天下之大福善，世代之长嘉庆，永远是人们心里最质朴和虔诚的期盼，吉祥动物寄托着人们对生活的一份信仰、一份热爱和一份追求，是传统建筑天地中最富有文化内涵的无价之宝，将不断融入当下和未来的生活之中。

第5章 传统建筑中的吉祥人物

第5章

福禄寿喜人间事，一览檐下头上吉。

5.1 吉祥人物

斯宾塞在《社会学原理》中认为，凡是超越普通的一切，野蛮人就以为是超自然的或神的，超群的名人也是如此。生前为人所敬畏，死后所受的敬畏愈加增加[①]，一些人物经过世代神话影响日益发展成为人们长期固定的祭祀的神。神仙形象谋求福祉成为审美对象，吉祥文化的各类人物形象帮助人们实现从宗教到艺术的转化。

历史上卓越的人物不少是真实存在的，其本身并无神话色彩，一旦作为祭祀供奉的对象，就逐渐有了神性，即对人们生存和发展做出过重大贡献的人死后，在长期传颂中变成神，人们对这些神灵的功绩和威力深信不疑，并相信这些神灵可以给自己带来好运，这些神灵成为人们崇拜的偶像被加以刻绘，有些成为吉祥人物，一些氏族部落首领、英雄人物、传说人物在长期传颂中也增加了神奇性，逐渐与常人不同，故以神待之。

对中国传统文化中丰富多彩的吉祥人物追溯根源，发现其多与原始宗教的先祖崇拜和巫术有关。《礼记·郊特牲》卷二十六曰："万物本乎天，人本乎祖。"[②] 先祖认为，始祖死后，他的灵魂能够继续存在，人们怀念他、

---

① 施密特. 原始宗教与神话 [M]. 萧师毅，陈祥春，译. 上海：上海文艺出版社，1987.
② ［汉］郑玄. 礼记注 [M]. 王锷，校. 北京：中华书局，2021.

传颂他、祭祀他以求保佑赐福后代子孙，后逐渐成为圣人、成为神，祖先给子孙带来吉祥。即先民认为祖先是本族繁衍的源头，也是降福子孙的神灵。祖先崇拜在历史发展中逐渐被神化，神化了的祖先就有了吉祥的意味①。春秋时期的祭祖祈福进一步催生出所敬之祖的吉祥神性，使之成为吉祥人物②。

　　吉祥人物包括历史传说人物，如伏羲、女娲、炎帝、黄帝、尧和舜等；神话人物，如东王公、西王母、羽人、方士和郁垒等；还有俗神，如福星、禄星、寿星、喜神、媒神、财神、钟馗、灶神、门神、八仙、观音、花神、和合二仙、麻姑、彭祖、张仙、安期生、张紫阳、偓佺和琴高等；历史故事人物，如孔子、老子、周成王、管仲和秦王等。

　　吉祥人物往往具有叙事性和教化意义，题材主要包括神仙传说、人物典故、老者幼童、才子佳人等。受到天人合一观念影响，宗祠装饰题材主要包括八仙过海、天官赐福、麻姑献寿、福禄寿三神、女娲麻姑、天地水三官、封神演义、水浒三国、二十四孝以及文王访贤、太公钓鱼等。大门上绘门神，吊筒上饰人物雕刻，梁枋等高处绘人物故事彩画等，因为古人相信，人的行为能感应上天，上天能带来祥灾福祸，天官赐福，受天百禄，人与神同处一幅画面中，可以接受神仙的祝福和馈赠。闽南传统民间信仰重视伦理秩序，善恶分明，反映忠孝节义的儒教道德标准，表达神仙崇拜信仰，蕴含劝诫教寓功能的各类戏曲历史故事成为最常见的装饰画面故事内容。

　　这些吉祥人物创造性地体现人对自然和社会的探索和对自身精神把握的努力，尽管有幻想，但救苦救难、助生佑长，始终给人以信念与希望，成为吉祥的象征③。

5.2　和·吉祥文化中的"和合二仙"之吉

　　中国古代思想家强调"以和为贵""和气致祥"，这是人与人相处的原则。"天无私覆，地无私载"就是自然之和的体现。人与他人、自然之间产

---

①　周保平. 汉代吉祥画像研究［M］. 天津：天津人民出版社，2012.
②　周保平. 汉代吉祥画像研究［M］. 天津：天津人民出版社，2012.
③　陶思炎. 中国祥物［M］. 上海：东方出版中心，2012.

生矛盾是私信所致，与和相对。

　　和，一团和气、和谐、和平、和睦等，包含很多吉祥寓义。国家民族之"和"，如大象驮着宝瓶谐音"太平有象"，就是国泰民安、万象更新和天下太平的寓意；家庭长幼之"和"，即敬老爱幼、兄弟团结，一般盖新房时，院落中居中建筑的大门装饰和合二仙木雕，寓意家和万事兴，把家庭和合美满放在首位；男女爱情之"和"，例如汉画像石中的鸳鸯捕鱼象征子孙众多，后来出现连理木、比翼鸟、蝴蝶，蝶恋花专指爱情，成为吉祥题材；夫妻恩爱之"和"，如"举案齐眉""百年好合"；异姓结拜之"和"，志同道合结为兄弟和生死之交[①]亦为和。

　　与和之吉关联较多的吉祥人物之一是"和合二仙"，相传唐代浙江天台山国清寺隐僧寒山与拾得，是文殊菩萨与普贤菩萨的化身，为中国民间信奉的神仙。两位大师之间的玄妙奇谈，为世人所推崇。在寺僧传说中，寒山、拾得被称作"和胡二圣"。苏州寒山寺有木雕寒山、拾得之像，并有清罗聘所绘制的"二圣"石刻，代表和睦与亲善[②]。清朝雍正年间，寒山、拾得被追封为"和合二圣"，与丰干合称为"国清三隐"。

　　明清以来，寒山、拾得的故事流传至民间，遂与唐代神僧万回的事迹合流。万回能够在万里之外使亲人回归，并作为行神祀奉，是和睦的象征。在《三教源流搜神大全》中记载："万回圣僧，和事老人"，是人们对和睦的追求，也叫做"万回哥哥"。后取万回"和合神"之地位而代之，于是再变而为"和合二仙"，成为在民间广受尊崇的喜乐之神，成为幸福的象征。宋代杭州人供奉和合之神，常为"蓬头笑面"的二童子（也有的是两个老人），活泼可爱，亲密无间。其一手擎荷花，另一手持圆盒，"荷"与"和"、"盒"与"合"同音，取和谐好合之意。以荷、盒二物作为"和合"的象征。

　　南通蓝印花布上的吉祥图案"和合二仙"，象征大吉大利、夫妻和睦、福禄无穷以及家和万事兴，一般用作被面图案以图吉利。如孙建君在《中国民间美术》中所认为的，透过民族图案的纹样和装饰现象，人们可以窥视到民族地区文化的具体表现。

---

　　① 张道一. 吉祥文化论 [M]. 重庆：重庆大学出版社，2011.

　　② 陶思炎. 中国祥物 [M]. 上海：东方出版中心，2012.

苏州桃花坞木刻年画将"和合二仙"的和美之貌予以淋漓尽致的表现。二人左右相对，互为补充。左侧寒山站立，身背宝葫芦，其中灵芝升腾，寓意美好；拾得半蹲，手持祥花，寓意花开富贵、美好吉祥。右侧布局与左侧基本相同，寒山打开的宝盒中，祥福升腾；拾得手捧的宝盒里，寿桃满满，福寿绵长。

和合二仙还是中国民间掌管婚姻的喜神，具有"欢天喜地"的别称，象征家庭和合、婚姻美满。和合二仙在民间如浙江地区多表男女生活美满与婚姻之和合。孔颖达疏《周礼·媒氏》中有记"三十之男，二十之女，和合使成婚姻"。清代浙江许多地方的民俗活动中也可见和合二仙，例如浙江诸暨，男女确定姻亲之后写红帖，后套以泥金"和合二仙"的封套，直至今日在嘉兴部分地区，在确定婚期前，女家常备一糕盒及一绸制的和合二仙像放于玻璃盒中用以回赠男方。而且，在中国传统婚礼的喜庆仪式上，常借此祝贺新婚夫妇白头偕老、永结同心。"和合二仙"常用于木雕、漆画、瓷画、砖刻、刺绣、剪纸、玉佩和木版年画等处，是人们非常喜爱的吉祥人物之一。

和合二仙还有"和合利市"的寓意。据《万法归宗》记载，"和合咒"中有"和合来时利市来"之语。明清时期，"和合利市"的概念已经较为普遍。明代《荆钗记》第四十五出就有"头头利市，和合仙官，召请必竟来临"[①] 之语。杭州有些店铺开市之日要贴"和合二仙"纸马于招牌上，称之为"青龙马"，又称"青龙吉庆"。"和合利市"的说法在浙江嘉兴一带十分流行。作为财富的象征，二仙手中的盒子视同聚宝盒，表示钱财取之不竭，"聚宝增福财神""招财和合利市"等纸马，均已同财神、利市相配。

和合二仙是中国传统文化中典型的和睦象征形象，因其形象憨态可掬、平易近人且寓意吉祥，历来被人们所喜爱，其"家庭和合、幸福美满、和谐喜庆"的寓意早已深植人心。

5.3　传统建筑中"和合二仙"之和的传播类型

在传统建筑中，通过"和合二仙"吉祥人物造型表达对家庭和睦的吉

---

① ［明］毛晋. 六十种曲［M］. 北京：中华书局，2007.

祥期盼，在民居建筑的门、窗、雀替、牛腿和驼峰等传统建筑构件上较多应用。

寒山、拾得生活在天台山，成名于天台山，被雍正皇帝敕封于天台山。因而，浙江天台山地区和合信仰比较普及，民居、祠堂、寺观等传统建筑构件直接雕画和合二仙较多且表现形式丰富、形象生动。

龙溪乡岩坦村有一座别具一格的祠堂——联志堂，一般宗祠为单姓，而岩坦村的祠堂是季、林、陈、叶四个姓氏共有，故名联志堂，集中体现了各姓之间的和合，即人与人的和合。正厅后壁墙四块大石板上有四幅圆形石雕图，东面为寒山，呈童子相，有发髻，双手握荷花，似跨步行，四周为如意祥云；西面第一幅是拾得，系童子结，左手高举一圆盒，两人面带笑容，仪态祥和，俨然仙人行状，突出和合人间的深刻意蕴。

浙江杭州市桐庐县江南镇东部的荻浦村保存大量明清徽派建筑。佑承堂是荻浦申屠氏第二十六世先辈培佑公之所，建于公元 1883 年，历时已有140 多年，是目前乡村中保存完好的古建筑堂屋之一。堂屋内外刻有大量精美的木雕，厅堂外冬瓜梁下左右两侧有一对牛腿，两牛腿各刻一外貌装束相同的人物，二人梳童子发髻，头戴戒箍，袒胸露腹，笑容可掬。右侧人物右手持一盒子、左手拿一露出"祥""和"二字的通宝，背后为荷花、荷叶及莲蓬，底部配有水纹，上部飞出一蝙蝠，周围是云气纹。左侧人物右手持一束荷花并配有荷叶莲蓬，左手持如意，背后为灵芝树，大小灵芝缀饰其间，人物上方刻有松鼠葡萄纹作以衬托，整体"和合二仙"纹图与牛腿结构造型相互呼应。

清代"和合二仙"木雕牛腿（图 5-1），木纹清晰富有肌理，上面寒山面露微笑，长发到肩，手捧盒子，半掩的盒子里还飘出象征五福的香气。拾得面带微笑，右手持莲叶和欲开的莲花。寒山身后的背景雕刻成扇形叶的苍松，拾得身后的背景则雕刻成圆尖形叶的古柏，以示区别，一松一柏，颇具匠心。

浙江义乌上溪镇黄山八面厅，为清嘉庆年间所建，左右抱头梁上下的"和合二仙"雕刻（图 5-2），二人造型各具特色，栩栩如生，重彩淡彩兼具。寒山、拾得分雕在一对牛腿上，寒山双手举着荷花，拾得双手捧着盒子，神态憨厚，面露微笑。还有挑檐大雀替和门枋下的龙门大雀替等雕刻均极为精美的和合二仙。

图 5-1　"和合二仙"牛腿　　　　图 5-2　黄山八面厅"和合二仙"牛腿

复兴寺彩绘驼峰是一大特色。驼峰是架设在梁架之间起到传导力量作用的构件。复兴寺中的驼峰施彩绘人物纹，其中一面构图的中间绘制"和合二仙"中的一位人物，盘腿而坐，憨态可掬，双手持联，上书"一团和气"，充满吉祥喜庆的氛围。人物四周围绕着大量的博古和卷草花卉，用以衬托装饰。

在台州的和合园收藏有多种和合装饰纹图的传统建筑构件，运用较多的是牛腿与雀替，有的在单个牛腿上雕和合二仙，也有的在两个牛腿上分雕和合二仙，组成和合图。大小、高矮、宽度不一。

传统建筑木门中间的花板也有雕刻和合二仙的，如平桥镇张思村上新屋里的堂屋中央木门上有一幅寒山拾得图。左侧之人右手高举如意般的荷花，右脚抬得高高的，似久别逢故人急不可耐的神态。右侧之人头戴帽子，手捧盒子。两人面带笑容，神态憨厚，栩栩如生。

巴蜀地区的传统建筑常结合和合二仙形象。巴蜀古代建筑博物馆收藏的一组撑栱通体施彩绘，用色清新丰富。撑栱主体雕刻全身和合二仙立像，人物手持莲蓬与锦盒，亦寓"和合"之意。"笑指天边明月光，方寸要当如此耳"。撑栱的背面还有大量浮雕彩绘莲荷图案，器物整体构图饱满，人物形象生动，线条流畅。

江南地区的传统建筑中的镂空木雕门窗、橱柜木窗的花格常见和合二仙，有在整扇木窗纹格中间镶嵌和合二仙的，也有在一根藤纹格中分雕"和"与"合"组成和合二仙的。其形态各有变化，人物和背景均为真金鬃，和合二仙的背景上均雕刻水榭楼台，绚丽生辉，呈现典型的江南园林风格。

天台的石窗上也有和合二仙，其装饰大致分两种情况：一种是雕刻"和合二仙"（即以寒山拾得手拿之荷花、盒子为象征）。如有长方形窗，正中位置设凉亭，亭下二人，一人手捧圆盒，一人高举荷花。亭外左右两旁配夔龙纹，组成如意，呈左右对称。上下由夔龙纹构成蝙蝠状。石窗生动地再现寒山与拾得在凉亭中相遇时的情景。还有一种是间接表达三教和合、人与自然和合、人与人和合，借助和合二仙形象表达更为广泛的和合文化内涵。如儒家的忠孝节义、修身养性等伦理道德，道家的天人合一、道法自然，佛家的善恶因果。表现儒道释三教和合，如用佛家的宝瓶与道家的宝剑（或者戟）有机结合，配以儒家人物，蕴含了"吉保平安、吉祥如意"等寓意。

石窗上还有文王拉车、太公钓鱼纹图，表现了文王求贤若渴、礼贤下士，成就了出身低微的姜子牙成为中国古代杰出的韬略家、军事家和政治家，抒写的是"上下和合""君臣和合"。

石窗的材质多以台州本地砂石岩、三门的蛇蟠石以及青石为主。石头雕刻的窗户具有朴素、粗犷之美。正方形和合石窗，如图 5-3 所示，构图采用外方内圆的形式，方代表地，圆代表天，圆里雕刻着和合，寓意普天之下以和合为上，同样也折射出做人的道理，圆形的外部由天台具有代表性的"一根藤"围绕成四方灵芝，灵芝又形似如意，代表祥和瑞气。人物动态，逍遥自在，面带笑容。

图 5-3 "和合二仙"石窗

图 5-4 多色釉开窗"和合二仙"

清代多釉开窗"和合二仙"分置于瓦脊两端，呈开窗立像左右对称。

清代"和合二仙"石雕技法采用高浮雕与镂空雕相结合,人物栩栩如生,刀法流畅,刻工自然,人物面部表情和神态生动传神,浑然天成(图5-4)。石雕中寒山手持一荷花,拾得手持一圆盒,两人目光相对,四周环绕松柏、祥云等吉祥纹样。整体造型精致细腻,寄寓人们祈求幸福美好生活的愿望。传统建筑中"和合二仙"之和的主要吉祥文化表达如表5-1所示。

表5-1 传统建筑中"和合二仙"之和的主要吉祥文化表达

纹图类型	组合内容	装饰设置的建筑部位	吉祥寓意
和合二仙纹图单独使用	"和合二仙"	牛腿、雀替、驼峰等	家庭和睦、和合利市
和合二仙与其他组合纹图	福、禄、寿、凤等	屋脊、石窗、门板等	百年好合、三教之和

5.4 传统建筑中"和合二仙"的传播路径

5.4.1 传统建筑构件·雀替

传统建筑木构件能够保存更长久的方法是使其处于通风环境中,在必须暴露结构的要求的前提下,几乎所有传统建筑构件的形制都是经过美学加工的,长期发展形成了优美和成熟的形状。一方面不失去基本功能的形状,同时又显现出极为丰富的装饰意味,呈现力学和美学的完美统一。

传统建筑的柱头最早是斗栱,自从斗栱发展成为一种新的构件后,雀替也应运而生。即中国的柱头演变为两类独立的构件:斗栱和雀替[1]。斗栱是中国传统建筑设计精髓的典型代表,是屋顶与立柱间过渡的重要构件,是一组优美的空间结构。椽出为檐,檐承于檐桁上,为求檐伸出深远,因而用重叠的曲木——翘——向外支出以承檐桁。为减少桁与翘相交的剪力,因而,在翘头加横的曲木——栱。在栱的两端或栱与翘相交处,用斗形木块——斗——垫托于上下两层栱或翘之间,多数曲木与斗形木块结合在一起,以支撑伸出的檐,即为斗栱[2]。

雀替是由力学结构演变而来的构件。雀替的形式不受其他条件的限制,比如出现了比任何构件都更多的类型、更富于变化的图案和形状。雀替的

① 李允鉌. 华夏意匠:中国古典建筑设计原理分析 [M]. 天津:天津大学出版社,2005.
② 梁思成. 清式营造则例 [M]. 北京:清华大学出版社,2006.

出现是十分成功的创作，更是明清建筑的一项重要成就①。以下以传统建筑构件雀替为例解析。

雀替是一种成熟较晚的建筑构件，宋代称"角替"，清代称"雀替"，又称为"插角"或"托木"。是在额枋和柱子相交处，自柱内伸出，承托额枋，减少额枋跨度，增加额枋受剪断面即连接额枋的构件②。北魏期间已具雏形，但宋还未正式成为一个重要的构件。在宋《营造法式》中提到："檐额下绰幕枋，广减檐额三分之一，出柱，长至补间，相对作梢头或三瓣头。"《营造法式》中，雀替被称为"绰幕枋"，"绰"字到清代为"雀"，替是"替木"的意思。雀替是因解决力学构造需要而演化的构件。在方形梁柱形成的框格内，在边角附加了联系梁柱二者的三角形木块，防止方形框格变形，加强水平构件产生的剪力，同时使其在同一净跨之内可承受最大的荷重。这是常用的缩短净跨的结构方法。斗栱的产生也是基于这种构造概念。雀替的形状可以说是十分精确的功能形状，是图解力学的形状③。

最初的雀替是在柱与额枋相交处形成的框格中加上三角形的木块，此时它仅是柱上支托阑额的一根拱形横木。唐宋时期，斗栱主要用于"柱头铺作"，"补间铺作"用人子栱或者只置一朵斗栱，后来，补间铺作的斗栱越放越密，最后成一条檐口线，斗栱作为柱头装饰意义完全消失。在时间上，雀替的发展和斗栱在补间的发展恰好一致，二者之间存在一种此消彼长的关系。斗栱专用于柱头铺作的功能改变后，雀替就兴起成为柱头的必要构件。明代后雀替才广泛应用，并在构图上不断发展，清代发展成熟且成为风格独特的构件，大大丰富了传统建筑的形式（图5-5）。

雀替的形态多样，通常在柱子的顶部做成梢头或者是三瓣头，纹样雕刻一般像展开的双翼附于柱两侧呈对称形状。雀替在交角的地方成为必不可少的构件，由于所在的位置不同就产生不同的需求，因而出现各类不同形式、风格各异的雀替。大体分为七大类：大雀替、龙门雀替、雀替、小雀替、通雀替、骑马雀替、花牙子（图5-5）。室内装饰主要的构造之一的"罩"也是由花牙子演变而来。雀替的发展一如斗栱，早期建筑多用于室

① 李允鉌. 华夏意匠：中国古典建筑设计原理分析［M］. 天津：天津大学出版社，2005.
② 梁思成. 清式营造则例［M］. 北京：清华大学出版社，2006.
③ 李允鉌. 华夏意匠：中国古典建筑设计原理分析［M］. 天津：天津大学出版社，2005.

内，后期着重施之于外檐。

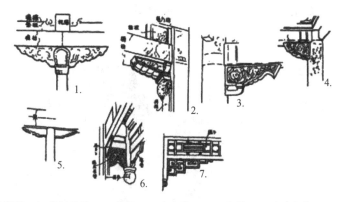

（1. 大雀替　2. 龙门雀替　3. 雀替　4. 小雀替　5. 通雀替　6. 骑马雀替　7. 花牙子）

图 5-5　雀替的 7 种类型

　　大雀替，大概是最早出现的一种雀替形式，结构特点是在柱的顶端加上与枋接触的横木。其使左右连成一片，作为柱头和梁额之间的一种过渡性的构造，功能类似"替木"或者是做横向延伸的柱头形式，长度等于开间净空（面宽）的 1/3 至 1/4，无论明间、次间长度均相同（图 5-6 下）。龙门雀替，多用于牌坊上，除了雀替外，特点就是增加了装饰性附件，例如"梓框""云墩""麻叶头""三福云"等。雀替从水平方向发展到沿着柱身的垂直方向，这些属于装饰。雀替，指明清建筑常用的构件，按照清工部《工程做法则例》的规定，其大小，即长度是面阔的 1/4，高度与檐枋相同，厚度为柱径的 3/10。明清建筑除了城楼之外几乎无处不见雀替，多半都是油漆雕刻，十分华丽，大有无雀替不成建筑之感。小雀替，是指构成梁柱直角间的一个小斜角的雀替，多用于室内（图 5-7 右）。梁与随梁枋之间的隔架斗栱雀替。通雀替，不像大雀替在柱顶上作为柱头，而是夹在柱顶之中而过，明清之后这种雀替少见了（图 5-6 上）。骑马雀替，在建筑的尽间，若开间较窄，则自两侧柱挑出的雀替常连为一体，称为骑马雀替[①]。（图 5-7 左）跨度较小的两柱间有对接的骑马雀替。柱间距过小，两端的雀替碰在一起，因此就处理成一整片人字形的开口装饰板。骑马雀替多用于垂花门，长按照垂步架，高按涤环宽的 5/7，榫在内，厚按高折半。花牙

---

　　①　潘谷西. 中国建筑史［M］. 6 版. 北京：中国建筑工业出版社，2009.

子，是模仿雀替形制的一种通花装饰①，在花楣子之下左右与柱子交接处，是不受力且纯粹的装饰构件。民居和园林的亭、榭、廊下常有玲珑精美的透空花牙子雀替。

图5-6 碧云寺后殿通雀替（上）　　图5-7 颐和园垂花门骑马雀替（左）
　　　沈阳大清门大雀替（下）　　　　　　太和殿小雀替（右）

可见，雀替由狭长变为宽厚最后达到力学和美学的结合经过了几个世纪的历史。从建筑结构与装饰结合层面而言，明清以前的雀替作为辅助承重的木构件，体现结构与装饰的紧密结合。明代之后，雀替渐渐失去原有结构功能，而演变为装饰构件。雀替的雕刻不受建筑结构承重、面积、大小等技术因素的影响，结构作用越来越小，装饰功能越来越大。雀替的雕刻工艺也趋于精美，出现透雕等精湛技术工艺。在建筑木结构技术支持基础上，实现雀替的装饰自由，其吉祥内涵也日益丰满。

明清时期，用驼峰、斗栱、雀替合在一起，称作"隔架科"，把传统建筑典型构件都集中在一起，很具有代表性②。例如北京阐福寺山门隔架科（图5-8）和易县崇陵隆恩殿隔架（图5-9）及隔架大样。驼峰是对支墩艺术加工而产生的构件，在结构意义上和雀替相近，不过一个向上，一个向下。它的地位和作用与雀替完全不同，用来支承叠梁，或者说是叠梁（梁架）间的短柱或者支墩。用类似三角形的驼峰作为支点在结构上是合理的，

---

① 李允鉌. 华夏意匠：中国古典建筑设计原理分析［M］. 天津：天津大学出版社，2005.
② 李允鉌. 华夏意匠：中国古典建筑设计原理分析［M］. 天津：天津大学出版社，2005.

不仅使支点更稳定，而且将上部的荷重传达到更大面积上，减少下梁所受的剪力，有十分丰富的装饰作用。宋《营造法式》中共有四种驼峰的式样，变化丰富。驼峰的产生说法不一，其一是一块三角木，其二是瓜柱（短柱）和角背（稳定瓜柱的两侧三角木）合并。清将驼峰称为"荷叶墩"，将整个支点称作"柁墩"。角背和雀替都是垂直杆杆的两侧加上三角形的夹角，一个在上，一个在下。

图 5-8　北京阐福寺山门隔架科　　　　图 5-9　易县崇陵隆恩殿隔架

驼峰、柁墩、角背，作为支点常与多种类型构件组合，例如驼峰上加斗、斗栱，或者瓜柱两侧上下均加角背等多种做法。

因此，雀替、驼峰、隔架三种不同功能和性质的构件，出于同一功能转角加固而做出的不同形式的组合，三者关系极为密切。

5.4.2　"和合二仙"雀替搭建传统建筑的和之吉

传统建筑作为一种吉祥美好信息的传播媒介，蕴含和之吉的文化象征。雀替作为传统建筑结构构件之一，像一对翅膀在柱上部向两边伸出，成为视觉效果上重要且突出的构件，在柱间形成的框格空间内形状多变，在建筑空间造型中传播合美的信息。

其一，安适美目，物以致用和物尽其用。"和合二仙"作为现实的人物，寓意齐心合力，雕刻"和合二仙"的传统建筑构件雀替，形成结构与美的合力，齐心聚力发挥支撑传统建筑结构功用，体现传统建筑结构与装饰之和美。

建筑构件之美是合理自然权衡的必然结果的艺术化呈现。建筑结构发展成熟并形成一定程式化的基础上，在保障建筑构件的实用功能的前提下，从审美角度出发，在对构件理性处理的过程中产生了结构性装饰。因而，传统建筑构件之美，一是结构的合理之美，一是功能造型结合象征意义的纹样权衡自然的表达的结果。

其二，赏心、悦目和怡神，体现情与理之和。辜鸿铭认为，中国人的全部生活是一种情感的生活。这种情感既不来自感官直觉意义上的情感，也不是西方所说的神经系统奔流的情欲意义的情感，而是一种产生于人性深处，心灵激情或人类之爱那种意义上的情感。"和合二仙"的吉祥造型在传统建筑中的应用体现了顺理成章、情与理相合的和之吉。

从情的层面而言，传统建筑不仅是人们生活的物理空间，更是自然而然的情感流露和心灵依托之所。传统建筑与人情感相依相融。传统建筑之美不仅在于构件形态的精美，更重要的是构件雕饰融于心灵激荡的火花，洋溢浪漫文雅的人性之美。

从理的层面而言，自然是建筑的主旨，情是建筑的表达，通过传统建筑的空间、吉祥纹图、材料色彩、光影效果等实现文化象征，达到理性与情感共生的传统建筑形态。

以人物题材作为装饰的雀替中，衡山南岳大庙的木雕雀替最为典型。有八对中国历史人物故事雀替，概括提取历史人物和神话，如"盘古开天""苏武牧羊""破釜沉舟"及吉祥如意的"福禄寿三星"等动人的装饰。雀替赋予大庙雄伟的风格，集中体现了传统建筑情与理相融的魅力。

传统建筑雀替的装饰，没有应不应该，只有合不合适，根据传统建筑构件大小、数量、体积、面积和部位等的物象选取。类型和样式十分复杂多样，体现了中国传统艺术"形每万变，神唯守一"的规律。

传统建筑是人们美好幸福的可视、可听、可感、可触的媒介。传统建筑的"和合二仙"之吉的纹图造型与传统建筑的雀替构件以安适、美目和怡神的合理合情搭配，经过美的意匠大大完美融合，让传统建筑使人们可以感受到和合欢愉，得到鼓舞、智慧与力量。

5.5 全·吉祥文化的福禄寿三星之吉

吉祥之全代表圆满、全面、完美、完整和止于至善。这种观念充分体现中华民族追求圆满的心理，表现出善良包容的精神，也是吉祥文化的基础①。

福禄寿吉祥人物是吉祥文化之全的代表人物之一，也是汉族民间信仰的三位神仙，象征幸福、利禄和长寿。"福""禄""寿"三星，起源于远古的星辰自然崇拜，古人按照自己的意愿，赋予他们非凡的神性和独特的人格魅力。

道教奉天、地、水三神，亦叫三官，道教神灵中的"三官大帝"，亦称"三元大帝""三官帝君"，全称"三元三品三官大帝"，是太极尊神。天官即其中之一。天官名为上元一品赐福天官，全称为上元一品九炁赐福天官元阳大帝紫微帝君，即紫薇大帝。天官赐福，语出《梁元帝旨要》："上元为天官赐福之辰，中元为地官赦罪之辰，下元为水官解厄之辰。"明代沈德符《万历野获编》之《杂院剧本》云："三星下界，天官赐福，种种吉庆传奇，皆系供奉御前，呼嵩献寿，但宜教坊及钟鼓司肄习之，并勋戚贵珰辈赞赏之耳。"明刻《三教搜神大全》卷一"三元大帝"条载有："上元一品天官赐福紫微帝君，正月十五诞辰。"清·西周生《醒世姻缘传》第六十七回云："又到三官庙叩头，祝赞天官赐福，地官赦罪，水官解厄。"

福星天官，以赐福为职，是民间供奉的吉祥神和幸福之神。立于三星之左侧，多手持如意、春联等吉祥物品。古人云岁（木星）所照耀者有福，故又称福星，福星即木星，所在主福。其起源很早，据说唐代道州出侏儒，历年被选送至朝廷为玩物。唐德宗时道州刺史阳城上任后，即废此例，并拒绝皇帝征选侏儒的要求。传说此人后来得道成仙，成为道教诸神之一，司职赐福。州人感其恩德，遂祀为福神，宋代民间普遍奉祀，到元、明时期，阳城又被传说为汉武帝时人杨成。或尊天官为福神，或尊怀抱婴儿之送子张仙为福神。张仙既能送子，也能佑子，能够让信奉者得子多福，被称为"张仙爷"。据传福星是按照人们的善行多少来赐福的，因此古人十分注重积德行善，奉"福星"为吉祥之神，祭祀"福星"以求福泽、富贵吉祥。福神也成为招财、延寿、升迁、得子的吉神。

禄星，是中国民间信仰中主管功名利禄的星官。禄指官吏的俸给。禄星掌管人间的荣禄贵贱。《论语》中记载，"人有命有禄，命者富贵贫贱也，

① 张道一. 吉祥文化论［M］. 重庆：重庆大学出版社，2011.

禄者盛衰兴废也"。禄神来自禄星，《史记·天官书》中，文昌官和第六星为专门掌司禄之禄星。和天官福星一样，也由一颗星演化而来。有人认为禄星是著名的文昌星，保佑考生金榜题名，禄星又称文曲星、魁星，自古有"魁星点斗，独占鳌头"之说。也有人认为，禄星原本是一位身怀绝技的道士，擅长弹弓射击，百发百中。还有人认为其是亡国之君，五代十国时期后蜀皇帝孟昶等。禄星的来历说法不一，由于禄有发财的意思，民间通常借用财神赵公明的形象来描绘禄星：头戴铁冠，黑脸长须，手执铁鞭，骑着一头老虎。因而，人们奉"禄星"为执掌文运禄位的星神。祭祀"禄星"以求金榜题名、官运亨通。

寿星，本为恒星名，即老人星。《尔雅·释天》曰："寿星，角亢也，"是二十八星宿中的角、亢二星，中国神话中的长寿之神，也是道教神仙。作为福禄寿三星之一，寿星又称南极老人星、南极仙翁。《史记·封禅书》曰"寿星祠"，《素隐》载"寿星，盖南极老人星也，见则天下理安，故祠之以祈福寿也"。宋楼钥《玫瑰集·谢叶处士写照》诗云："更添松竹作寿星，我已甘心就枯槁。"旧俗以此星为司长寿之神、长寿老人的象征。古书《观相玩占》记载："老人一星弧矢南，一日南极老人，主寿考，一日寿星。"古人认为南极星可以预知国家兴亡，也可使人添寿延年。《史记·正义》称"为人主占寿命延长之应"。因此，将其视作长寿的象征。经常在寿星老人的纹饰中加入鹿，手托桃，天上飞五只蝙蝠，拐杖上挂有一盛灵丹妙药的葫芦。《西游记》第七回曰："霄汉中间现老人，手捧灵芝飞霭绣。长头大耳短身躯，南极之方称老寿。"古代画像中的寿星为白须老翁，持杖，额部隆起。

自周秦开始，历代都有奉祀寿星的活动。司马迁在《史记·天官书》中记载，秦朝统一天下即开始在咸阳建造寿星祠，供奉寿星。至东汉，祭祀寿星被列为祀典。人们奉寿星为长寿之神，祭祀寿星以求长命百岁、健康平安。明朝之后，民间常把寿星与福禄二星结合起来祭祀，合称福禄寿，成为人们最喜爱的三个福神。

福禄寿组合的吉祥纹图重视结构形式的律动感和生命感，往往一语双关，追求具有吉祥意义的抽象美以及音律美，谐音中总能表现出一种语句和单词直接意义之外的深意，深受人们喜爱。

例如福禄双全，指幸福和俸禄双收。在表现福禄双全时，取"蝠"与

"福"谐音，"鹿"与"禄"谐音，"钱"与"全"谐音之意，以蝙蝠、鹿、串钱组成"福禄双全"的吉祥纹图。与官禄相伴而来的是财富与权贵，表现为"福增贵子""马上封侯""加官晋禄""平升三级""福寿无疆""福星高照""福寿如意""福寿吉庆""福缘善庆"等吉祥语。

福寿双全，多有"多福多寿""福寿吉庆""福寿绵长"等吉祥纹图。常用寿桃、寿字纹和长须飘飘的寿仙老人表示，老人通常鹤发童颜、精神矍铄、前额突出、慈眉善目。也常用鹿、鹤、仙桃等象征福寿。

福禄寿三星迎合了人们的美好祈愿，也逐渐演变出"三星高照"的吉祥语。福星手中拿着"福"字，禄星手托金元宝，寿星拄拐，托着寿桃，寓意三星高照、鸿运通达、福如东海、寿比南山。还有的福禄寿三星纹图是用象征手法表现，分别用蝙蝠、梅花鹿、寿桃代三星，以其谐音寓意福、禄、寿。

可见，福禄寿三星代表延年益寿、幸福美满、加官晋爵、子孙满堂等入世的美好生活期待，也是吉祥文化永恒的表现主题。以下选取代表全之吉的福禄寿三星在传统建筑中的表达予以解析。

5.6　传统建筑中福禄寿三星的传播类型

福禄寿三星组合造型是最受欢迎且使用广泛的吉祥人物纹图之一。传统建筑中福禄寿三星吉祥纹图多出现于墀头、雀替、斜撑、隔扇、匾额、走马板、门楣、照壁和牌楼等中。

例如北京恭王府邀月台的绿天小隐建筑内供奉"福禄寿三星"，供人们朝拜和祈福。建筑门额悬挂"吉星高照"匾额，楹联分别为"得福聚福载福戴福福禄绵长，拜福求福祈福请福福寿无疆"，"福神款款飘然至，福禄寿喜财运来"。"福星高照"邀月台匾额，内容皆为表达福禄寿的吉祥语。魏家大院厅堂所挂之画，描绘的是赣南客家人几经迁徙到赣南建造围屋居住、防御的历史，厅堂牌匾书写吉祥文字"福禄寿"三字，表达对福禄寿的美好期盼。

广州陈氏书院石雕非常著名，檐廊的外立面以檐柱、月梁、梁垫、雀替、栏杆、栏板等组成，梁垫、雀替、栏板均雕有吉祥图案或人物故事，如"渭水访贤""曾子杀猪""孔明智收姜维""和合二仙"等，特别是石雕人物福禄寿"三星高照"雀替（图5-10），搭配祥云和松柏，栩栩如生。

山西忻州市原平市阳武村牌楼的福禄寿石雕，为清代山西石雕代表作，整个牌楼为仿木结构，飞檐翘角，斗栱垂柱，匾额梁枋，石牌坊后的影壁中间雕刻福禄寿三星（图5-11），三星体型高大，采用高浮雕技艺，人物形象惟妙惟肖。

图5-10　广州陈氏书院石雕雀替　　图5-11　原平市阳武村牌楼福禄寿三星局部

刘家寨民居墀头装饰有"吉星高照""禄"字和其他纹图等多种结合。传统建筑构件的墀头，是山墙伸出至檐柱外之部分[①]。不仅满足作为建筑构件上接檐口、下承山墙、支撑檐口出挑的实用功能，还在建筑必要结构的基础上，将雕刻装饰艺术的内容巧妙附着于悬挑或重叠的砖石构件上。墀头由下肩、上身、盘头和戗檐四个部分组成，其中盘头部分包括头层盘头和二层盘头，它与戗檐相接，斜向挑出，是装饰中最为集中的部分。内容多为祈福纳祥。刘家寨外影壁匾额为"福禄寿三星共照""吉星高照"等，街巷匾额有"富贵长春""三多九如"等，三多为多子多福多寿，表达祈求富贵吉祥、金榜题名、长命百岁的愿望。还有的传统建筑影壁题字"幸福""福寿""寿"，如扬州吴道台府大门墀头（图5-12）、黟县屏山有庆堂的福禄寿三星，雕刻精致美观，表达生活富贵如意的愿望。

清中叶徽派民居建筑大门居中，上设砖雕门罩，轩间双步梁搁置于前檐，月梁上下垫以雕琢之挑头木，挑头木下为倒爬狮斜撑。"畊礼堂"内木雕斜撑以蝙蝠和喜鹊等祥和图案为主，并且围绕"福禄寿喜"等进行刻绘，表达平安幸福、长寿富余的美好愿望。福禄寿三星的雕刻在小木作上的装饰以隔扇、牌匾、走马板等为主，或直接书写文字，或用福禄寿吉星的形象装饰，为屋主人祈福纳吉，例如在赣南客家传统建筑装饰中就有福禄寿

---

① 梁思成. 清式营造则例［M］. 北京：清华大学出版社，2006.

三星吉祥人物。

　　走马板也是"门头板"，多用于板门上，放置于中槛与上槛之间，因其位于外檐且具有一定的面积，故也是传统建筑装饰的重点位置。数量多为三块，两扇门设置三块走马板，呈二比三的关系，形成数字组合的审美意识。例如进士府为刘家寨六门十六世刘榕居所，刘榕于同治四年（1865 年）壬戌科中举，同治六年（1867 年）乙丑科中进士榜，在其住所的走马板上书"进士府"。由此，也可体现出刘氏家族虽以武发家，但严格要求子孙后代耕读传家。走马板的"和为贵""平为福""福禄祯祥""福禄寿"表达了对于家庭富贵、多福多寿的愿望。

图 5-12　江苏扬州吴道台　图 5-13　浙江东阳横店郭新宝村　图 5-14　安徽黄山潜口
　　　　 府大门墀头　　　　　　　　　 望山楼撑栱　　　　　　　　　　清园撑栱

　　传统建筑表达全之吉。在门楣、照壁上，雕刻福禄寿吉祥文字，例如客家民居的门簪，门楣上方贴"福"字，在客家民居门楣装饰中将象征"福禄寿喜财"的装饰元素与"乾坤"二卦图案相结合，意在希望通过自然、天地无穷的力量将"福禄寿喜财"守于家中而不外流以光耀门楣。院落式空间布局是赣南客家传统建筑平面布局的核心，由这种平面布局模式形成庭院空间、天井、照壁等，客家建筑工匠们对这些建筑空间和构筑物也作了精心处理。如照壁，面对大门，在风水中有屏障之功效，或精雕细刻，或施以彩绘，或书写文字，形成兼具形态之美和意蕴之美的装饰性墙壁，如赣县白鹭村福神庙照壁上面就有福禄寿三星的彩绘等。

福禄寿除在闽南地区的红砖民居建筑中广泛应用外，还有徽州民居木雕艺术中的神仙人物及祥禽瑞兽。在浙江东阳横店郭新宝村望山楼有福禄寿三星撑栱（图5-13），安徽黄山潜口清园也有福禄寿撑栱等（图5-14），刻绘手法为写实写意并举，融现实与虚幻为一体。传统建筑中福禄寿三星之全的主要吉祥文化表达如表5-2所示。

表5-2　传统建筑中福禄寿三星之全的主要吉祥文化表达

纹图类型	组合内容	主要设置的位置	吉祥寓意
福禄寿三星纹图单独使用	福星、禄星、寿星	墀头、雀替、隔扇、走马板、影壁、牌楼等	吉星高照幸福美满
福禄寿三星与植物组合纹图	桃、松、柏等	额枋、撑栱、匾额等	福寿绵绵
福禄寿三星与动物及其他组合纹图	鹤、鹿、鹊、蝙蝠、云等	墀头、门楣、影壁等	富贵多福

5.7　传统建筑中福禄寿三星之全的传播路径

中国自古以"门"代表组织层次。因此，传统建筑比任何其他体系的建筑出现更多种类的门。

5.7.1　传统建筑构件·门

宅以门户为冠带

建筑形制是对宫廷建筑内容和布局的规定，被看作是一种"国家"的基本制度而确立下来。其后当宫廷建筑已经成为一种标准的建筑模式之后，制定出有关诸侯、大夫、士人等房屋的制式，成为门堂之制，这是《三礼图》的主要内容。

门堂分立是中国传统建筑构成的一个主要特色，体现内外、上下、宾主有别的"礼"的精神，将封闭的露天空间纳入房屋设计，借此产生内外之别，由此形成一个中庭。这种形式一经"礼"，在理论上解释后就更为牢固地被沿用下来。门堂之制成为传统后，中国建筑就没有以单独的"单座"建筑出现过。

有堂必另设门，门随堂而来。门是建筑的代表性形式，堂是建筑的内容、实用功能的体现。门制成为平面组织的中心环节，内外分立、设计思想在其他建筑体系中是没有的[1]。

在传统建筑的平面构图中，门担负着引导整座传统建筑群主题的任务，是人对建筑性质和内容产生的整体第一印象，具有礼仪和休息的重要功能和作用。传统建筑的门居中布置，具有沟通天地的价值。通过色彩、体量、组合关系等手法使其成为最突出的部分。

同时，门也代表平面组织的段落和层次，是变换封闭空间景象的转折点。传统建筑中的门，作为表示平面中的组织层次，从最外的大门、仪门、各个建筑组群入口独立的门，到室内的间隔的门、房间的门，每一道门代表每一个以院落为中心的建筑组的开始，或者前面一个组群的结束。在庞大的建筑群中，平面布局的节奏和韵律，都依靠门来提示和展现。

传统建筑的立面由台基、屋身、屋顶三部分组成，平面由门、堂、廊三个不同部分组成，在功能、形式和所处位置上显示不同的特色。堂作为建筑主体和主要功能部分，一般为南北朝向，位于中心线上，有时是一座，有时是三五成群。在皇宫、庙宇中堂就是各大殿，在四合院中堂就是正厅、正房和耳房。廊是辅助建筑，是堂下周屋，包括东西两侧的厢房，有时不以屋的形式出现，只作为封闭的围墙或者内部交通的连廊和游廊出现。

在具体形制上，传统建筑的门中，宫城的正门称为皋门，相当于紫禁城的天安门，再进是应门，相当于清宫的午门，继续就是路门，即建筑群的门，太和殿的太和门就属于此类。官衙、庙宇和住宅也各有各的门制，大体分外墙的门和内屋的门。衡门是一般的墙门，内屋的门称为寝门，庙宇的门称为山门。

宋《营造法式》记载有版门、软门和乌头门。前两种代表两种不同的门的构造方式，乌头门是"六品以上宅舍，许作乌头门"的管家大门。软门是池板门，用木框镶嵌薄板的门，门的尺寸即双扇门合起来称为一个方形标准。较为轻巧，样式多。包括隔扇在内是工艺技术进步的成就体现。版门是实心门，是在并排起来的木板"肘板"背后钉上与之垂直的横木"楅"，由楅将肘板连接起来，肘板大小按照"门高一尺，则广一寸厚三分"

---

① 李允鉌. 华夏意匠：中国古典建筑设计原理分析 [M]. 天津：天津大学出版社，2005.

推算。福的间距则是一尺至二尺不等①。

传统建筑的门不仅起到空间开合、起承转合的建筑序列作用，而且体现屋主人的社会地位、身份和经济实力。如建筑额枋、匾额、楹联、门板、门钉、辅首、木栓、门簪、门枕石等不仅体现礼制，而且不同地位的门要求安装与之相配合的不同形式的门扇。门扇上精美的刻绘也给传统建筑注入丰富的文化内涵。

5.7.2　打开福禄寿三星之门

传统建筑采用框架结构实现了门的表现自由，使得中国传统建筑比任何建筑更早就存在完全由门窗组成整体的幕式墙结构，对于门的装饰和设计从未有过任何局限。

传统建筑中的门是数量和样式众多、内容丰富的重点构件，而且以人们耳熟能详的典故传说和喜闻乐见的形式来传播福禄寿之吉。

传统建筑的门和窗在形式上没有太大分别。门就是落地窗。当门窗全开启的时候，室内外没有分隔，"窗式的门"即为"门式的窗"。

因而，传统建筑的门扇一般是双数对开门，隔扇门窗不是一扇两扇充满柱间，而是连续开间的门和窗每一扇都有装饰纹样，相同或者相似，画面构图相对自由、完整连续。

就装饰层面而言，传统建筑的门扇是装饰面积相对较大、连续性较强的建筑构件。可以在门扇上充分、连续展示丰富多样的以福禄寿三星为神仙主题的故事和传说等，表达不同的精神风格，刻画出不同建筑物的性格。

同时，传统建筑的尺度确定了人们欣赏的距离，传统建筑的门扇处于最接近人视点的地方，门扇的抹头、边梃、格心、裙板、环涤板等上雕刻的福禄寿三星纹图尤为精细，是人们欣赏的传统建筑重点构件装饰部位。

同时，传统建筑之门的福禄寿吉祥装饰也具有一定的传承性，在时间上传衍的连续性，即历史的纵向延续性②。在长期的历史传承中，其吉祥纹图的意蕴相对稳定并逐渐成为人们易于接受的艺术形式。

---

① 李允鉌. 华夏意匠：中国古典建筑设计原理分析［M］. 天津：天津大学出版社，2005.

② 钟敬文. 民俗学概论［M］. 上海：上海文艺出版社，1998.

可见，传统建筑的门扇作为一种吉祥美好信息的传播媒介，直截了当地将诸多无法用语言表达出来的福禄寿的吉祥信息通过福禄寿三星吉祥人物造型传播出来。可以说，传统建筑之门借约定俗成的神仙人物成就传统建筑的全之吉的文化空间，建构人心趋吉求全的意象。

5.8　小结

康熙四十五年（1706 年）《重修平遥县志》曰："水崩沙浅，生理鲜薄，民生其间，终岁勤劳。"在这样的生存环境里，人们以怎样的心境面对生活呢？

那就去神庙戏台看看它们的梁头、雀替上雕刻着怎样的福星、寿星、禄星、飞禽走兽和花朵藤蔓吧，就连神庙本身也充满彩色雕饰，佛像、神像、陶俑也都披上了漂亮的彩衣。人们喜欢充满希望的热闹、充满欢乐的鲜艳与活泼。一方面依靠自己的勤劳耕作，另一方面以乐观的心态来寄托希望。将情绪融入传统建筑中，用乐观向上表达对美好生活和未来的追求。

同时，"如果作品是成功的，它就具有一种由它自己来进行艺术教育的奇特能力。……读者或观众最终找到艺术家希望与他们交流的东西……作品将从此与一些心灵共存"[1]。

艺术作品是匠师们通过灵悟的眼光挖掘不甚显露的美的产物，是美的物化形态。观者所看到的已不再是被描绘物的实际存在，而是创作者用自我情感的热烈和生命进程的感觉将视线中的原型详细描绘成一种可见的抽象出来的新形式，用实际材料"创造出艺术视野的基本幻象"[2]。传统建筑木雕艺术中的和合二仙和福禄寿三星神仙人物，其刻绘的表现手法都是写实写意并举，力求融现实与虚幻为一体，实现生活与理想的美好追求。

仰望"和合二仙"的撑栱，就看到了结构与装饰的合力之美；推开一扇门，就打开了一条"福禄寿三星"之仙道。当人们走在"和合二仙""福禄寿"雕刻的传统建筑中，似乎也沾染了全之吉的诸神信息，将人们引入福境、寿境、禄境之中。

---

① 梅洛-庞蒂. 眼与心［M］. 刘韵涵，译. 北京：中国社会科学出版社，1992.
② 朗格. 情感与形式［M］. 北京：中国社会科学出版社，1986.

第6章 传统建筑中的吉祥图符

建筑是民族文化中最重要的表现之一。新时代的建筑必须建筑在民族优良传统基础上，这已是今天中国大多数建筑师所承认的原则。

——梁思成、林徽因

6.1 吉祥的图符

吉祥的图符是具有吉祥寓意的特殊图案、符号和古代装饰纹样的本源，假借自然之力，描绘其形而表现一种吉祥意味，用以代表思想或兼以代表言语。

图符既是某些复杂形象的简化，也是具有特征性的代号。从人们易于感知的图像、文化符号，通过固定的形声义产生联想，从而赋予吉祥的内涵。人们通过借吉祥的图案和符号对各类凶险有害的因素加以避免而显露祈福的心理。在除害变利、逢凶化吉、免祸得福、送穷祈富和祛病保健等方面具有变利化吉、祈福得富等美好意味。

代表吉利的图符主要包括装饰中的抽象几何纹（锦纹）和传统吉祥文字两大类。抽象几何纹主要由动植物、自然天象等形态演化而来，是简单且概括性强的纹饰。常见的有夔龙纹、夔凤纹、回纹、如意纹、卍字纹、云纹、火焰纹、丁字纹、步步锦、卷草纹、缠枝纹、牡丹莲花纹、螭龙纹、云龙纹、如意纹、盘长纹、方胜纹、连珠纹、缠枝纹、波纹、锦纹、冰裂纹、雷纹、水纹和菱格纹等。几何纹是中国传统吉祥文化中的一种特殊表现形式。北宋《营造法式》中所见的几何纹比较丰富，有直线纹、折线纹、原卷、圆弧形、椭圆形、等边多边形、不等边多角形、内方、外方和内圆等，作为对人物、动物、景物等题材进行烘托和陪衬的辅助装饰纹，运用较为广泛。

例如"卍"符号，其是《表号图案》中出现的第一个符号，也称为万字不断头纹，寓意福寿绵长不断。"卍"表现为十字形横竖线向左旋或者向右旋，呈轮形两种转向，一般解读为两种含义：其一，"卍"字符号是梵文，象征吉祥、神圣；其二，"卍"象征太阳、幸福和光明等。"卍"四端伸出，可以反复而绘成连续花纹，形成连贯不断的造型。徽州民居大门及格窗多用"卍"字纹，西递民居"大夫第"木雕的门窗栏板用"卍"字符号做不断连续纹装饰。明清砖雕"如意草"图饰，由植物向动物形体转化，以交结飞升的构图产生奇妙的联想。"双喜""方胜""八吉""暗八仙"和佛八宝，寓意"求仙得道"等都属此类。

传统吉祥文字是在汉字基础上取其形和意转化而成的装饰纹样，是对吉祥寓意最直白的表达。伊东忠太在《中国古建筑装饰》中直言：中国的文字是世界上绝无仅有的珍贵的装饰纹。这说明汉字本身就具有一定的绘画性，形音义的完美组合使其成为寓意美好的装饰元素。

吉祥文字的表达方式一般有两种，一种是通过匾额、对联等文字表达。还有用文字及文字变体与其他纹图组合突出装饰性，例如"钱"与"前"、"蝠"与"福"谐音，用喜字和钱组成"喜在眼前"，用万字组成"万福"，用寿、福、喜、囍、吉、宝、富等组成"招财进宝""福禄寿喜"等吉祥图符，形美意浅。

还有器物组合类，主要为古器宝物，包括古琴、棋盘、线装书、葫芦、芭蕉、狮角、宝扇四宝、暗八仙、瓷器、花瓶、玉器、宝珠、青铜器、古钱、如意、仙草、铜镜、宝剑、奇石、琴瑟笙簧、长命锁、果盘、百子瓶、八卦瓶、八卦炉、仙鹤炉、圆炉、河图洛书、太极图、佛教八大件及其他宝物等。同时，历代文人雅士赋予琴棋书画、奇花异草吉祥含义，如"瓶"与"平"谐音，寓意平安，花瓶中有牡丹、荷花、菊花和梅花组合寓意四季平安，书案花瓶寓意"平平安安"，瓶中插如意寓意"平安如意"，瓶中插三支戟，旁边配芦笙，寓意"平升三级"。器物类装饰内容有琴、棋、书、画、八宝博古、铜钱、鼎爵、书案、画轴拂尘和花草等图案，构图典雅、奇妙多趣，展示生活的智慧和情趣。

广泛用于雕刻、绘画、工艺品和建筑等的吉祥图符以图像和符号为媒介，缘物识事，创造出各种出乎意料的装饰图符形象，大体依其物、依其形、依其时、依其位置而选择，各尽其妙。其加强了自然与人在文化层面的关系，唤醒了凝聚力和认同感，激发了生活的情致与创造性。

在传统建筑中应用较多的吉祥图符之一是祥云纹，其是云纹的变体，蕴含"天人合一"的造物思想，体现吉祥的美好寓意，由"自然之云"成为寄予人们心中美好愿景的吉祥之云，以此为例解析。

6.2　吉·吉祥文化中的祥云之吉

自然天象之祥云瑞日，

瑞应心中之吉祥和美。

6.2.1　云的文化内涵

《河图帝通纪》曰："云者，天地之本也。"① 《说文》中解释："云，山川气也……从雨，云象回转之形。"《春秋说题辞》中记载："云之为言运也，触石而起谓之云。"② 云为自然界最常见的物象，变幻莫测。

荀况在《云赋》中曰："圆者中规，方者中矩，大齐天地，德厚尧、禹，精微于毫毛，充盈于天宇。"③《纬略》中解释，"天地变化，是生神物。吹云吐润，浮气翁郁"④。云被视为天地之间的神物，其因充盈天宇而成"太平之应"⑤，故为"大齐天地"的祥物。

古人认为，云的形态与色彩有凶吉之辨，《抱朴子·内篇·释滞》卷八云："云动气起，含吉凶之候。"⑥ 战国时期，占候云气十分流行。如《周礼·春官·保章氏》卷二十九曰，"保章氏……以五云之物，辨吉凶、水旱

① 中国科学院图书馆. 继修四库全书总目提要［M］. 北京：中华书局，1993.
② ［清］赵在翰. 七纬［M］. 钟肇鹏，萧文郁，校. 北京：中华书局，2012.
③ 方勇，李波. 荀子［M］. 2版. 北京：中华书局，2015.
④ ［宋］高似孙. 纬略［M］. 王群栗，校. 杭州：浙江古籍出版社，2015.
⑤ 陶思炎. 中国祥物［M］. 上海：东方出版中心，2012.
⑥ ［晋］葛弘. 抱朴子内篇校释［M］. 王明，校. 北京：中华书局，1985.

降丰荒之祲象"①。班固在《汉书》中曰："以二至二分观云色，青为虫，白为丧，赤为兵荒，黑为水，黄为丰。"② 用云色占卜年岁丰歉，作为吉祥的表征。

古人将云的颜色、形状也比附人事，是为凶吉之征兆。古也有"青云"之说。后世用青云喻高官显爵、仕途得意、连登高位，如"青云直上"③。

同时，云中有神。屈原的《云中君》即为祭祀云神而作。《楚辞·九歌·云中君》云："云神，丰隆也，一曰屏翳"④。屏翳为雨神。晋郭璞《游仙诗》云："灵溪可潜盘，安事登云梯。"⑤ 注云"言仙人升天，因云而上，故曰云梯。"云的神仙气息成为吉祥象征的基础。

云行天上，亦为天。云不仅是神仙驾承飞升的工具，润泽万物的雨水的来源，还能运动回转、降雨布恩、趋利避害、布恩施泽，是定位、记岁的凭依，具有丰富的吉祥文化象征。

祥云作为人主观情感与自然之物相结合的产物，被视为吉祥的象征。而且"云"与"运"谐音，寓意好运连连。"祥"字体现人的主观情感，饱含祥瑞、和平、高升和幸福的美好寓意，祥云两者结合有"祥云瑞日""吉星祥云"之说。

《周易》载有"云从龙"⑥，并视云为瑞应，"三才者，天地人；三光者，日月星"，天对人的存在具有决定性意义且为祥瑞的基础。云从原始庄重的宗教意味逐渐发展成为吉祥美好的理想写照，被赋予高升、吉祥、美好、和谐、幸福和神圣之意，祥云纹图更是人们表达祥和吉利的典型媒介。

6.2.2　以云入图的历史

天地变化，是生神物。

吹云吐润，浮气蓊郁。

——曹植《吹云赞》

---

① ［清］阮元. 十三经注疏［M］. 北京：中华书局，2009.

② ［汉］班固. 汉书补注［M］. ［唐］颜师古，注；王先谦，补注. 北京：商务印书馆，1959.

③ 沈利华，钱玉莲. 中国吉祥文化［M］. 呼和浩特：内蒙古人民出版社，2005.

④ 林家骊. 楚辞［M］. 北京：中华书局，2015.

⑤ ［晋］郭璞. 郭弘农集［M］. 聂恩彦，校注. 太原：三晋出版社，2018.

⑥ ［清］李光地. 周易观象校笺［M］. 梅军，校. 北京：中华书局，2021.

以云入图的起源很早。原始时期已出现祥云纹图的雏形。原始社会多自然灾害，人们对自然中的事物产生崇拜，对仙人世界产生向往和憧憬，羡慕仙人瑞兽腾云驾雾、祈福祛灾的卓异神性，使其将这些神性的本领寄托于祥云，希望祥云能给予人们幸福平安的生活。

此时期的祥云纹是一种极具代表性的抽象几何纹，古朴单纯、粗犷生动，富有运动感。

云纹图像在新石器时代的陶器上作为装饰图案出现，例如江苏金坛三星村遗址出土的距今 5 500～6 500 年的云雷纹陶豆，纹样与商周青铜器纹饰十分相似，称为云雷纹的滥觞。

商周时期，云纹是最具代表性的纹样类型，也是祥云纹的早期形态。多用于主纹的辅助装饰，也装饰在骨器、陶器、玉器以及各类织物上，单独装饰在器物的足部或颈部。构图常以二方或四方连续组织，排列有序、疏密得当，造型简单质朴、层次分明、虚实相间。商周青铜器的云纹以回环卷曲的云为纹图，后代以在铜镜和瓷器中应用居多。

秦汉时期，祥云纹由云雷纹发展为线条流畅、生动活泼的卷云纹。此时期卷云纹主要有综合、内敛、发散、延长四种结构形式，成为后期祥云纹发展样式的基本模板。汉代，云气纹呈现大气明快、简练多变、自由浪漫、回转交错的特点，形态有虚有实、有动有静，颜色以单色、五彩为主，结构上有流线型、直线型和带状等多种类型。

秦汉时期最常见的装饰纹样有卷云纹、连云纹、羊角形云纹、流云纹和流云锦等多种云纹图以及以回旋形云纹组成的多变纹图。还有"云头"，绘制云朵卷曲状的纹样，"套云拐子"描绘曲折云纹，寓意绵延不断，多见于建筑[①]。秦汉宫殿瓦当大部分为卷云纹瓦当[②]。汉画像砖中，云纹常与神仙羽人相伴，展露祥瑞气息。明代石雕"松鹿图"刻有羊角云纹，增添吉祥意义。从商周的云雷纹、先秦的卷云纹到秦汉代的云气纹，云的自然属性逐渐减弱，而装饰属性逐渐增强。

汉代开始在建筑藻井、外檐彩绘祥云纹图，此时期的云纹不仅是装饰图形，还承载了更多宗教信仰、人文情怀和对美好幸福生活的憧憬与希望。

---

① 沈利华，钱玉莲. 中国吉祥文化［M］. 呼和浩特：内蒙古人民出版社，2005.

② 赵力光. 中国古代瓦当图典［M］. 北京：文物出版社，1998.

魏晋南北朝时期，祥云纹样式主要是流云纹，风格简洁质朴、率性自然，线条率直流畅，造型清丽简洁，结构自由洒脱，并开始与植物纹结合使用。

唐代时期，祥云纹以蜿蜒盘旋、生动飘然的朵云纹为典型样式，由内敛的勾卷形的云头和飘逸的云尾简化后构成，既可独立作主纹，也可点缀作辅纹。

宋元时期，祥云纹图保持唐代朵云纹的基本样式，但组合形式复杂多变，以朵云纹为基本构图元素的组合一直发展到明清。元代朵云纹呈现出较强的组合感，增加了波折曲线、勾卷云头和旁出的云勾，显得较为复杂和圆满，这也是朵云纹向叠云纹发展的过程。

明清时期，祥云纹以团云纹为代表，云头和云尾相对独立，多个云头聚合成为中心，云尾自然分散展开在云头的周围，多呈团块状，组合模式有三合、四合、六合，以四合居多。这样新的组合方式使团云纹形成一种有秩序感的平面结构，纹图整体具有凝聚感和重量感，祥云纹图发展至明晚期形成高度图案化格局。同时，在原有团云纹的基础上演绎出叠云纹。其以均匀细密的曲线、层叠重复的弧旋勾卷和自由多变的组合形式，创造出独特立体的云纹风格，多与福、寿等吉祥主题构成复合型纹图。

传统建筑的构件和装饰中充分运用象征、寓意、抽象等多种手法刻绘成吉祥纹图，使自然之云不断承载人们心中之祥云。

6.3　传统建筑中祥云的传播类型

祥云吉祥图符在传统建筑上的应用主要体现在三个方面，一是传统建筑屋顶部分，装饰部位主要有屋脊、屋瓦、瓦当、滴水、屋顶等。二是建筑屋身部分，装饰部位主要有藻井、天花、墙、梁架、柱、枋、斗拱、雀替、门窗和栏杆等。三是建筑台基部分，装饰部位主要有台基、台阶、柱础和铺地等。在传统建筑空间中，以不同姿态出现的云纹图不仅体现了高超的工艺技巧和浓厚的人文思想融合，而且以气韵生动的艺术表现形式展示了人们的生存智慧。

（一）祥云纹图单独使用

在传统建筑中，祥云纹图主要用在较高等级的建筑中的御路、须弥座、栏杆、石柱、瓦当、匾额、垂带石、陛石等处。

例如北京天安门前后的汉白玉柱，又称华表，柱子顶端有石犼端坐其上，柱身高处横插云板，通体雕刻云龙。云板上的云头雕刻细致优美、磅礴大气，充满蓬勃向上的雄伟气势。华表上的云板选用了团云纹图形态，由若干个圆弧形云朵共同连接成向上的动态，再共用一个云尾，飘逸感十足，整体构思生动活泼，充满韵律感。

北京故宫栏板上的浮雕采用了多朵团云纹旋转排列，用一朵云正面向上，左右各一朵云作为辅助图形，各自旋转向中心对齐，既具有安全防护的功能，又能够丰富建筑的形象，增加层次。

图 6-1　襄汾县连村梁花板局部·福运天来　　**图 6-2　襄汾县连村墙饰·青云得路**

（二）祥云和其他动植物纹图组合

祥云与其他吉祥动植物、器物和文字组合的纹图，用在传统建筑中的不同部位代表不同的文化寓意，例如襄汾县连村梁花板上绘制蝙蝠飞翔在祥云中，寓意"福运天来"（图 6-1），汾县连村墙饰的祥云配以云路的吉祥文字，寓意"青云得路"（图 6-2），绘制牧童放风筝飞入云端，寓意"仕途得意""步步高升"，绘制慈姑叶、莲花配合云纹等表达"慈善祥云"等。

最经典的祥云纹图雕刻是北京故宫太和门太和殿踏道雕饰，堪称精绝①。御路，又称螭陛，位于宫殿中轴线上台基与地坪以及两侧阶梯间的坡道。宫殿阶陛之前侧多出踏道一道或三道，居中踏道之中部，不做阶级，是宫廷中通行的道路，一般用青石、方砖或长砖墁地，通向各宫各院，对

---

① 梁思成. 中国建筑史［M］. 北京：中国建筑工业出版社，2005.

准宫门、殿门铺设。最高等级的御路是用青条石墁成略呈弧面的路面。古代皇帝进出宫殿多以乘舆代步，轿夫行走于台阶，御路表面雕刻祥云腾龙纹饰。太和殿御路（图 6-3）长度为 16.57 米，宽 3.07 米，厚 1.70 米，总重量超过了 200 吨，是紫禁城内最大的一块石料。在御路石上，共雕刻 9 条凌空起舞的飞龙，它们或为升龙遨天或降龙入海，凸出于石头表面，形成了凹凸有致的造型。在九龙身下的空白处，点缀着朵朵祥云，使得飞龙的动态更是呼之欲出。石雕的下部有 5 座宝山，宝山之下雕绘有流畅的水纹，不仅凸显匠人技艺和智慧，更彰显皇家建筑至高无上的威严。

传统建筑的须弥座源于印度，其原为佛教建筑中佛像的底座，后通常用于等级较高的传统建筑和影壁。须弥座大致以宋式以及清式做法为主。祥云纹图在宋式须弥座中常与莲花纹搭配。在清式须弥座中，祥云纹图在须弥座上装饰在圭脚处，以卷云纹为主，大部分云纹作辅纹刻绘在凤纹龙纹周边，有的被单独雕刻于白石之上。

陛石是用来铺设御路的石块，表面雕饰瑞兽、云、龙、植物等纹样，一般用作次要装饰纹样，或作点缀使用。

传统建筑重要的石构件柱础，其俗称磉盘、砷石，有负荷、防潮和防止建筑塌陷等不可替代的功用。宋《营造法式》第三卷记载："柱础，其名有六，一曰础，二曰礩，三曰舄，四曰踬，五曰碱，六曰磩，今谓之石碇。"有鼓型、瓜型、花瓶型、宫灯型、六锤型、须弥座型等多种式样。柱础的形式有覆盆式、宝瓶式、四方形、六面形等，在广州寺观园林中，柱础的装饰纹图以莲花纹、祥云纹和八宝纹为主，兼有其他植物纹图。祥云纹主要在六面形柱础中应用较多，在四方形样式中也有应用，并与莲花纹、八宝纹等其他植物纹搭配使用，通常应用在柱础的最底层，作边饰。

例如柳氏民居中宪第门楼的"葵（魁）狮石础"别具特色，共三层，覆盆上雕刻的狮子头围成一圈，总共有 12 个，每一个狮子头都张着大嘴咬着一片尾端呈祥云状的花瓣，狮子头都经过精雕细琢，每一根毛发都能看得清清楚楚。中间的石鼓有一圈腰线，雕刻着葵花花瓣纹样，为浅浮雕。"葵"与"魁"同音，寓意高居榜首。最上面一层的石鼓有一圈鼓钉，非常华丽，显示出中宪第重要的地位。

柳氏民居中有方形、六角形柱础石，基座刻有四条或六条腿，像香炉腿一样的造型，或者呈几何形，上面雕刻有纹图，基座上有雕饰的石鼓或石座。司马第院落厅堂的云头柱础石精致华丽，共三层，最下面的方形基座是几腿式，几腿上雕刻卷草纹，上半部分采用阴雕方式雕刻如意云纹，纹样小巧玲珑，并用小珠衔接。中间的石鼓用莲花纹和卷草纹修饰，运用收分方式，上部分的边长小于下半部分的边长。最上面的石鼓中间有一圈腰线，上下对称雕刻着蝙蝠纹、祥云纹，寓意吉祥、长寿和独占鳌头。

图 6-3　御路　　　　　　　　图 6-4　隆福寺藻井

　　垂带石，又称"垂带"，是台阶踏跺两侧随着阶梯坡度倾斜而下的部分①。例如广州传统寺观建筑的垂带石装饰主要为抱鼓石结合植物纹、祥云纹类，抱鼓石上的装饰常有寺观园林的宗教代表纹图。垂带石整体形状主要取决于边饰处的装饰纹图，边饰多以简洁的装饰纹图为主，如选用卷草纹、回字纹和云纹等。

　　传统建筑彩画和藻井也多用祥云纹图，彩画不仅是中国传统建筑装饰的重要组成部分，同时也起到了保护木构件免于受到冷热、燥湿以及风雨等自然现象的侵蚀。传统建筑发展至汉代，在天子宫室内除了用颜色刷染外，"在梁上的短柱亦绘制藻文，以厌火胜。在梁上绘画云气，窗棂涂以青色，椽子上绘制华文，大斗上绘制云纹等"②。云纹装饰多用于官式建筑中的明间藻井，在藻井上用作背景图案以突出主体性图案的装饰效果，色彩华丽，用笔细腻，生动形象。另外，还用作边缘型纹图。作边缘型纹图构成时主要有两种表现方式，一是充斥于特定画面空间中的周缘呈岔角式表现，二是分布在每个单独装饰面的周缘起分割功用。

　　隆福寺藻井（图 6-4）最初是位于隆福正觉殿顶部的，藻井与释迦牟尼

　　① 王其钧. 中国建筑图解词典［M］. 北京：机械工业出版社，2007.
　　② 孙大章. 中国古代建筑彩画［M］. 北京：中国建筑工业出版社，2006.

佛造像融为一体，在隆福寺藻井中，承托的斗栱都以彩绘云纹做装饰，饰面上涂靛青色的颜料。隆福寺藻井共分为六层，主框架用圆形构成，在每一层上都精雕细刻了纷繁复杂的云纹。从平面视角看过去藻井是佛教的坛城，侧面视角是须弥山，云纹的运用烘托了佛教建筑主题，美观和功能达到高度统一，呈现出恢宏气势。

　　一些民居建筑垂脊下的翼角常用祥云纹与其他祥瑞纹图结合，如麒麟纹与祥云纹组合成"麒麟祥瑞"纹图，用于屋脊装饰及门楼装饰等，寓意吉祥富贵。苏州的潘世恩故居与曹沧洲祠的屋脊脊首装饰，皆为脚踩祥云的麒麟纹图。

　　传统建筑的花窗、檐板，又名封檐板、花板、檐下花板，用来保护檩条免受日晒风吹，也雕饰着祥云纹图。还有公输堂建筑东次间外檐西侧裙板，四角用拨金点翠工艺做出祥云纹和鱼鳞纹的装饰，外部边框同样饰以火焰纹、如意纹和祥云纹的组合雕刻。传统建筑中云之吉的主要吉祥文化表达如表 6-1 所示。

表 6-1　传统建筑中云之吉的主要吉祥文化表达

纹图类型	组合内容	主要设置的位置	吉祥寓意
祥云纹图单独使用	祥云	瓦当、花罩、陛石、须弥座、栏杆等	福运天来
祥云与动植物纹图组合	蝙蝠、麒麟、龙、鹿、花、草等	御路、藻井、门窗、屋脊、花板等	青云得路

　　传统建筑中各式造型的祥云纹图，源于自然，又通过其形态本质美、组织结构美、表现工艺美形成圆润飘逸的造型，表象与吉祥寓意紧密相扣，借祥云纹图营造传统建筑构件和装饰的吉之艺术意境。

6.4　传统建筑中祥云的传播路径

解释春风无限恨，沉香亭北倚阑干。

——李白《清平调》

6.4.1　传统建筑构件·栏杆

　　从古至今的世界建筑中，只有中国传统建筑曾经以栏杆为建筑构图的主题，占据相当显著和重要的地位。传统建筑的屋身本身完全是结构的体现，建筑构图变化多半在于台基和屋顶①。

栏杆，之所以成为中国传统建筑主要构件之一，是因为栏杆和台基不可分割。"栏"必随"台"而至。台基的形状和构图主要通过栏杆来表现，在空间组织和分隔上，有规限而又不封闭视线，力求空间流通。因此，在传统建筑中使用栏杆的机会特别多，也促使其在形式和构造上发展到很高的水平。

台基是传统建筑构图的主要元素，在传统建筑中占重要地位。台基是单座建筑的基座，台是多座建筑联合的基座。台基具有防洪、防涝和防卫功能。随后，台的大小体现屋主人的权势和地位。台基大小不能无限制扩大，以地位来规定。《礼记》曰："天子之堂九尺，诸侯七尺，大夫五尺，士三尺。"②《周官恒解·考工记》记载："殷人重屋，堂修七寻，堂崇三尺。"③ 从商到周，台基高度提高了三倍。

同时，栏杆也是体现传统建筑等级的重要标志。传统建筑走向模数化和标准化后，台基的大小在技术上有所规定。《营造法式》规定"立基之制，其高与材五倍，如东西广者，又加五分至十分，若殿堂中庭修广者，量其位置随宜加高，所加虽高，不过与材六倍"。材是模数的单位，最大的材是九寸，台基的高度为四尺五寸。如果殿堂对的院较大，台基也相应加高，台基的高度出于计算而非选择。按照院子的空间大小谨慎调整台基的高度，其用意是维持视觉的权衡统一。

栏杆，古作"阑干"，纵木为阑，横木为干。又称勾栏、钩阑。"钩阑"之名因为木栏杆中附有铜质的构造和装饰而产生。在汉魏六朝的文学作品中，描写栏杆多用槛、阑槛。槛有不同的形式，如轩槛（用实心栏板）、槛栊（直线组成的框格）和阶槛（阶梯的福寿栏杆）等。其由望柱、寻杖和地栿构成主要边框。在成熟的制式中，寻杖用装饰性的支座承托，支座以下是"盆唇"，与地栿、蜀柱组成框格，格内有各种装饰性花纹的"华板"。宋代蜀柱分为上下两部分，上半部分为云头形，承托在寻杖下，同斗栱样子，故名云栱。蜀柱下半部分为瘿项或撮项，前者轮廓向外鼓出，后者轮廓向内凹进，形成的曲线给栏杆增加了线条变化。

栏杆变化最多的就是柱头的形制。宋制仅为一尺五寸的狮子，清代写

---

① 李允鉌. 华夏意匠：中国古典建筑设计原理分析 [M]. 天津：天津大学出版社，2005.
② ［汉］郑玄. 礼记注 [M]. 王锷，校. 北京：中华书局，2021.
③ ［清］刘沅. 十三经恒解 [M]. 笺解本. 谭继和，祁和晖，笺解. 成都：巴蜀书社，2016.

实的狮子雕刻变为团花的圆柱浮雕，柱头形式加大加高，产生十分强烈的节奏感。柱头主要以凤纹、夔龙纹、云纹等雕刻为主。栏杆开始和终结的地方，多半还附加另外的纹图作为引导和收束，常见的是在几层卷瓣上放置圆形抱鼓石，也有水纹和瑞兽主题雕刻。华板的装饰有动物、植物、几何图符、祥云图符和吉祥人物等，不同时代的华板有不同的内容和特点，如汉代多连环纹和斜方格纹，南北朝、隋唐五代时期多钩片和万字纹，明清则多龙纹等。

传统建筑的构图有始有终，很少是突然而来无故而去之物。如宋式清式的钩阑，各构件的比例尺度在构图上联系密切。栏杆每段中部的云栱都是正好位于望柱高度的对角线上，假如失去权衡关系，云栱位置就会变更，整体栏杆构图就处于不稳定状态（图6-5、图6-6）。

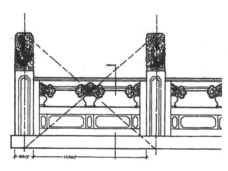

图6-5　清式钩阑

图6-6　北京紫禁城御花园清式石栏杆

栏杆有三种基本构造方式，全部通花、实心，一半通，一半实。一般采取上虚下实、半虚半实的形式，将通透的寻杖栏杆与实心栏板的形式各取一半，与门窗构造方式联系起来，取得与窗台以下部分构造形式的统一。栏杆就是窗台以下部分的构造，即在相同高度的窗台以下和栏杆持平，这与强调水平横向线条的传统建筑立面有密切关系，与结构保持一致。传统建筑中栏杆的云栱、寻杖、唇盆等造型尺度与装饰图符、台阶的面积、大小、位置在结构和模数上均贴合。

栏杆一般位于厅堂、楼阁、廊檐和廊桥等处，有的作美人靠，纹饰有金钱、万字纹等多种图符样式。例如司马第厅堂的栏杆木雕，祥云纹图在栏杆上的雕刻，与蝙蝠纹、龙纹结合，象征荣华富贵和吉祥如意，整体栏杆极为精美。

同时，栏杆和家具结合产生十分有趣的"一物多用"组合形式。例如，栏杆从扶手的高度降低至座凳，圆形截面的寻杖就变成可以坐的板状"平盘"，"座凳栏杆"既是栏杆又是座凳。平盘和立柱相连接，宽度和立柱一样，看作整个构架的一个组成部分，也起到连梁的作用。平盘多用通花的格子，外形与栏杆保持一致，在平盘上加靠背成为靠背栏杆，传统建筑的亭、榭、楼、阁中经常用到，营造独有的诗情画意韵味。

6.4.2 祥云栏杆·随台而至

人类有整理事物之要求。为满足人类"本然强烈根本的欲求"之材料之配列，谓之形式。

——傅抱石《基本图案学》

人类学家博厄斯（Boas）认为，"人类的一切活动都可以通过某种形式具有美学价值"[①]。祥云纹图在传统建筑栏杆中的应用和表现，通过因物设图的空间组合表达吉祥和美的寓意。

祥云纹图通过适形原则进行装饰，即"样随形变、形随体变"的造型原则。"适"指装饰的造型要适合并服从于建筑构件的结构轮廓，内部造型和构件轮廓或框架相互利用和制约，具有强烈的适形性[②]。即祥云纹图具有可根据的传统建筑构件造型、器物外观形式，变换其装饰面积、大小和样式，并在造型、材料等方面与建筑构件相互契合。

祥云纹图的特殊性在于其可变和灵活性，无论做主纹还是辅纹、平面还是立体，都可适应于诸多传统建筑构件和装饰造型。

作为辅助纹饰，祥云纹以云气纹、朵云纹、团云纹和叠云纹等形式的连续式和边缘性排布来表达吉祥和美的寓意。"施于一切物品周缘的模样，叫做边缘模样。"[②] 辅助边缘性云纹在具体表现时其手法的运用较为灵活，在照顾到整体画面的调和及秩序的前提下，既能单独表现，又能连续刻画；既可对称出现，也可非对称使用。祥云纹图在传统建筑上一般作构图的底，衬托其他主题内容，根据传统建筑结构形态的要求，巧妙组织祥云的分布

---

① 博厄斯. 原始艺术 [M]. 金辉，译. 刘乃元，校. 上海：上海文艺出版社，1989.

② 李有光，陈修范. 陈之佛文集 [M]. 南京：江苏美术出版社，1996.

和形式。

因而，祥云纹图也具有一定的通用性。传统建筑构件的吉祥纹图不同位置通用，例如栏杆上用的云纹、方胜纹、回纹、万字纹、盘长纹和龙凤纹等，也在花格窗、铺地中运用。传统建筑中不同构件不同位置的吉祥纹图，也可重复使用和通用，例如祥云纹样既可以用在柱础也可以用在梁枋。

栏杆上多用祥云纹图源于其本身的对称均衡。一般而言，对称的形式给人以和谐均衡、吉祥美好的寓意。而这与栏杆强调韵律节奏如出一辙。从商周时期的云纹发展历程来看，云纹具有左右对称的特性。对称形式的云纹常以勾卷形为主，作上下左右式对称，在形式上完全均等，还有以中心线为轴作少许变化的相对对称形式，达到相对均衡的视觉感受。"对称对于装饰图案设计来说显然是一种美学原理和法则的体现，也是单独样式和具体形式给作品审美特征的一种个性化显示。"[①]

栏杆装饰中单个云纹的"云头"与"云尾"有其表现的同一性和一致性，单独构成的云纹在同一空间中以中心圆为参照作均衡状而产生调和，在视觉上形成分量均等，达到一种动态对照的均衡效果[②]，使其具有整体的和谐性。组合辐射式云纹，形式具有明显的动态性，多以线条的延伸与曲折构成特定空间中的画面主体，但一般不做连续性表现，以中心点为起点，向四方放射呈离心状，或由四方向中心集中，以中心点结束，呈球心状。云气纹由中心向四周以不等的 S 形曲线作波状式延伸，并且在长度和大小上都有变化，既体现出多样性又凸显了统一性，增强了装饰面的生动效果，引起某种情感共鸣。还有一种是连续形祥云纹，主要构成包括二方连续与四方连续两种方式：前者的云纹在视觉形态上以条带状为主要表现形式，在反复、穿插中凸显出了在特定空间中的延展性特点，其主要表现为散点式、折线式和波线式三种方式。后者的云纹则以上下、左右方向进行扩展，呈块面状分布，向左右或者上下连续无限循环作有规律的排列。传统建筑栏杆中祥云纹图呈现多样、对称与均衡的美感。《礼记》曰："多之为美。"传统建筑栏杆的祥云纹在不同层次中的构成单元发散、重复、连续性，构成方式减少无序性，呈现适度稳定性，适于表达严肃、地位、神圣、宏大

①　邢庆华. 类型学视阈下的现代图案设计［M］. 南京：东南大学出版社，2017.

②　张道一. 造物的艺术论［M］. 福州：福建美术出版社，1989.

的意象①。

传统建筑的栏杆上雕刻着只有天上才有的祥瑞云朵，似乎意味着雕刻云朵装饰的建筑也瞬间转换到云层之上，而此刻的传统建筑也成了天上人间的和美建筑。

6.5 喜·吉祥文化中的吉之喜

人有喜怒哀乐，总希望生活美好喜悦。清代画家罗聘是一位僧人，人称"衣云和尚"，是金农的弟子，扬州八怪之一。其在《寒山拾得图》上题了寒山拾得的一首《降乩诗》：

> 呵呵呵，
>
> 我若欢颜少烦恼，世间烦恼变欢颜。
>
> 为人烦恼终无济，大道还生欢喜间。
>
> 国能欢喜君臣合，欢喜庭中父子联。
>
> 手足多欢荆树茂，夫妻能喜琴瑟贤。
>
> 主宾何在堪无喜，上下情欢分愈严。
>
> 呵呵呵。

喜，即喜庆。凡遇到称心如意、愉快高兴的事情皆称为喜，"月到中秋分外明，人逢喜事精神爽"。民间以喜为"五福"之一，常祈求吉庆祥瑞、吉祥幸福、五福临门、招财进宝、万寿无疆和事事顺心。

喜，为会意字，出现于商代，是"吉加吉"，上下结构字体，"喜"字上半部分是鼓的形状，下半部分是放置鼓的基座，表示有喜庆事，擂鼓奏乐庆贺。也有说喜的原始文字形象是鼓的形象加一个喜笑的口形，表示喜庆之典。后来，又发展为双手捧着一个吉字，下面加一个喜笑的口形。解释虽有不同，但兴奋的举止与人们的喜悦之情是相近的。

宋代以来，民间流行《四喜诗》："久旱逢甘霖，他乡遇故知，洞房花烛夜，金榜题名时。"喜事就是好事和乐事。《说文解字》中解释，喜，乐

---

① 王立山. 建筑艺术的隐喻［M］. 广州：广东人民出版社，1998.

也。乐者，五声八音总名。《周礼》记载，五声为宫、商、角、徵、羽。八音，为金、石、丝、竹、匏、土、革、木。五声八音包括了直接表达和器乐的间接表达，五声八音的总和就叫做"喜"，可见古人对喜之重视。

喜泛指一切欢乐喜庆祥瑞之事，关于喜的图符丰富多彩，主要有两种，一种为两个"喜"合为双喜，即"囍"；一种为"示"与"喜"构成"禧"，称见喜、示喜。

"囍"与"禧"形似汉字，实为图符，均表示"喜事临门""吉庆欢愉"的吉祥寓意。"囍"由"喜"加以图案化，读作双喜，有时也写"双禧"，有"囍人同心""白头偕老""吉祥喜庆""婚姻美满"的美好寓意。"喜人喜"把人们内心祈求恩爱幸福的抽象意愿直观体现在具体的图符上，也使人们更容易接受和喜爱。

"禧"代表幸福吉祥，与"囍"大致相同，在一些地区，春节在屋内房梁上贴吉祥话，例如"抬头见禧"；又在院外墙壁、树木上贴吉祥话，寓意"出门见禧"。"囍"与"禧"两个图符都有圆形与方形的各种形式变化，如吉祥图案"双喜"成为一个"囍"，由"富"和"喜"构成"富喜图"，龙凤围绕"囍"构成"龙凤双喜"图符等[①]。

"囍"字的来源，与北宋政治家王安石有关。据说王安石23岁那年，赴京赶考。在汴梁（今河南开封）街上见富贵家悬联择婿，上联为："玉帝行兵，风枪雨箭，雷旗闪鼓，天作证。"王安石觉得有趣，一时无以作对，只好赶考。应考时，主考官竟以厅上随风飘荡的飞虎旗做题出对："龙王设宴，月烛星灯，山食海酒，地为媒。"于是王安石就以招亲告示上联作对。回家路上，见择婿上联仍在，便又以京城试题作对，结果招为女婿。喜结良缘时，忽报金榜题名，高中状元。一日之内双喜临门，王安石喜不自禁，趁酒兴连写两个"喜"字，贴在门上，作诗一首："巧对，联成红双喜，天媒地证结丝罗。金榜题名洞房夜，'小登科'遇'大登科'。"从此，双"喜"字不胫而走，流传至今。

还有一说法则与古人崇拜偶数、喜欢好事成双的心理有关。如洛阳地区，夫妻喜结连理时，男方需请儿女双全、夫妇都健在的妇女用红线缝制偶数数量的被褥，送给女方以表吉利。

---

① 沈利华，钱玉莲. 中国吉祥文化［M］. 呼和浩特：内蒙古人民出版社，2005.

从古代瓷器及玉器也可看出，双喜最早可追溯至明朝，但此时期的双喜是两个喜字竖向排列装饰在物品上，清乾隆时期双喜才以左右对称的形式出现在瓷器上，代表双喜临门。至清光绪大婚时，双喜才被广泛应用于婚嫁场合并流传至今。

有关喜的吉祥图符非常丰富，双喜临门时，除用两只喜鹊表情达意之外，还用100个不同形态的"喜"字构成"百喜图"表示喜庆祥瑞。"囍"的图符还常与"寿"字相配，如"万寿双喜""福寿双喜"等。"福寿双喜"图符，是以蝙蝠和寿桃为媒介将"寿""囍"相连。蝙蝠口衔寿桃象征"福寿"，张开的两翼分别托举着"囍"和"寿"，寓意"福寿双喜"。

"囍"的图符变化丰富多彩，例如一对双喜寓意"龙凤呈祥"，"金童玉女"捧出的对喜，双脚提着一枚向日葵，象征"蒸蒸日上"，一对并蒂莲双喜图案，带有花边的心形双喜等。"鹊梅枝头喜""二龙喜（戏）珠""鸳鸯喜（戏）水""双凤朝阳""玉兰花开""财富喜元宝""宝葫芦喜酒来"等也是常用的喜字纹饰。"囍"的变形还有长囍、圆囍等，表示"长喜""长双喜"，祈求称心如意能悠长持久、喜庆欢悦。还有如喜鹊与梅花组合，称为"喜鹊登梅"；两只喜鹊在花间呼应，称为"喜相逢"；喜鹊在高枝上，则为"喜上眉梢"。将喜鹊与铜钱结合，为"喜在眼前"。"喜"的蜘蛛"蟢"成为另一种吉祥动物，"蟢"预示上天赐予好运，若成对出现，则能够表达"喜（蟢）到檐前美事双"的美好寓意。还有一只蜘蛛（也称喜蛛）从上落下意为"喜从天降"。

婚姻为人生大事，结婚是"大喜"，生子是"添喜"。民间流传"天上麒麟儿，人间状元郎"，均是兆喜的民俗表达，还有"喜结良缘""连生贵子""麒麟送子"等多种表达。新婚用的被褥、嫁妆等也多织绣"囍"。锦缎被面织"龙凤双囍"、"龙凤绕囍"、双凤围绕"囍"的"双凤双喜"。喜的吉祥物，如铜制烛台中间由一个"喜"连接，采用镂空雕刻而成，烛台的表面由双喜和缠枝莲花装饰，边缘饰一圈连续的回纹，青花浓淡有别，极具喜庆意味。

可见，喜文化传承至今，无论是从艺术、教育，还是婚姻、家庭等层面，都表达了人心所向的喜庆与美好。

6.6 传统建筑中喜之图符的传播类型

在传统建筑中喜的吉祥图符主要在门、梁、花窗、隔扇、裙板、格心、横梁、滴水、瓦当、墀头、挂落、屋脊和影壁等应用，增添传统建筑吉祥喜庆的气氛，寄托屋主人求喜的美好心愿。

（一）喜之图符单独使用

传统建筑室内多用双喜图符，例如北京故宫坤宁宫为康熙四年（1665年）康熙大婚用的婚房，后光绪大婚、溥仪结婚都在此处。现今的坤宁宫洞房，仍可见清帝大婚的原状，处处洋溢着喜庆的氛围，内壁红漆装饰，屋顶悬挂双喜宫灯，东西二门外设置木影壁，影壁内外均用金漆喜字装饰，取意"开门见喜"。东暖阁内前檐的通炕，铺设大红缎绣龙凤双喜炕褥。朱家潘先生在《坤宁宫原状陈列的布置》中陈述前檐大炕附近的陈设，东西墙上蒋廷锡和顾铨的绘画、案上的白玉盘、珐琅炉瓶盒、紫檀木嵌如意、案下的潮州扇、玻璃四方容镜、雕漆痰盒、竹帚及墙上的钥匙口袋，自道光至宣统一直这样摆设，都为乾隆年间的制品。后檐以明柱隔为东西两间，每间都有龙凤双喜蔓葫芦落地地罩炕桌一座，喜床上挂大红喜帐和被褥。洞房内龙凤双喜床上铺垫幔帐有大红"龙凤双喜"字样。坤宁宫建筑室内透雕龙凤的双喜落地罩（图 6-7）。

还有花窗嵌"囍"、蝙蝠纹图寓意"幸福双喜"，嵌如意头纹寓意"喜庆如意"。此窗也称为文字窗，表达屋主人内心期待美好的时刻到来。

单"喜"的图符花窗，即用"喜"的图符填充整个窗框，例如郑氏十七房喜的图符花窗（图 6-8）、拙政园喜花窗（图 6-9）等。也有用双喜图符组合成"囍"花窗，例如沧浪亭"囍"花窗（图 6-10）等，还有单独"囍"的图符及"囍"的图符与其他纹饰结合嵌在花窗中，例如"囍"的图符两侧嵌蝙蝠纹，周边嵌如意纹，"囍"图符嵌套在海棠花纹里，套方外饰如意云纹。还有广州番禺石楼镇善世堂的横梁雕刻图符主要为"福""寿""喜"等。

雕饰精美的门窗既是传统建筑的重要组成部分，又是传统建筑的审美中心。窗棂上雕刻的各种，如团花锦、古钱锦、团花龟背锦、方格纹、一马三箭纹、双喜纹、福字纹等寓意多财多福、喜事连连。

图 6-7　坤宁宫透雕龙　图 6-8　郑氏十七房　图 6-9　拙政园　图 6-10　沧浪亭
　　　凤双喜落地罩　　　　　喜花窗　　　　　　喜花窗　　　　　　"囍"花窗

（二）喜与其他动植物纹图组合

传统建筑隔扇的裙板，又称群板，一般为长方形的木板。宋称障水板，通常位处隔扇外框的下部，与上部隔心比例约为 4∶6。明清时期的隔扇裙板表面，多雕刻或彩绘喜字、如意、团龙、套环、寿字等纹样（图 6-11）。宫殿建筑则附贴金彩画。裙板的数量决定了隔扇抹头的数量。格心多为镂空雕且纹样表现力丰富，兼具通风与采光的功能，格心的雕饰图案有"喜""吉祥如意""平安富贵"等并在格心四周施以卷草纹或拐子龙纹装饰。

陕北地区的窑洞民居建筑，窗的空间相对较小，位于平戗之下，窗台之上装饰纹样丰富且细腻。常见的有双喜格、万字格、步步锦、贯钱纹和梅花纹等，寓意"双喜临门""步步高升""早生贵子""万事如意"等。

"囍"图符也是湘西土家族吊脚楼装饰图案中最具代表性的图符之一，称为"双喜临门"。湘西土家族人建房的目的就是结婚，新房即婚房。为了增加喜庆气氛，在窗户上用"囍"之图符装饰。湘西土家族吊脚楼的雀替中也用喜鹊表达喜庆氛围，用喜鹊纹样、花草纹和卷草纹等表达"喜上枝头"，还有湘西州永顺县打洞村的"双喜"隔扇（图 6-12）等。

"喜"与喜鹊组合常用于晚辈、新婚宅院的室内挂落中，如渠家大院的喜鹊和"喜"的图符挂落。北京恭王府府邸中，各院落建筑的墀头戗檐，均雕刻有生动形象的图案纹样。其中"喜"的图符以喜鹊动物纹样表达，喜鹊鸣叫穿梭于朵朵梅花之中，借"梅"与"眉"谐音、喜鹊立于枝头的造型，形成"喜上眉梢"的吉庆寓意。

"喜"的滴水瓦，在《周书》记载为"神农作瓦器"，《礼记》云"夏时昆吾作瓦"。例如厦门青礁慈济宫的"双喜"滴水瓦以及江苏泰州的双喜瓦，瓦当创作自由多样，双喜的式样与之完美结合，将吉祥寓意与建筑构件完美结合。

江苏泰兴地区屋脊是特有的 90 度直角翘脊，夸张的造型中，"囍"在最上方的中间位置尤为显眼（图 6-13）。而且，屋脊对"囍"的使用不仅仅限于单独放大，还会将它与其他文字纹组合，共同表达喜事临门，如凤冠脊与文字纹饰组合，形成"寿喜""福财""幸福"等直抒胸臆的表达。

图 6-11　贴雕双喜福　图 6-12　湖南省湘西州永顺县　图 6-13　屋脊上的"囍"
　　　　寿裙板图　　　　　　　　打洞村隔扇

在传统建筑中"喜"的图符，通过镶嵌式手法，以基础型运用在传统建筑构件和装饰上，以喜的图符为基础提炼创造，结合植物纹、动物纹、文字纹等几种吉祥纹饰组合成丰富多样的图符造型。刻画精美的囍字纹花窗、喜庆美好的囍字影壁、精湛细致的砖雕、吉祥如意的隔扇，赋予了传统建筑丰富的喜庆与吉祥之意。传统建筑中喜之图符的主要吉祥文化表达如表 6-2 所示。

表 6-2　传统建筑中喜之图符的主要吉祥文化表达

图符类型	组合内容	装饰的建筑位置	吉祥寓意
喜图符单独使用	囍、禧、双喜	花窗、隔扇、脊饰、横梁、滴水、瓦当等	双喜临门
喜与动物组合纹图	喜鹊、蝙蝠、蜘蛛等	墀头、挂落、雀替等	喜从天降
喜与植物组合纹图	梅花、海棠等	挂落、门、窗等	喜上眉梢

6.7　传统建筑中喜之图符的传播路径

喜的图符在传统建筑构件中大量使用，而隔扇在传统建筑外观上有重要使命，其形象生动、高度概括、奇思妙想的装饰造型不仅给予传统建筑无限的遐想空间，还丰富了吉庆寓意。

（一）传统建筑构件喜之图符·隔扇

传统建筑具有很大的灵活性、通用性和适配性，其典型体现就是门窗。传统建筑的门不仅是出入口，用以分隔空间，还兼有窗的功能，透光挡风。或者说门就是落地长窗。窗和门是一个构件的多用性体现。

一般称中间镶嵌花格子的门为"隔扇"（图6-14），宋代称"格子窗"，作为传统建筑构件的重要组成部分之一，安装于传统建筑金柱或檐柱之间，承担门、窗、墙的功用。

传统建筑的框架结构使门窗成为分隔室内外的围护结构，其大小和形式不受力学的限制，窗的设计非常自由多样[①]，也产生极多的门窗类型。明计成《园冶》中专门有其理论和做法的阐释，从卷二"栏杆"到卷三"铺地"都是装修，门窗形式多样，有入角式、长八方式、执圭式、葫芦式、莲瓣式、如意式、贝叶式、剑环式和汉瓶式等。

隔扇，是先做出一个门扇，框木宋代叫"梃"，清代叫做"边梃"，横的为"抹头"。整体分为三部分，安装透光通花格子的窗桯的上部，叫做"格眼""花心"；下半部分多装实心的木板，宋叫做"障水板"，清代叫做"裙板"。在花心和裙板之间另加一条宋代叫做"腰华板"、清代叫做"涤环板"的腰带。上中下三部分均有"抹头"分隔，如果隔扇特别高，在裙板之下、格心之上加涤环板，涤环板增多，抹头也增多。有些隔扇上下一片全是格心，叫做"落地明造"，有些有二抹，只有裙板无涤环板的是三抹[②]。每一隔扇宽高比为1∶3至1∶4，障水板和格心高度比为1∶2，裙板和格心比为2∶3。清代的隔扇比例用料和各部分尺寸以柱径为基准。格心图案的木条叫做"梗"，清代称作"梗子"，整个图案称为"窗梗"。作为一种工

---

①　李允鉌. 华夏意匠：中国古典建筑设计原理分析 [M]. 天津：天津大学出版社，2005.

②　李允鉌. 华夏意匠：中国古典建筑设计原理分析 [M]. 天津：天津大学出版社，2005.

艺，窗棂图案产生的趣味和艺术魅力形成建筑立面肌理效果，隔扇的设计目的及艺术效果完全落在通花格心上，多样丰富的纹图案表达不同的精神风格，刻画出建筑物的性格，反映了当时的审美和工艺水平。

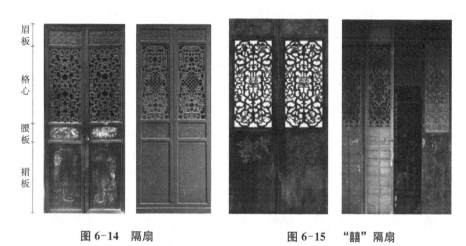

图 6-14　隔扇　　　　　　　　图 6-15　"囍"隔扇

眉板
格心
腰板
裙板

　　隔扇根据不同位置、功能分为隔扇门、隔扇窗、隔断和纱隔等。装饰题材以人物、动物、花卉、宝器为主，也有植物、山石和房屋等，采用浮雕、线雕和镂空雕刻工艺。槛框是从古代墙壁的木骨架壁带演变而来，一直都是用来安装门窗的框格。槛最初是畜圈，后来是槛阑。李白《清平调》中有"春风拂槛露华浓""沉香亭北倚阑干"的句子，槛与阑干均指栏杆。槛可以指窗下的"槛墙"或者构造的框格。清代，窗并非在一个个窗洞中安装窗扇，而是连续组合成"幕式墙"，整个柱间"幕式墙"的门窗框格称为"槛框"。根据设计需求而定，在槛框中可安装门窗、镶嵌实板，即并不完全落地的隔扇称为"槛窗"，下面有槛墙，并不允许人进入。槛窗在外形上和隔扇是统一的，槛窗就是将隔扇一分为二的一种做法。

　　在广府地区的民居、祠堂、园林建筑中，隔扇大多采用卷草纹、拐子龙纹及花鸟、花篮、如意结等吉祥纹图。在板面组成上，隔扇多为三段式，即从上而下可分为眉板、格心和裙板三个组成部分，也有分为四段式或五段式的，在眉板和格心、格心和裙板之间增加腰板这一过渡层。

　　巴蜀地区传统建筑的隔扇，隔心部分以福禄寿喜为主要纹饰，简化的回龙纹构成几何状的附属纹饰，线条明快爽朗，穿插卷草花卉和绶带，"绶"谐音"寿"，因此，隔扇的福寿寓意鲜明。

"囍"图符隔扇（图6-15），连续并列构成柱与柱间的立面，是功能的合理表达。隔扇的图符不仅使传统建筑的立面造型有象征意义，体现屋主人的追求，还使传统建筑立面产生有规律的变化，更是传统建筑与外界环境的沟通媒介，通过喜的图符连结传统建筑的室内与室外，一起营造喜的信息，格心之喜也通过室外阳光映射在室内地面上，让喜的讯息布满整个建筑。

（二）传统建筑室内喜之图符·花罩

喜的图符在传统建筑室内大量应用。北京圆明园万春园内的澄心堂（图6-16），嘉庆时作为皇室进膳之处，由主殿和东西套殿组合而成。主殿分为前殿、后殿，开间五间，进深方向形成前后不等的六间。主殿处理中，围绕主空间，以各种分隔方式隔出14个小空间，作为门厅、过厅、设有床榻的寝宫、休息议事之所等，这些小空间不仅有各得其所的用途，满足复杂功能需求，而且衬托出主空间的尺度，利用不同装饰主题，增强对主殿空间氛围的渲染。例如当心间和东西次间的前金柱皆设置"喜"的寓意的天然罩，两梢间在前金柱的栏杆罩、圆光罩和中柱通往寝宫的罩均采用"寿"之寓意的装饰。①

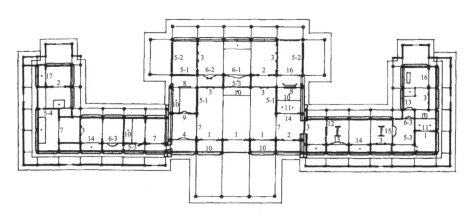

注：1：天然罩；2：栏杆罩；3：碧纱橱；4：圆光罩；5-1：裙墙槛窗；5-2：万代长春槛窗；5-3：寿线栏腰窗；5-4：一门一窗；6-1：飞罩；6-2：瓶形罩；6-3：火焰纹罩；7：几腿罩；8：放窗；9：开关罩；10：宝座床；11：矮床；12：真假门云窗；13：飞罩；14：落地床罩；15：八方罩；16：落地罩；17：几腿床罩

图6-16 圆明园万春园澄心堂内檐装修平面位置示意图

---

① 郭黛姮. 华堂溢采：中国古典建筑内檐装修艺术［M］. 上海：上海科学技术出版社，2003：前言.

还有中南海仪鸾殿两卷殿的喜的主题花罩，分布在个开间间缝和进深的前卷金柱、内柱、后卷金柱、内柱各缝中，例如，东次间后卷金柱、内柱间有喜同万年天然落地罩。西次间前卷西缝檐柱金柱间有吉庆有余槛墙，上带玻璃嵌窗四扇。后卷西缝，后金柱与内柱间有欢天喜地天然罩。东梢间后卷金柱间有四时吉庆洋式花落地罩等。[①]

传统建筑室内半分隔的飞罩具有视线通透的特点，多用透雕，全分割的隔扇和碧纱橱多用浮雕。全隔绝的根据需要可以拆卸，非常灵活。传统建筑上各类喜的图符，蕴含喜之吉祥寓意的花罩，塑造了非常自由灵活的建筑室内空间，不仅反映出屋主人追求喜庆的夙愿，又使传统建筑显得富丽生动而令人神往。每一处都入心入眼，极美极喜。

（三）传统建筑喜之图符特征·对称和谐

雕刻在传统建筑中的喜之图符，直观明确其意并带给传统建筑空间以长久的喜庆信息。双喜表示吉祥数字，同时，作为偶数取其圆满、和谐、完整之意，含有"成双成对""吉祥如意"的美好象征。因此，双喜也可以理解为阴阳调和。偶数崇拜与喜结合的双喜即"囍"，用于婚嫁是期望吉祥幸福的事情发生，满足人们内心对未来生活的美好祈愿。

喜的对称造型特征也体现了和谐之美。"喜""禧""囍"用文字组合成"字花"，"囍"属于对称结构，这种结构在传统建筑装饰中应用较多，如寺庙、佛塔、亭台等建筑基本上都是中轴对称，对称结构具有稳定性、笃实性和平衡性，在传统建筑中用对称原理营造美的建筑构件和喜的吉祥装饰。图符代表人们对美好生活的无限追求和抬头见喜、出门见喜、喜事连连的乐观心态，留存下来的珍贵的传统建筑中精美构件的喜之雕饰是人们追求美好生活吉庆欢喜的真实表达，不断体会"喜"之形带来的"喜"之悦心、悦神。

6.8　财·吉祥文化的财之吉

司马迁是中国最早肯定财的功利性的文人，其在《史记·货殖列传》

---

① 郭黛姮. 华堂溢采：中国古典建筑内檐装修艺术［M］. 上海：上海科学技术出版社，2003：前言.

中道："天下熙熙，皆为利来；天下攘攘，皆为利往。"追求利益符合社会
发展规律，是"道之所符"和自然之验。祈财文化对于不同的人有不同的
特定内容，对农民而言，"五谷丰登""肥猪拱门"就是财；对商人而言，
"生意兴隆""日进斗金"是财；对官员来说，升迁就意味着发财。因而，
"财源茂盛""官运亨通""事业兴旺"等都有求财的寓意。

在吉祥文化中，表达财的吉祥人物有五路财神、文财神、武财神和刘
海等神祇。表示财的吉祥图符，例如摇钱树、发财树、古钱币、聚宝盆、
金蟾、金鱼、鲤鱼和牡丹等。

财神的形象在民间有两类，一类是文财神，另一类是武财神。文文财神
为比干造像，武财神以赵公明和关羽造像为代表。

洛阳民俗博物馆的比干造像，头戴宰相纱帽，五绺长须，手捧如意，
身着麟袍，足蹬元宝，其面目严肃，脸庞清烁，是典型的文官打扮。《史记
·宋微子世家》载："王子比干者，亦纣之亲戚也。见箕子谏不听而为奴，
则曰：'君有过而不以死争，则百姓何辜！'乃直言谏纣。纣怒曰：'吾闻圣
人之心有七窍，信有诸乎？'乃遂杀王子比干，剖视其心。"[①] 相传，比干忠
心被挖，但并未死去，因为无心所以无欲无求，被天神封为文财神，掌管
天下财富。

洛阳民俗博物馆藏有武财神赵公明木雕造像。赵公明为民间传说中的
人物，历代典籍如《搜神记》《三教源流搜神大全》中等都记载许多关于他
的传说，典型形象为头戴铁冠，手执铁鞭，骑黑虎，其"赐财"亦从《三
教源流搜神大全》中流传而来，而其成为武财神源于明代小说《封神演
义》。赵公明列于封神榜上，被姜子牙封为"福神"，而其主管"招宝、纳
珍、招财、利市"四神，使其成为名副其实的武财神。赵公明作为民间传
说中主管财源的神明，寄托着人们安居乐业、大吉大利的美好心愿。

武财神关羽木雕造像为浓眉竖立、面相威武、宽袍玉带，读《春秋》
或执大刀，或坐或立。关羽一生忠义勇武，不为金银财宝所动，被佛、道、
儒三教所崇信。关羽去世后，民间尊其为关公，历代朝廷多有褒封。明清
时期，关羽被尊为武王、武圣人，一方面广修关帝庙，另一方面大力宣传

---

① ［汉］司马迁；［南朝宋］裴骃，集解；［唐］司马贞，索隐；［唐］张守节，正义. 史记
［M］. 北京：中华书局，1982.

与倡导，使其成为忠诚与勇敢的典范。

就表示财的吉祥图符而言，战国时期出现了圆孔圆钱的古钱、铜制币。燕亡于秦前后又出现了最早的方孔圆钱，铜钱上的图形是文字"明化"，背面是平背。战国末年燕国所铸小环钱，穿孔由圆变方，无廓，平背，面文"明化"系承明刀演化而来。后来，铜钱的背面纹图则出现了"四出"的背纹。从此，铜铸"方孔圆钱"成为主要的流通货币形式，也成为拥有或汇聚财富的象征符号。

钱币充当具有神性的厌胜、辟邪、镇灾和吉庆的法器时，主要有两种形式存在，一类以非货币性质的"物"的形式出现，如吉语钱、摇钱树和聚宝盆等；另一类是以"纹图"形式出现，即一种具有装饰功用的"钱纹"，如在原始彩陶中出现的璧纹、贝纹，还有汉画像砖石上的钱纹、连璧纹和古钱纹等。

有关摇钱树的赋形和内涵，于豪亮先生认为，摇钱树出自海上三神山演变而来的传说。俞伟超先生认为，摇钱树是社树，是土地神的象征，摇钱树葬于墓中，表明墓主像拥有私有财产一样控制神社。钟坚先生认为，摇钱树为《山海经》等书中所记述的各种神树的综合造型，是"西王母所居之昆仑神山及神树"。因此，摇钱树自古就有吉祥寓意与内涵。巴蜀地区推崇树崇拜，摇钱树的本体是将神树与钱币结合，代表人们期望神树能够产生更多财富，将大量钱币作为神树的主要装饰物来体现对富裕生活的向往。

聚宝盆是古代民间传说中的宝物。传说明初沈万三致富的原因在于拥有聚宝盆。在周人龙的《挑灯集异》中载："明初沈万三微时，见渔翁持青蛙百余，将事锉剞，以镪买之，纵于池中。嗣后喧鸣达旦，贴耳不能痊，晨往驱之，见蛙俱环踞一瓦盆，异之，将归以为浣手器。万三妻偶遗一银钗于盆中，银钗盈满，不可数计，以钱银试之亦如是，由是财雄天下。"明洪武年间建造聚宝门时，地基下陷，反复建造依然建不成，明太祖朱元璋知晓此事后令谋士算卦，说城墙基础有怪兽专门吃土吃城墙砖，需要在城下埋一个聚宝盆以镇压，朱元璋下旨征收沈万三的宝物聚宝盆并埋于城门之下，建成后该门因此得名"聚宝门"。而后，由于聚宝盆可以使置于其中的财宝不断倍增的美好寓意，而被用作"招财进宝""滋生财富"的家居摆设。

聚宝盆较早出现在吴淑的《秘阁闲谈》中，包含"偶得宝物""试验宝物""致富"等重要母题。将物品放入聚宝盆后"聚少成多"是"聚宝盆"作为宝物的神奇功能，聚宝盆因传说中有纳财功能，与"金蟾蜍""招财猫"一起被视为招财镇宅之宝。这也是聚宝盆故事区别于其他民间宝物幻想故事的最重要特征。

古钱纹源于古代钱币的造型，其由四片花瓣按一定规律组合在一起，从整体构图的中间部分看形似古时圆形钱币，有希冀财运富贵之意。古钱还被作为护身符，用作护身符的铜铸钱币有"天下太平""龟鹤齐寿""吉祥如意"字样。

古代钱纹形式有独立纹样、二方连续和四方连续等，也有成串圆圈两两相交套合排列，既可单独做主纹，以铜钱图案散布于器物上，也可用作辅纹，多以二方连续展开，形成装饰带。钱纹也有其他组合，如钱纹与鱼纹、钱纹与鸟纹组合等。其与金色海棠花钱芯组合纹样，由于"棠"与"堂"谐音，故寓意"金玉满堂"。另有以小古钱纹样为图底，中央雕出五个大铜钱（五为阳数，为吉祥之意），钱外绕以翩飞的蝙蝠，"蝠"与"福"同音，寓意"福在眼前"。还有古钱与"喜"组合，谓之"喜在眼前"，因"钱"与"全"谐音，蝙蝠衔着用绳穿起来的两枚古钱寓意"福寿双全"。图符变化多样，寓意各不相同且妙趣横生。

可见，代表财富的吉祥图符象征招财进宝、大富大贵而备受人们的喜爱，常在传统建筑的门窗、室内家具雕刻、铺地、日用品、金银器、瓷器、玉器、铜器、刺绣、剪纸和服饰等中广泛应用。

6.9 传统建筑中财之吉的传播意象

钱是古今上下通行之宝，素有吉祥如意、财富和富贵的象征，众多钱连接寓意家族富贵绵长。因而，古钱的形意图符广泛运用于传统建筑中的结构和装饰中。

例如北京故宫养心殿的钱纹隔扇就是古钱纹的典型样式，寓意富贵满堂（图 6-17）。陕北窑洞民居的窗格装饰上也多见古钱纹，作为圆窗上的斗窗装饰，斗窗上的圆形古钱纹与整体窗的水平线、垂直线和斜线构图形成对比，成为整个窗格的视觉中心，而且通透性较大，有祈求财运旺盛、财源滚滚的寓意。山西临县李家山村的钱纹窗棂（图 6-18），山西晋城沁水县郭北村的钱纹窗棂等也属此类。

隔扇也称作槅扇，用于分隔室内外或室内空间。常见的多为古钱套与其他纹样的组合变形纹图，带有一定寓意。大小钱相套，纹样复杂，寓意财富源源不断。

图 6-17　故宫养心殿钱纹隔扇　　**图 6-18　山西临县李家山村钱纹窗棂**

槛窗，位于房轩斋馆檐廊下开口部位，作通风采光之用，下有槛墙，其形式与格扇上部相同，题材与工艺也类同，有的槛窗格芯用花卉或几何图形。例如广东顺德清晖园槛窗采用了钱币纹图（图 6-19、图 6-20）。

有些石头柱础中也有钱纹，如山西阳泉市平定县的钱纹柱础为中方外圆的古钱连接叠加而成，也称之"古钱套锦"（图 6-21）。柱础在构图的上下部分形成繁简和疏密比对，和谐喜人。

聚宝盆纹图，多出现在民居建筑的屋脊正中、建筑横梁、抱鼓石、瓦当等中，表达财源广进的吉祥内涵。其雕刻分明雕和暗雕两种。明雕是指其形象中出现元宝和盆，江苏苏州吴县东山雕花楼额枋有聚宝盈、如意等连续纹图。在山西祁县古城的渠家大院正房上有明雕式聚宝盆，盆上置 5 个金元宝，由 4 个活泼的孩童环绕，代表屋主人希望香火旺盛、子孙后代永享财富。暗雕是指只有宝盆而无元宝或盆本身为元宝状，或用香炉替代。明雕在山西祁县普通民居和一般商人住宅中较少使用，因为他们讲究财不外露，聚宝盆的形象过于张扬，使用不当反会被人嘲笑，取而代之的多为香炉，香炉可除晦气祈圆满，而在形象上又与聚宝盆类似。典型代表是位于渠大门的渠氏宅院，倒座挂落五间全为香炉，形式各异。

图 6-19　钱币槛窗　图 6-20　钱币槛窗细部　图 6-21　山西阳泉市平定县的钱纹柱础

　　财神、摇钱树、钱币、聚宝盆等纹图体现人们对富裕生活的热切追求。摇钱树上悬挂的钱币表面大多没有文字，少数表面刻有"五铢""半两"等字样。用"挑钱图""担钱图"等场景纹图表示崇尚财富的观念，均蕴含人们祈求富贵的愿望。山西民居中的影壁、江浙地区建筑屋脊中均有古钱装饰。

　　厌胜钱也叫压胜钱，其并非流通货币，源于西汉，沿用至清末民国初年。典出《汉书·玉莽传》："莽亲之南郊，铸作威斗。威斗者，以五石铜为之，若北斗，长二尺五寸，欲以厌胜众兵。""厌"通"压"，所以也叫"压胜钱"。随后"厌胜"演变成厌胜法，杜甫《石犀行》写道："自古虽有压胜法，天生江水向东流。"可见厌胜钱是古人根据厌胜法创造的一种图符，目的是避邪祈福。

　　厌胜钱图符还有肥水不留外人田之意，表达古人聚财的心愿，例如苏州园林为显示屋主人的文士身份，一般来说很少将厌胜钱纹样用在建筑主体，而多用于窨井盖和铺地等处，例如拙政园的窨井盖就是圆形方孔钱纹，用厌胜钱图符消除主人灾祸，起到压制阴邪、求取吉祥的目的。苏州网师园的钱纹铺地和留园的钱纹铺地等都属此类。传统建筑中财之图符的主要吉祥文化表达如表 6-3 所示。

表 6-3　传统建筑中财之图符的主要吉祥文化表达

纹图类型	组合内容	主要设置的位置	吉祥寓意
财之图符单独使用	铜钱、古钱币、聚宝盆、香炉、摇钱树等	隔扇、窗棂、槛窗、柱础、抱鼓石、铺地、窨井盖等	富贵满堂财源滚滚
财之图符与动物组合图符	蝙蝠、龟、鹤、鱼、鸟等	梁枋、瓦当、屋脊、飞罩等	福在眼前
财之图符与其他组合纹符	孩童、文武财神、古钱纹、云纹等	匾额、门楣、花窗、梁枋等	永享财富

6.10　传统建筑的聚财意象

与此同时，传统建筑中体现吉祥文化中的财，适用范围有区别，艺术表达各异，表现手法也相异。

首先，官式建筑中表现财富的相对较少。在官式建筑的隔扇中有少量古钱纹。而古钱、聚宝盆、财神以及其他表示财富的图符搭配动物如鹿、蝙蝠、鱼和雀鸟，植物如松、竹、梅、牡丹、兰花与荷花等，在民居建筑的门、窗、屋脊、梁枋、柱础、铺装和影壁等处大量出现。同时，民居建筑表达财富主题的装饰既有传统形象又显示地方多样性，与官式建筑相比，更为生动，组合更加灵活，色彩更加丰富。其原因在于各地工匠技艺是依靠师徒传承或父子家传而获得，一方面继承民族传统，一方面也汲取地方民间艺术和技术滋养，因而形成丰富多样的面貌[①]。

传统建筑构件中的表达求财的材料也有所区别，如民居建筑窗的装饰以木雕为主，用绘画、纺织品构成求财主题嵌在窗中。但在宫殿建筑门窗上，多使用金箔、珐琅、玉石等名贵装饰材料镶嵌在窗内，而这些材料在民居建筑上几乎看不到。

就表达财富的结构构件雕刻精致程度而言，宫廷建筑远高于民居建筑。对官式建筑雕刻的记载，《周礼·考工记》曰："天有时，地有气，材有美，工有巧，合此四者，然后可以为良。"李诚在《营造法式》中按照雕刻技艺将木雕分为线雕（突雕）、隐雕、透雕、剔雕、混雕（全形雕，圆雕）五种。混雕，就是完整立体的圆雕，题材多取人物、动物等。线雕是就地随

---

① 楼庆西. 户牖之美［M］. 北京：生活·读书·新知三联书店，2004.

刀雕刻压出花纹，类似白描效果。隐雕和剔雕相似，强调起伏层次感的浮雕。透雕是将纹饰图案以外部分全部去掉，塑造空间穿透多变的形象效果。官式建筑木雕技艺越复杂高超，对富贵的追求越体现得淋漓尽致。

其次，有些采用相对比较隐晦和间接的艺术手法表达聚财求财。例如表示财的古钱、聚宝盆等在民居中多间接出现在隔扇、横梁等处，一般不直接展示在传统建筑的屋脊之上。

换言之，一切人为的装饰应该恰如其分，重内涵实质，高尚而非流于粗俗而失去意义。内涵质朴是实质，才是文饰的极致①。传统建筑装饰追求的最高审美境界是本色之美和返璞归真之美。

最后，传统建筑中求财的吉祥文化特征具有相对稳定性。从农业社会至今，求财的吉祥文化内容在传统建筑中的特点和内容一脉相承，变化相对不多。传统建筑中的吉祥文化与整个人类社会结构同构，根植于社会、政治、经济、文化、伦理等各个方面。

传统建筑中的吉之财的图符表达，透过钱纹的隔扇、聚宝盆的横梁、聚财的影壁等共同营造传统建筑时空中的富贵吉祥之景象。

6.11　小结

天下大福善，世代长嘉庆，永远是人类心底最质朴、最虔诚的祈盼。传统建筑中的吉祥图符寄托着人门对生活的热望，成为天地间最富情趣与文化的无价之宝。

传统建筑在不同时空、不同地域都有相对稳定的、反复出现的、具有标志性的吉祥文化图符重复连续出现。究其原因，在于其高度契合民族情感共识、社会认同和精神追求，具有旺盛的生命力和活力，是传统建筑中稳定的、开放的、动态的、适应性强的和可传播的吉祥文化的表征核心。

传统建筑中的吉祥图符是跨越时间和空间的物的人化和人的物化的高度融合的传播媒介，具有共享与传承的文化特性。其不仅美化了传统建筑，还赋予传统建筑独特深刻的民族情感和精神内涵，唤醒当下新的生机，寄

---

① 王振复. 中国建筑艺术论［M］. 太原：山西教育出版社，2001.

托了人们对未来美好生活的追求与向往，这也正是传统建筑富有生命力之处。

　　传统建筑的吉祥文化时空，缘起于"纳吉迎祥""趋吉避凶""祈福避祸"的吉祥观念与相关实践，当下，期望用吉祥思维营造传统建筑的美学经纬，用吉祥文化观念传承中国建筑独特的文化性格与精神气质。

图片来源

图 3-1 至图 3-2 源自：故宫博物院古建筑管理部. 故宫建筑内檐装修 [M]. 北京：紫禁城出版社，2007.

图 3-3 源自：张道一，郭廉夫. 古代建筑雕刻纹饰：草木花卉 [M]. 南京：江苏美术出版社，2007.

图 3-4 源自：郑崴. 乔家大院雕刻吉祥植物纹饰的艺术特征分析及图形研究 [D]. 太原：山西师范大学，2015.

图 3-5 源自：王丹. 东北地区明清建筑木作雕饰图案的考证与研究 [D]. 沈阳：沈阳理工大学，2019.

图 3-6 源自：郭娟. 晋中传统民居装饰中的植物纹样研究 [D]. 太原：太原理工大学，2017.

图 3-7 至图 3-9 源自：郭黛姮. 华堂溢采：中国古典建筑内檐装修艺术 [M]. 上海：上海科学技术出版社，2003.

图 3-10 源自：https：//m. sohu. com/a/291411652 _ 201504.

图 3-11 至图 3-13 源自：郭黛姮. 华堂溢采：中国古典建筑内檐装修艺术 [M]. 上海：上海科学技术出版社，2003.

图 3-14 源自：https：//www. dpm. org. cn/explore/building/236442. html.

图 3-15 源自：郭黛姮. 华堂溢采：中国古典建筑内檐装修艺术 [M]. 上海：上海科学技术出版社，2003.

图 3-16 至图 3-18 源自：https：//image. baidu. com/search.

图 3-19 源自：https：//www. dpm. org. cn/explore/building/236442. html.

图 3-20 源自：刘秋霖，刘健，王亚新，等. 紫禁城建筑纹样 [M]. 天津：百花文艺出版社，2010.

图 3-21 源自：https：//www. dpm. org. cn/explore/building/236485. html.

图 3-22 源自：林绮祈. 余荫山房中罩的装饰图案研究 [D]. 广州：广州大学，2021.

图 3-23 源自：大良文化微信公众平台。

图 3-24、图 3-25 源自：郭黛姮. 华堂溢采：中国古典建筑内檐装修艺术 [M]. 上海：

上海科学技术出版社，2003.

图 3-26 源自：https：//www. zsbeike. com/tp/7481996. html.

图 3-27 源自：https：//www. dpm. org. cn/explore/building/236474. html.

图 3-28 源自：刘秋霖，刘健，王亚新，等. 紫禁城建筑纹样［M］. 天津：百花文艺出版社，2010.

图 3-29、图 3-30 源自：故宫博物院古建筑管理部. 故宫建筑内檐装修［M］. 北京：紫禁城出版社，2007.

图 3-31 源自：张道一，郭廉夫. 古代建筑雕刻纹饰：草木花卉［M］. 南京：江苏美术出版社，2007.

图 3-32、图 3-33 源自：郭黛姮. 华堂溢采：中国古典建筑内檐装修艺术［M］. 上海：上海科学技术出版社，2003.

图 4-1 源自：https：//www. sohu. com/a/141057785 _ 186342.

图 4-2 源自：王建华. 山西古建筑吉祥装饰寓意［M］. 太原：山西人民出版社，2014.

图 4-3 源自：郭黛姮. 华堂溢采：中国古典建筑内檐装修艺术［M］. 上海：上海科学技术出版社，2003.

图 4-4 源自：刘洋. 湘南宗祠建筑装饰研究［D］. 长沙：湖南科技大学，2019.

图 4-5 源自：https：//www. 1tu. com/stock-images/photo-6004740991. html.

图 4-6 至图 4-10 源自：郭黛姮. 华堂溢采：中国古典建筑内檐装修艺术［M］. 上海：上海科学技术出版社，2003.

图 4-11 源自：缪玲，肖家祺，金悦欣. 无锡薛福成故居装饰纹样再设计研究［J］. 设计，2022，35（11）：140-144.

图 4-12 源自：孙菁. 鄂西传统建筑石作装饰及其在环境设计中的应用研究［D］. 武汉：华中科技大学，2018.

图 4-13 源自：张道一，唐家路. 中国古代建筑木雕［M］. 南京：江苏美术出版社，2006.

图 4-14 源自：https：//image. so. com/i? q＝％E5％AF％BA％E5％B9％B3％E6％9D％91＆src＝tab _ www.

图 4-15 源自：张静思. 浙江仙居高迁古民居建筑群［J］. 大众考古，2021（4）：74-81.

图 4-16 至图 4-22 源自：https：//image. so. com/.

图 5-1、图 5-2 源自：张道一，唐家路. 中国古代建筑木雕［M］. 南京：江苏美术出版社，2006.

图 5-3 源自：李志明. "和合二仙"符号的传统演变与设计衍生［J］. 浙江社会科学，2017（10）：108-114.

图 5-4 源自：唐定勇. 建筑屋脊上的"和合二仙"[J]. 艺术科技，2016，29（6）：142-143.

图 5-5 至图 5-9 源自：李允鉌. 华夏意匠：中国古典建筑设计原理分析［M］. 天津：天津大学出版社，2005.

图 5-10 源自：张道一，唐家路. 中国古代建筑石雕［M］. 南京：江苏美术出版社，2005.

图 5-11 源自：王建华. 山西古建筑吉祥装饰寓意［M］. 太原：山西人民出版社，2014.

图 5-12 源自：张道一，郭廉夫. 古代建筑雕刻纹饰戏文人物［M］. 南京：江苏美术出版社，2007.

图 5-13、图 5-14 源自：张道一，唐家路. 中国古代建筑木雕［M］. 南京：江苏美术出版社，2005.

图 6-1、图 6-2 源自：王建华. 山西古建筑吉祥装饰寓意［M］. 太原：山西人民出版社，2014.

图 6-3 源自：张道一，唐家路. 中国古代建筑石雕［M］. 南京：江苏美术出版社，2005.

图 6-4 源自：郭黛姮. 华堂溢采：中国古典建筑内檐装修艺术［M］. 上海：上海科学技术出版社，2003.

图 6-5 源自：李允鉌. 华夏意匠：中国古典建筑设计原理分析［M］. 天津：天津大学出版社，2005

图 6-6 源自：楼庆西. 中国建筑德魅力：美轮美奂——中国建筑装饰艺术［M］. 北京：中国建筑工业出版社，2014.

图 6-7 源自：刘秋霖，刘健，王亚新，等. 紫禁城建筑纹样［M］. 天津：百花文艺出版社，2010.

图 6-8 源自：黄胜涛，郭学勤. 走进郑氏十七房［M］. 宁波：宁波出版社，2009.

图 6-9、图 6-10 源自：曹林娣. 图说苏州园林：花窗［M］. 合肥：黄山书社，2010.

图 6-11 源自：刘秋霖，刘健，王亚新，等. 紫禁城建筑纹样［M］. 天津：百花文艺出版社，2010.

图 6-12 源自：严慧灵. 湘西土家吊脚楼木雕图案研究［D］. 长沙：中南林业科技大学，2021.

图 6-13 源自：孙菁阳. 三泰地区民居屋脊装饰研究［D］. 镇江：江苏大学，2020.

图 6-14、图 6-15 源自：麦嘉雯. 广府传统建筑装饰纹样研究［D］. 广州：华南理工大学，2020.

图 6-16 源自：郭黛姮. 华堂溢采：中国古典建筑内檐装修艺术［M］. 上海：上海科学

技术出版社，2003.

图 6-17 源自：楼庆西. 中国建筑的魅力：美轮美奂：中国建筑装饰艺术［M］. 北京：
中国建筑工业出版社，2014.

图 6-18 源自：王建华. 山西古建筑吉祥装饰寓意［M］. 太原：山西人民出版社，2014.

图 6-19、图 6-20 源自：陆元鼎. 中国民居装饰艺术［M］. 上海：上海科学技术出版
社，1992.

图 6-21 源自：王建华. 山西古建筑吉祥装饰寓意［M］. 太原：山西人民出版社，2014.

参考文献

［1］张光直. 考古学专题六讲［M］. 北京：文物出版社，1992.

［2］沈利华，钱玉莲. 中国吉祥文化［M］. 呼和浩特：内蒙古人民出版社，2005.

［3］周保平. 汉代吉祥画像研究［M］. 天津：天津人民出版社，2012.

［4］牟钟鉴，张践. 中国宗教通史［M］. 北京：社会科学文献出版社，2000.

［5］张道一. 吉祥文化论［M］. 重庆：重庆大学出版社，2011.

［6］钟福民. 中国吉祥图案的象征研究［M］. 北京：中国社会科学出版社，2009.

［7］李莉. 中国传统松柏文化研究［D］. 北京：北京林业大学，2005.

［8］郑光复. 建筑的革命［M］. 南京：东南大学出版社，1999.

［9］爱伯哈德. 中国文化象征词典［M］. 陈建宪，译. 长沙：湖南文艺出版社，1990.

［10］毛兵. 混沌：文化与建筑［M］. 沈阳：辽宁科学技术出版社，2005.

［11］李泽厚. 美的历程［M］. 天津：天津社会科学院出版社，2001.

［12］汉宝德. 细说建筑［M］. 石家庄：河北教育出版社，2003.

［13］钱穆. 中国文化史导论［M］. 北京：商务印书馆，1994.

［14］王树村. 中国吉祥图集成［M］. 石家庄：河北人民出版社，1992.

［15］李健. 比兴思维研究：对中国古代一种艺术思维方式的美学考察［M］. 合肥：安徽教育出版社，2003.

［16］李允鉌. 华夏意匠：中国古典建筑设计原理分析［M］. 天津：天津大学出版社，2005.

［17］梁思成. 清式营造则例［M］. 北京：清华大学出版社，2006.

［18］刘致平. 中国建筑类型及结构［M］. 北京：中国建筑工业出版社，1957.

［19］林徽因. 中国建筑常识［M］. 成都：天地出版社，2019.

［20］汪正章. 建筑美学［M］. 北京：东方出版社，1991.

［21］王立山. 建筑艺术的隐喻［M］. 广州：广东人民出版社，1998.

［22］顾孟潮，王明贤，李雄飞. 当代建筑文化与美学［M］. 天津：天津科学技术出版社，1989.

［23］王鲁民. 中国古代建筑思想史纲［M］. 武汉：湖北教育出版社，2002.

［24］郭黛姮. 华堂溢采：中国古典建筑内檐装修艺术［M］. 上海：上海科学技术出版社，2003.

［25］佩夫斯纳. 现代设计的先驱者：从威廉·莫里斯到格罗皮乌斯［M］. 王申祜，译. 北京：中国建筑工业出版社，1987.

［26］张岱年，成中英，等. 中国思维偏向［M］. 北京：中国社会科学出版社，1991.

［27］梁思成. 中国建筑史［M］. 北京：中国建筑工业出版社，2005.

［28］楼庆西. 装饰之道［M］. 北京：清华大学出版社，2011.

［29］野崎诚近. 凡俗心愿：中国传统吉祥图案考［M］. 郑灵芝，编译. 北京：九州出版社，2018.

［30］田自秉. 中国工艺美术史［M］. 上海：知识出版社，1985.

［31］刘敦桢. 中国古代建筑史［M］. 北京：中国建筑工业出版社，1981.

［32］许慎. 说文解字［M］. 徐铉，校定. 北京：中华书局，2004.

［33］张道一，郭廉夫. 古代建筑雕刻纹饰：寓意吉祥［M］. 南京：江苏美术出版社，2007.

［34］沈福煦，沈鸿明. 中国建筑装饰艺术文化源流［M］. 武汉：湖北教育出版社，2002.

［35］伊东忠太. 中国建筑史［M］. 陈清泉，译补. 长沙：湖南大学出版社，2014.

［36］陶思炎. 中国祥物［M］. 上海：东方出版中心，2012.

［37］楼庆西. 中国古建筑二十讲［M］北京：生活·读书·新知三联书店，2001.

［38］王立山. 建筑艺术的隐喻［M］. 广州：广东人民出版社，1998.

［39］傅熹年. 中国古代建筑十论［M］. 上海：复旦大学出版社，2004.

［40］王鲁民. 中国古典建筑文化探源［M］. 上海：同济大学出版社，1997.

［41］郭湖生. 东方建筑研究（下册）［M］. 天津：天津大学出版社，1992.

［42］王鲁民. 中国古典建筑文化探源［M］. 上海：同济大学出版社，1997.

［43］张道一，唐家路. 中国古代建筑木雕［M］. 南京：江苏美术出版社，2006.

［44］戴代新，戴开宇. 历史文化景观的再现［M］. 上海：同济大学出版社，2009.

［45］戴志坚. 传统建筑装饰解读［M］. 福州：福建科学技术出版社，2011.

［46］梁一儒，卢晓辉，宫承波. 中国人审美心理研究［M］. 济南：山东人民出版社，2002.

［47］张晓霞. 天赐荣华：中国古代植物装饰纹样发展史［M］. 上海：上海文化出版社，2010.

［48］弗雷泽. 金枝［M］. 汪培基，徐育新，张泽石，译. 北京：商务印书馆，2013.

［49］周保平. 汉代吉祥画像研究［M］. 天津：天津人民出版社，2012.

［50］李泽厚. 美学三书［M］. 天津：社会科学院出版社，2007.

［51］曾亦，陈文嫣. 国学经典导读：礼记［M］. 北京：中国国际广播出版社，2011.

［52］汉宝德. 中国建筑文化讲座［M］. 北京：生活·读书·新知三联书店，2006.

［53］陈俊愉，等. 中国十大名花［M］. 上海：上海文化出版社，1989.

［54］黄寿祺，张善文. 周易译注［M］. 上海：上海古籍出版社，2001.

［55］刘勰. 文心雕龙·神思［M］. 王志彬，注. 北京：中华书局，2012.

［56］刘敦愿. 美术考古与古代文明［M］. 北京：人民美术出版社，2007.

［57］张光直. 美术、神话与祭祀［M］. 郭净，陈星，译. 沈阳：辽宁教育出版社，1988.

［58］陈辉，黄战生. 中国吉祥符［M］. 郑州：河南出版社，1992.

［59］左汉中. 笔随阁花雨：民间美术文集［M］. 长沙：湖南美术出版社，2005.

［60］高明乾，佟玉华，刘坤. 诗经动物释诂［M］. 北京：中华书局，2005.

［61］陶思炎. 中国镇物［M］. 上海：东方出版中心，2012.

［62］北京大学历史系《论衡》注释小组. 论衡注释［M］. 北京：中华书局，1979.

［63］李振宇，包小枫. 中国古典建筑装饰图案选［M］. 上海：上海书店出版社，1993.

［64］楼庆西. 户牖之美［M］. 北京：生活·读书·新知三联书店，2004.

［65］汪裕雄. 意象探源［M］. 合肥：安徽教育出版社，1996.

［66］刘锡诚. 象征：对一种民间文化模式的考察［M］. 北京：学苑出版社，2002.

［67］王国维. 人间词话［M］. 北京：中华书局，2009.

［68］古月. 国粹图典：纹样［M］. 北京：中国画报出版社，2016.

［69］施密特. 原始宗教与神话［M］. 萧师毅，陈祥春，译. 上海：上海文艺出版社，1987.

［70］潘谷西，何建中.《营造法式》解读［M］. 南京：东南大学出版社，2005.

［71］王明居，王木林. 徽派建筑艺术［M］. 合肥：安徽科学技术出版社，2001.

［72］陈之佛. 表号图案［M］. 上海：天马书店，1934.

［73］孙大章. 中国古代建筑彩画［M］. 北京：中国建筑工业出版社，2006.

［74］傅抱石. 基本图案学［M］. 4版. 上海：商务印书馆，1940.

［75］李有光，陈修范. 陈之佛文集［M］. 南京：江苏美术出版社，1996.

［76］王振复. 中国建筑艺术论［M］. 太原：山西教育出版社，2001.

［77］故宫博物院古建筑管理部. 故宫建筑内檐装修［M］. 北京：紫禁城出版社，2007.

［78］刘秋霖，刘健，王亚新，等. 紫禁城建筑纹样［M］. 天津：百花文艺出版社，2010.

后记

传统建筑为什么是这样的？

是因为我们无法生活在现有建筑之前。

如果可以从多角度去看传统建筑，

那么，

这些角度背后必定有一个统一的基础，

而这就是对这些思考角度的反思，

是对思想本身的反思。

传统建筑中吉祥文化的有用性，

不是历史和传统去定义的，

而是由传统建筑的吉祥文化发挥的作用定义的，

传统建筑的吉祥文化是对具体建筑实践和思想的应用性转换，

传统建筑中蕴含的吉祥文化的表达，

古今有微妙的相似和差异，

并成为有用的思想，

其根本任务并非把传统建筑的吉祥文化说清楚，

而是发现它的创造所在，

汲取精华与生命力，

在思想上把当下的新建筑实践做得更有效。

后序

　　偶以传统建筑与吉祥文化并置，懵懂之心跃然。吉祥于生活而言，人们喜闻乐见的是其符号化表达——吉祥图纹，其中蕴含的祥瑞、福祉、安居等文化内涵，无时无刻不在潜移默化地影响着人们的生活。人们对传统建筑中雕梁画栋的装饰纹样、镂空雕琢的建筑构件习以为常，而其内涵的营造逻辑却为司空见惯之规矩和惯例所淹没。久之，吉祥遂自居以传统建筑的符号标签，人们亦乐以装饰、符号视之。

　　在传统建筑的营建活动中，能工巧匠们虽有自由发挥，却也不越雷池。置身于吉祥文化之千年时空中，方能解读传统建筑营造活动中对吉祥内涵从祈福敬畏到漫不经心、从欢脱跳跃到墨守成规之历程。故以文化审视传统建筑语汇之营造逻辑，方能发现吉祥文化与传统建筑早已携手同行、水乳交融。

　　吉祥以其喜闻乐见之文化内核赋予传统建筑以穿越时空之能和精巧营造之美。重回吉祥文化与传统建筑之表达与营建本质，追溯其建构逻辑，对传统建筑的创新和传承，乃至吉祥文化在时空中的演替，有着破茧成蝶般的意义和价值。

　　吉祥文化于传统建筑之能，显于图纹、功于营造，于现代建筑中却难觅其踪。并置二者，妄撼建筑中吉祥文化之醒，刍荛之见，行砖玉之事，足矣。

张哲

2023 年 12 月